U0188536

中国盆景

制作技术手册

（第2版）

韦金笙　主编

上海科学技术出版社

内 容 提 要

　　本书是实用性较强的盆景制作技术性工具书。在具体介绍中国盆景的分类方法、制作盆景的主要树种和石种，中国盆景各种风格、流派的主要特点等基础上，重点介绍了树木盆景、山水盆景、树石盆景和微型组合盆景等的制作技艺；同时，还详细介绍了盆景养护管理技术、盆景鉴赏方法，以及古盆、几架鉴赏知识等。

　　本书图文并茂、内容全面，操作步骤说明详细，可供相关领域技术人员、盆景制作爱好者和相关专业师生阅读参考。

图书在版编目（CIP）数据

中国盆景制作技术手册/韦金笙主编．—2版．—上海：
上海科学技术出版社，2018.6（2023.4重印）
　ISBN 978-7-5478-3978-2

　Ⅰ．①中… Ⅱ．①韦… Ⅲ．①盆景－观赏园艺－中国－
技术手册 Ⅳ．① S688.1-62

　中国版本图书馆 CIP 数据核字（2018）第 081787 号

责任编辑　全立勇
封面设计　戚永昌

中国盆景制作技术手册（第2版）
韦金笙　主编

上海世纪出版（集团）有限公司　出版、发行
上海科学技术出版社
（上海市闵行区号景路 159 弄 A 座 9F-10F）
邮政编码 201101　www.sstp.cn
浙江新华印刷技术有限公司印刷
开本 787×1092　1/16　印张 17.5　插页 20
字数 300 千字
2011 年 8 月第 1 版
2018 年 6 月第 2 版　2023 年 4 月第 10 次印刷
ISBN　978-7-5478-3978-2/S · 169
定价：58.00 元

《中国盆景制作技术手册》
编写人员及编撰分工

主　编　韦金笙

全书主编，前言，概述，分类，风格与流派，扬派盆景制作技艺，盆景鉴赏

编　委

贺淦荪（中国盆景艺术大师，中国风景园林学会花卉盆景赏石分会顾问）

湖北动势盆景制作技艺，树石盆景制作技艺

胡乐国（中国盆景艺术大师，中国盆景艺术家协会原副会长）

浙派盆景制作技艺，附：松树盆景的"高干垂枝"

赵庆泉（中国盆景艺术大师，中国风景园林学会花卉盆景赏石分会副理事长）

水旱盆景制作技艺

李金林（中国盆景艺术大师，上海盆景赏石协会原副会长）

微型组合盆景制作技艺

邵海忠（中国盆景艺术大师，上海盆景赏石协会常务理事）

海派盆景制作技艺

汪彝鼎（中国盆景艺术大师，上海盆景赏石协会常务理事）

山水盆景制作技艺

林凤书（中国盆景艺术大师，扬州市花卉盆景协会副秘书长）

树木盆景制作技艺，养护管理

邵　忠（苏州市园林和绿化管理局原高级工程师）

苏派盆景制作技艺

仲济南（安庆市花卉协会原副会长）

树种，石种，徽派盆景制作技艺

张重民（成都市人民公园副主任，工程师）

川派盆景制作技艺

招自炳（广州盆景协会原常务秘书）

岭南派盆景制作技艺，附石盆景制作技艺

葛自强（南通市绿化造园开发总公司原副总工程师）

通派盆景制作技艺

惠幼林（中国盆景高级艺术师，扬州市花卉盆景协会理事）

柏树丝雕技艺，古盆鉴赏

谢继书（中国盆景高级艺术师，泉州市盆景协会副理事长）

泉州榕树盆景制作技艺

张尊中（徐州果树盆艺园高级工程师）

徐州果树盆景制作技艺

左彬森（苏州市园林和绿化管理局原副处长）

几架鉴赏

韦金笙

1936 年 9 月生，上海市人
原任扬州市园林管理局总工程师、高级工程师
原任中国风景园林学会花卉盆景赏石分会副理事长，现任顾问
江苏省和扬州市花卉盆景协会副理事长

　　从事风景园林、花卉盆景研究和建设四十余春秋。曾系统探讨扬派盆景个性，发扬"云片"特色，打破"师传口授"习俗，总结剪扎技艺 11 种棕法，倡导在继承传统基础上进行创新。1995 年 5 月，应邀并任中国代表团秘书长，参加在新加坡举办的第三届亚太地区盆景雅石会议暨展览会，首场讲演《中国盆景的历史、流派及其艺术欣赏意境》。1997 年 10 月，担任第四届亚太地区盆景赏石会议暨展览会组委会执行副主席，主持盆景展览、盆景研讨会，并担任评委。1999 年 5 月，应聘担任中国'99 昆明世界园艺博览会专业评审组专家，主持盆景评比。曾代表分会与主办城市共同主持第三、第四、第五、第六届中国盆景（评比）展览会，并任主评委。2001 年 5 月，建设部城建司、中国风景园林学会表彰其为发展中国盆景事业做出突出贡献，颁发"突出贡献奖"。2005 年 9 月担任在北京举办的第八届亚太地区盆景赏石会议暨展览会组委会成员、主持中国盆景艺术大师创作盆景示范表演。2007 年 9 月，应邀参加在印度尼西亚巴厘岛举办的第九届亚太地区盆景赏石会议暨展览会，并任盆景评审。2009 年 10 月，应邀参加在中国台湾彰化举办的第十届亚太地区盆景赏石会议暨展览会，并任盆景评审。

苏派盆景：秦汉遗韵

树种：圆柏
规格：树高 170 厘米
作者：朱子安

苏派盆景：一枝呈秀

树种：榔榆
规格：树高 78 厘米
作者：朱子安

苏派盆景：巍然侣四皓

树种：圆柏
规格：树高 140 厘米
作者：朱子安

海派盆景：平步青云

树种：五针松
规格：树高75厘米　树宽85厘米
作者：邵海忠

海派盆景：虎踞龙蟠

树种：黑松
规格：树高80厘米　树宽70厘米
作者：邵海忠

海派盆景：峥嵘岁月

树种：小叶罗汉松
规格：树高70厘米　树宽85厘米
作者：胡荣庆

海派盆景：苍松迎客

树种：金叶五针松
规格：树高 100 厘米　树宽 250 厘米
收藏：上海植物园

海派盆景：翠山柏渡

树种：刺柏
规格：飘长 120 厘米
作者：邵海忠　胡荣庆

浙派盆景：窥谷

树种：五针松
规格：树高130厘米
作者：潘仲连

浙派盆景：向天涯

树种：五针松
规格：树高103厘米　树宽70厘米
作者：胡乐国

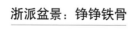

浙派盆景：铮铮铁骨

树种：刺柏
规格：树高100厘米
作者：潘仲连

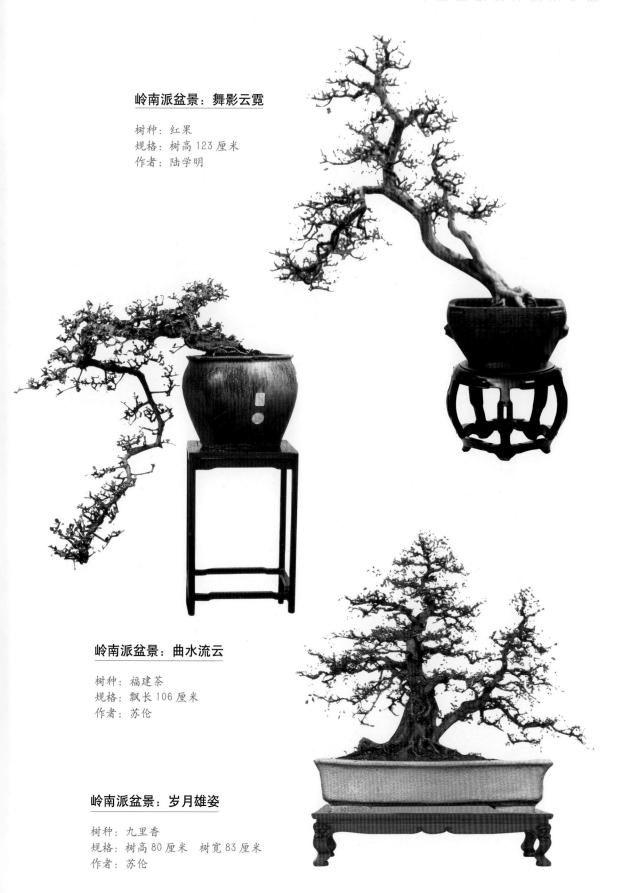

岭南派盆景：舞影云霓

树种：红果
规格：树高123厘米
作者：陆学明

岭南派盆景：曲水流云

树种：福建茶
规格：飘长106厘米
作者：苏伦

岭南派盆景：岁月雄姿

树种：九里香
规格：树高80厘米　树宽83厘米
作者：苏伦

岭南派盆景：清幽双秀

树种：落羽杉
规格：树高160厘米
作者：陆志伟

岭南派盆景：顾盼传情

树种：紫薇
规格：树高70厘米
收藏：香港青松观

岭南派盆景：本是同根生

树种：榕树
规格：盆长170厘米
作者：黄就伟

扬派盆景：腾云

树种：黄杨
规格：树高42厘米　树宽145厘米
作者：万瑞铭　陆春富

通派盆景：巍然屹立

树种：雀舌罗汉松
规格：树高85厘米　树宽110厘米
作者：朱宝祥

川派盆景：直身逗顶

树种：罗汉松
规格：树高200厘米
收藏：成都市金牛宾馆

徽派盆景：徽州梅花

树种：春梅

泉州榕树盆景：仙风道骨

树种：榕树
规格：树高100厘米　树宽108厘米
作者：庄立达

果树盆景：潇洒今宵

树种：苹果（国光）
规格：树高60厘米
作者：张尊中

微型组合盆景：微宫春晓

规格：架高90厘米　架宽132厘米
作者：李金林

山水盆景：下江陵

石种：锰矿石
规格：盆长100厘米
作者：殷子敏

山水盆景：巴山渝水情

石种：龟纹石
规格：盆长80厘米
作者：田一卫

山水盆景：大江东去

石种：英德石
规格：盆长135厘米
作者：盛定武

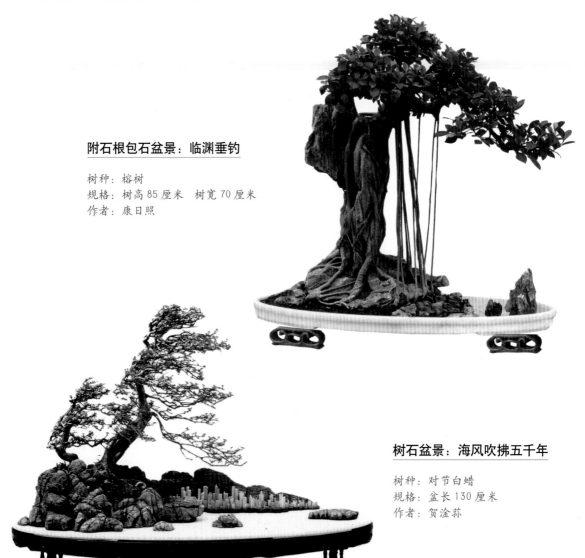

附石根包石盆景：临渊垂钓

树种：榕树
规格：树高85厘米　树宽70厘米
作者：康日照

树石盆景：海风吹拂五千年

树种：对节白蜡
规格：盆长130厘米
作者：贺淦荪

水旱盆景：八骏图

树种：六月雪
规格：盆长180厘米
作者：赵庆泉

清中期
汉白玉石双腰线长方形盆
48×28×19（厘米）

清中期
青花缠枝莲牡丹长方形盆
32×20×18.5（厘米）

清晚期
粉彩花卉八角形盆
23.5×23.5×17（厘米）

清中期
紫泥钧蓝釉云脚长方形盆
（葛明祥印）
42×25×11.5（厘米）

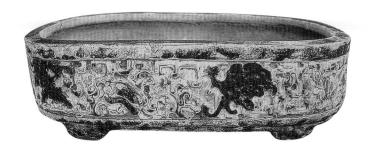

清早期
锦底三彩博古龙椭圆形盆
盆口 60× 高 16.5（厘米）

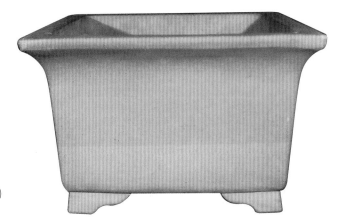

明晚期
青砂正方形盆
43×43×26（厘米）

明晚期
青砂六角形盆
45×45×26（厘米）

明晚期
红泥桂花砂抽角云脚长方形盆
（陈文卿制）
50×45.5×11.5（厘米）

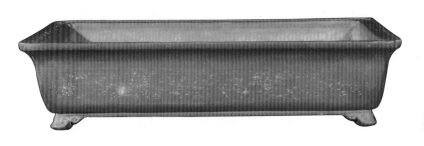

前　言

盆景起源于中国，后传入日本，现已风靡世界。

中华人民共和国成立60多年来，特别是改革开放以后，中国经济转轨进入市场经济，国民经济繁荣昌盛，人民生活水平迅速提高，精神文明建设日益推进，许许多多的文化人陶醉盆景艺术；在不断举办的中国盆景展览会影响下，追求生活情趣的广大民众亦愈加喜爱盆景艺术，尤其是众多民营企业家，为陶冶情操，丰富精神文化生活，痴迷盆景艺术；"天人合一"、"人与自然和谐"的理念，得到进一步发扬光大。中国盆景艺术经专业盆景工作者、业余盆景爱好者，以及痴迷盆景企业家的共同努力，在继承传统的基础上不断进行创新，同时走向世界，参加国际重大展览和会议，以及举办国际重大会议暨展览，使中国盆景进入"创新求精，重振中国盆景雄风"新的历史发展阶段。

更可喜的是，2013年，世界盆景友好联盟（WBFF），在中国金坛举办了世界盆景大会；国际盆景协会（BCI），在中国扬州举办成立50周年庆典暨2013年国际盆景大会。国际两大盆景组织，组织广大会员相聚在中国举办盛大的会议暨展览，促进了国际交流，必将载入史册，并传为佳话。

在全国掀起"盆景热"期间，上海科学技术出版社相继出版发行《中国盆景》、《中国盆景艺术大观》、《中国当代盆景精粹》、《中国盆景艺术大师作品集萃》等图文并茂的盆景艺术专著；同时还出版发行"中国盆景流派丛书"（《中国扬派盆景》、《中国川派盆景》、《中国苏派盆景》、《中国海派盆景》、《中国岭南派盆景》、《中国徽派盆景》、《中国通派盆景》、《中国浙派盆景》），以及"中国盆景风格丛书"（《北京盆景》、《中国金陵盆景》、《中国中州盆景》、《中国水旱盆景》……）等，为推动中国盆景事业发展做出了重要贡献。

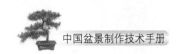

当再次掀起"盆景热"之际，广大业余盆景爱好者迫切希望有一本具有较高学科性、资料性、权威性，能全面传授中国盆景基础知识、盆景制作技艺的工具书，以便随时查阅。2011年，上海科学技术出版社特邀中国盆景艺术专家、中国盆景艺术大师、资深中国盆景工作者撰写了《中国盆景制作技术手册》一书。该书出版后深受业内专家和广大读者的好评，多次重印。现应广大读者要求，我们对本书进行了修订，并将图书版面改成16开，以增加阅读的舒适感。同时，也将中国盆景制作细节的图片更清晰地呈现给广大读者。相信本书修订出版后，定能受到广大盆景爱好者的青睐和赞赏。

编　者

2018年5月

目 录

一 概　述

中国盆景经历东汉（公元25~220年）盆栽发端时期；唐代（公元618~907年）盆景形成时期；宋代（公元960~1279年）树木、山水两类盆景发展时期；元代（公元1280~1368年）"些子景"深化时期；明代（公元1368~1644年）时尚树石盆景，并总结经验，纷立理论萌发时期；清代（公元1644~1911年）形成流派大发展时期。

盆景自古被视为艺术珍品，在中国盆景艺术发端、形成、发展历程中，历代文学家、画家、诗人、民间艺人或亲自创作盆景，或用诗歌吟咏盆景，或用绘画描绘盆景，或著书论述盆景，使园艺栽培的盆栽（欣赏形象美），升华形成具有意境的盆景（欣赏意境美），为发展成为具有中国特色的盆景艺术做出重大贡献；创立"我持此石归，袖中有东海。……置之盆盎中，日与山海对"（宋·苏东坡《取弹子涡石养石菖蒲》）神游盆景的审美观点；总结"尺树盆池曲槛前，老禅清兴拟林泉。气吞渤澥波盈掬，势压崆峒石一拳。仿佛烟霞生隙地，分明日月在壶天。旁人莫讶胸襟隘，毫发从来立大千"（元·丁鹤年《为平江韫上人赋些子景》），"小中见大"的盆景创作手法；提倡"盆景以几案可置者为佳，其次则列之庭榭中物也"（明·屠隆《考槃余事·盆玩笺》），"以几案可置者为佳"的中小型盆景；同时要求"最古雅者，如天目之松，高可盈尺，本大如臂，针毛短簇。结为马远之欹斜诘屈；郭熙之露顶攫拏；刘松年之偃亚层叠；盛之昭之拖曳轩翥等状，栽以佳器，搓枒可观"（明·屠隆《考槃余事·盆玩笺》）注重画意；提出"木性本条达，山翁乃多事。三春截附枝，屈作回蟠势。蜿蜒蛟龙形，扶疏崖壑意"（清·盛枫诗），到荒山野地挖掘经樵夫"加工"之树桩进行再创作。……这种"神游"盆景的审美观点，"小中见大"的盆景创作手法，提倡"盆景以几案可置者为佳"；同时要求"注重画意"，提出到荒山野地挖掘经樵夫"加工"之树桩进行再创作，组合成中国盆景之特色。在上述法则、理论、经验指导下，经历代盆景艺术家代代相传，并精心雕凿，发展成为具有中国文化内涵的盆景艺术。

1959年11月6日，国务院副总理陈毅视察成都，参观南郊公园盆景艺术展览时欣然题词："高等艺术，美化自然"，高度评价和赞扬盆景艺术。

为弘扬中国盆景艺术，1981年12月4日成立中国花卉盆景协会（后更名：中国风景园林学会花卉盆景赏石分会），借以通过协会工作，推动我国花卉盆景事业的发展；继后，又于1985年10月、1989年11月、1994年5月、1997年10月、2001年5月，分别在上海、武

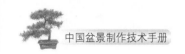

汉、天津、扬州、苏州举办第一至第五届中国盆景评比展览，以及在2004年10月、2008年9月，分别在泉州、南京举办易名的第六、第七届中国盆景展览会；同时，中国盆景走向世界，多次参加国际重大会议暨展览会，1997年10月、2005年9月还分别在上海、北京举办第四、第八届亚太地区盆景赏石会议暨展览会。2006年4月又在广东顺德举办2006中国（陈村）国际盆景赏石博览会。近几年来，各地盆景展览、赏析与学术研讨的会议与活动更加频繁，全国各地掀起"盆景热"，使传统的中国盆景艺术得到继承，并在继承基础上进行创新，发展具有中国特色的盆景艺术，进入到"创新求精，重振中国盆景雄风"新的历史发展阶段。

盆景不仅自古被视为艺术珍品，同时还用于装饰园林、厅堂、居室，人们通过欣赏盆景，领略再现的大自然风采神貌，以陶冶情操，提高修养，增强体质，激发壮志。

当今，除继承传统，用盆景装饰古典园林厅堂、现代公共建筑客厅（大堂）、家庭居室（书斋），使四壁生辉，生机盎然，获得美的享受；更多的是通过亲自创作盆景，增添生活情趣，人与自然和谐。盆景爱好者往往通过云游天下名山大川，漫步田园农舍，游览著名园林名胜，观看世界综艺大观，捕捉春夏秋冬，朝夕晴云一草一木，一山一水变化规律、典型特征，寻找创作源泉。为了实现创作激情，往往还认真学习美学和绘画理论，以及植物学、园艺学、地质学和盆景制作技艺等自然科学。在创作过程中发挥自我智慧，运用制作技巧，创作源于自然、高于自然的盆景佳作，并形成个人风格。经历这种缩龙成寸，"典型地再现大自然的风采神貌"这一过程，潜移默化地使人修身养性，这种情趣深受广大盆景爱好者青睐。

盆景既是艺术品又是商品，特别是中国盆景走向世界，在国际上享有一定的盛誉。世界著名的盆景（栽）中心、植物园、种植场来华选购中国盆景进行陈列、收藏；特别是国内，由于掀起"盆景热"，广大业余盆景爱好者，特别是一些痴迷盆景的企业家纷纷选购半成品（桩头），或成品佳作，用来创办私家盆景园、进行创作或收藏。在市场经济推动下，广大专业盆景工作者还创办若干盆景生产基地、经营性盆景园，以满足国内市场需求。

二 分 类

中国盆景原来分为树桩盆景、山石盆景两大类。

随着盆景事业的蓬勃发展，以及在继承传统基础上的不断创新，原分类方法已不能概括全貌，且用词亦不尽其意。根据中国盆景发展史和第一至第七届中国盆景评比展览展出的类型，参考综合要素，按观赏载体和表现意境的不同形式，将盆景分为树木盆景（又称树桩盆景）、竹草盆景、山水盆景（又称山石盆景）、树石盆景（又称水旱盆景）、微型组合盆景（又称微型盆景）、异型盆景六大类。

（一）树 木 盆 景

以木本植物为主体，经艺术处理（修剪、攀扎）和精心培养，在盆中典型地再现大自然孤木或丛林神貌的艺术品。

树木盆景依观赏部位不同，分为观叶类、观花类、观果类三类。

1. 观叶类

此类盆景是以观赏植物叶的形态、色彩和四季变化，以及枝、茎（干）、根千变万化神貌的树木盆景。

观叶类树木盆景为各风格、流派树木盆景的主体类型，如扬派盆景的松、柏、榆、杨（瓜子黄杨）盆景等；苏派盆景的圆柏、真柏、雀梅、榆、三角枫盆景等；川派盆景的罗汉松、银杏盆景等；岭南派盆景的九里香、雀梅、榆、福建茶盆景等；海派盆景的五针松、黑松、罗汉松、真柏盆景等；通派盆景的罗汉松、五针松、黄杨盆景等；浙派盆景的五针松、圆柏盆景等。

如：扬州盆景园原收藏的桧柏盆景《明末古柏》（图2-1-1）等。

图2-1-1 《明末古柏》

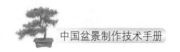
观叶类树木盆景，造型千姿百态，神貌如诗似画。

2. 观花类

此类盆景是以观赏植物花的形态、色彩和花期变化，以及叶、枝、茎（干）、根千变万化神貌的树木盆景。

观花类树木盆景，如徽派盆景（歙县）的龙游梅盆景；川派盆景的贴梗海棠、六月雪盆景等，以其为主体类型。其他风格、流派树木盆景虽不以观花类为主体类型，但都具有各自地方特色的观花类盆景，如扬派盆景的疙瘩梅、提篮梅、碧桃、金雀、迎春盆景等；苏派盆景的劈梅、蜡梅、紫薇、迎春盆景等；通派盆景的六月雪、杜鹃盆景等。

如：苏州周瘦鹃创作的《金雀闹春》（图2-1-2）等。

观花类树木盆景，造型千姿百态，神貌繁花似锦。

图2-1-2 《金雀闹春》

3. 观果类

此类盆景是以观赏植物果实的形态、色彩和果期变化，以及叶、枝、茎（干）、根千变万化神貌的树木盆景。

观果类树木盆景，如川派盆景的金弹子盆景；徐州果树盆景的苹果、梨、山楂盆景等，以其为主体类型。其他风格、流派树木盆景虽不以观果类为主体类型，但同样都具有各自地方特色的观果类盆景，如扬派盆景的香橼（岱岱柑）盆景等；苏派盆景的石榴盆景等；海派盆景的海石榴、胡颓子盆景等；通派盆景的虎刺、枸杞盆景等；贵州、湖北各地的火棘盆景等；蚌埠的天竺盆景等；北京的葡萄盆景等；金华的佛手盆景等；岭南派盆景的金柑、山橘盆景等。

如：徐州张尊中创作的苹果盆景《果瀑》（图2-1-3）。

观果类树木盆景，造型千姿百

图2-1-3 《果瀑》

态，神貌红果绿叶。

树木盆景因造型手法不同，分为规则型、象形型、自然型三型，从发展趋势看，以自然型为主。

（1）规则型　多为传统形式，有一定规范程式，造型工整严谨，适合厅堂或门庭对称布置，气氛庄重华贵。除扬派盆景、川派盆景、通派盆景、徽派盆景等仍保留传统形式外，其他流派已在继承传统基础上加以创新，如扬派盆景的"台式"、"巧云式"盆景；川派盆景的"滚龙抱柱"、"对拐"、"方拐"、"掉拐"、"三弯九倒拐"、"大弯垂枝"、"直身加冕"、"接弯掉拐"、"老妇梳妆"、"综合式"盆景；通派盆景二弯半的"文树"、"武树"盆景；徽派盆景的"游龙弯"盆景等。

如：扬州万觐棠创作的黄杨盆景《巧云》（图2-1-4）等。

（2）象形型　以松柏类或观花类植物剪扎成龙、凤、狮、虎、象、鹰等飞禽走兽以及人物、图案，并题以吉祥用语，如"龙凤呈祥"、"二龙戏珠"、"万象更新"、"大展宏图"等，以供祝贺、喜庆、节日用。

如：河南创作的圆柏象形盆景《牌楼·亭·狮》（图2-1-5）等。

随着时代的前进，象形型盆景已不多见。开封龙亭公园在继承传统基础上

图2-1-4　《巧云》

进行创新，应用象形型盆景剪扎技艺与植物造型相结合，将地栽圆柏剪扎成龙凤、塔亭以及熊猫、唐老鸭、火车、直升机、西游记人物等造型，组成龙亭植物造型园，别开生面。

（3）自然型　自然型树木盆景模拟自然界孤木、丛林神貌，形状多变，姿态万千。

如：苏州朱伟民创作的刺柏盆景《千古一绝》（图2-1-6）等。

自然型造型可概括为12种形式：

① 直干式：树干直立，有古木参天、巍然屹立气势。广州又称大树型。

如：杭州潘仲连创作的五针松盆景《亭亭高山松》（图2-1-7）等。

② 斜干式：树干横斜飘逸，有的干茎斜出，树冠平展于盆外，犹如临水古木，故也称临水式。

如：合肥苏建东创作的榔榆盆景《孤木逢春》（图2-1-8）等。

③ 悬崖式：树干向外悬挂下垂，犹似苍崖古松。树干悬挂不低于盆底称半悬崖，低于

图2-1-5　《牌楼·亭·狮》

图2-1-6　《千古一绝》

图2-1-7　《亭亭高山松》

盆底的称全悬崖，扬州又称"挂口"。

如：广州苏伦创作的雀梅盆景《流金泻玉》（图2-1-9）等。

④ 卧干式：树干横卧土面，而枝条、树冠崛起伸展，似雷击风倒之势。

如：广州流花西苑收藏的雀梅盆景《龙游沧海半浮波》（图2-1-10）等。

图 2-1-8　《孤木逢春》

图 2-1-9　《流金泻玉》

⑤ 曲干式：树干蟠曲虬龙，多见于传统的形式。

如：扬州吴玉林、万鹏再创作的黄杨盆景《凌云》（图2-1-11）等。

⑥ 多干式：树干丛生，高低参差，虬枝四出，其中又有双干式、三干式或一本多干式之分。

如：福州盆景协会收藏的榕树盆景《五子登科》（图2-1-12）等。

图 2-1-10　《龙游沧海半浮波》

⑦ 枯干（梢）式：树干斑驳，洞穿蚀空，极具苍古之气。

如：苏州朱子安创作的雀梅盆景《林荫蔽日》（图2-1-13）等。

⑧ 垂枝式：枝叶下垂纷披，犹如柳垂绿波。

如：钟祥陶福卿创作的线柏盆景《莫愁柳韵》（图2-1-14）等。

⑨ 风动式：枝叶风飘一方，富有动感，如疾风劲草。

如：武汉贺淦荪创作的榆、朴、牡荆、水蜡、三角枫盆景《西风古道》（图2-1-15）等。

⑩ 连根式：粗根裸露相连，茎干高低参差，错落有致。扬州俗称"过桥"，广东、广西称"连理树"。

如：扬州窦永源再创作的黄杨盆景《青云》（图2-1-16）等。

图2-1-11 《凌云》

图2-1-12 《五子登科》

图2-1-13 《林荫蔽日》

图2-1-14 《莫愁柳韵》

图2-1-15 《西风古道》

图2-1-16 《青云》

⑪ 提根式：通过栽培技艺和造型手法，变化虬曲蜿蜒的根系形态，增加苍古气势。

如：扬州红园收藏的黄杨盆景《腾飞》（图2-1-17）等。

⑫ 丛林式：多株丛植，宛若原野、山间簇生丛丛疏林。

如：杭州潘仲连创作的五针松盆景《刘松年笔意》（图2-1-18）等。

图2-1-17 《腾飞》

图2-1-18 《刘松年笔意》

根据中国盆景评比展览评比委员会研究决定，中国盆景分为特大、大、中、小、微型五种规格。

树木盆景规格以树木的土面根颈部至树梢的直线长度衡量；山水盆景、树石盆景以盆的长度衡量；竹草盆景似同树木盆景；微型盆景同树木盆景、山水盆景。

特大型盆景	120厘米以上
大型盆景	81~120厘米
中型盆景	41~80厘米
小型盆景	11~40厘米
微型盆景	10厘米以下

（二）竹草盆景

以竹、草本植物为主体，经艺术处理和精心培养，并点缀山石、亭榭、牛马、人物等摆件，在盆中典型地再现大自然竹林、草地、竹草小品神貌的艺术品。

竹草盆景不同于树木盆景、旱盆景，应另辟一类。

竹草盆景根据用材不同，分为竹石盆景、草本植物盆景两类。

1. 竹石盆景类

以竹或竹石为素材，分别运用创作旱盆景手法，并精心处理地形、地貌，点缀山石、亭榭、牛马、人物等摆件，在盆中典型地再现大自然竹林、竹石小品之神貌。

如：苏州张夷创作的竹石盆景《郑燮笔意·冗繁削尽的清瘦》（图2-2-1）等。

竹石盆景依所表现的意境不同，又分为自然景观型、仿画景观型两型。

（1）自然景观型　再现大自然竹林或竹石之自然景观。

如：昆明盆景协会收藏的竹根盆景《抑扬顿挫》（图2-2-2）等。

自然景观型竹石盆景意境刚柔，生机盎然。

（2）仿画景观型　仿中国画意，再现大自然竹林或竹石的自然景观。

如：九江居维跃创作的竹丛盆景《幽居深篁里》（图2-2-3）等。

仿画景观型竹石盆景意境古朴，如诗似画。

2. 草本植物盆景类

以草本植物为素材，分别运用创作旱盆景手法，并精心处理地形、地貌，点缀山石、亭榭、牛马、人物等摆件，在盆中典型地再现大自然草地、草石小品之神貌。

如：上海徐志明创作的万年青盆景《万寿无疆》（图2-2-4）等。

草本植物盆景依所表现的意境不同，可分为自然景观型、仿画景观型两型。

（1）自然景观型　再现大自然草地、草本植物之自然景观。

图2-2-1　《郑燮笔意·冗繁削尽的清瘦》

图2-2-2　《抑扬顿挫》

图2-2-3　《幽居深篁里》

如：北京于锡昭创作的菊花盆景《菊簪风》（图2-2-5）等。

自然景观型草本植物盆景意境秀美，小中见大。

（2）仿画景观型　仿中国画意，再现大自然草地、草本植物之自然景观。

如：美国沈荫椿创作的草本盆景《芦滩宿鹭图》（图2-2-6）等。

仿画景观型草本植物盆景意境高雅，如诗似画。

图2-2-4 《万寿无疆》

图2-2-5 《菊簪风》

图2-2-6 《芦滩宿鹭图》

（三）山 水 盆 景

以石为主体，通过截取、雕琢、拼配、胶合等手法，配置植物（参加评比展览如不配置植物则只展不评）或摆件，在浅盆中注水，典型地再现大自然山水景观神貌的艺术品。

山水盆景依所用石材不同，分为软石类、硬石类两大类。

1. 软石类

以软石石材为素材，通过人为雕琢山之形态、石之皱纹，并栽植树木、竹草、青苔或点缀亭榭、舟车、牛马、人物等摆件，并在浅盆中注水，在盆中典型地再现大自然山水景观神貌的艺术品。

图2-3-1 《黄河情》

如：天津王学涛创作的软石山水盆景《黄河情》（图2-3-1）等。

软石石材创作的山水盆景，雕琢容易，吸水长苔，栽种植物容易成活；但缺乏自然神貌，也易损坏，现已很少使用。

2. 硬石类

以硬石石材为素材，通过人为截取、拼配、胶合等手法，保持石材自然神貌，并预留栽植穴栽种树木、竹草、青苔或点缀亭榭、舟车、牛马、人物等摆件，在浅盆中注水，在盆中典型地再现大自然山水景观的艺术品。

如：上海殷子敏创作的硬石山水盆景《威振南天》（图2-3-2）等。

硬石石材繁多，虽难以雕琢加工，但觅得天然生成、形纹俱佳的硬石，稍作截取、拼配、胶合，便可创作成为上品，现创作的山水盆景均以硬石类为主。

山水盆景依不同意境，通常分为平远山水、深远山水、高远山水三型。"三远法"最早见于宋代郭熙的山水画论《林泉高致》。山水盆景创作除亲历名山大川、田园农舍，"搜尽奇峰打草稿"，

图2-3-2 《威振南天》

源于自然，更是借鉴山水画论，因石制宜地创作高于自然的山水盆景。

（1）平远山水型　自近山而望远山谓之平远。

如：扬州汪波创作的硬石山水盆景《春风又绿江南岸》（图2-3-3）等。

平远山水型山水盆景意境葱茏，缥缥缈缈。

（2）深远山水型　自山前而窥山后谓之深远。

如：上海乔红根创作的硬石山水盆景《素屏连嶂》（图2-3-4）等。

深远山水型山水盆景意境重叠，层峦叠翠。

图2-3-3 《春风又绿江南岸》

图2-3-4 《素屏连嶂》

（3）高远山水型　自山下而仰山巅谓之高远。

如：靖江朱文博创作的硬石山水盆景《湖上奇峰卷夏云》（图2-3-5）等。

高远山水型山水盆景意境突兀，气势雄伟。

山水盆景创作的形式，董叔瑜先生在其专著《山水盆景》中归纳以下23种形式。

① 独峰：尖峭高耸，屹然挺立。

如：上海汪彝鼎创作的硬石山水盆景《松风图》（图2-3-6）等。

② 双峰：高兀前后，双峰并出。

如：天津王学涛创作的硬石山水盆景《龙潭浮翠》（图2-3-7）等。

③ 多峰：数峰丛集，参差星列。

如：天津王学涛创作的硬石山水盆景《渤海惊涛》（图2-3-8）等。

④ 奇峰：瑰丽挺拔，清奇惊绝。

如：靖江朱文博创作的硬石山水盆景《神游》（图2-3-9）等。

⑤ 大山：崇山峻岭，气势如虹。

如：重庆李子金创作的硬石山水盆景《川江行》（图2-3-10）等。

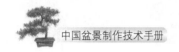

图2-3-5 《湖上奇峰卷夏云》

图2-3-6 《松风图》

图2-3-7 《龙潭浮翠》

图2-3-8 《渤海惊涛》

图2-3-9 《神游》

图2-3-10 《川江行》

⑥ 岗岭：峭峻相连，通道依稀。

如：上海汪彝鼎创作的硬石山水盆景《翠云秀岭》（图2-3-11）等。

⑦ 奇岩：象形状物，惊奇叫绝。

如：靖江钱建港创作的硬石山水盆景《鹰嘴奇岩》（图2-3-12）等。

⑧ 危岩：石势倾侧，状若倒坠。

如：靖江许江创作的硬石山水盆景《神峰争辉》（图2-3-13）等。

⑨ 怪岩：古怪瑰奇，透漏皱瘦。

如：靖江盛定武创作的硬石山水盆景《岁月峥嵘》（图2-3-14）等。

图2-3-11 《翠云秀岭》

图2-3-12 《鹰嘴奇岩》

图2-3-13 《神峰争辉》

图2-3-14 《岁月峥嵘》

⑩ 立嶂：山势峥嵘，屹立如屏。

如：重庆田一卫创作的硬石山水盆景《三峡雄姿》（图2-3-15）等。

⑪ 峭壁：峻拔峭削，壁立千仞。

如：苏州汤坚创作的硬石山水盆景《赤壁夕照》（图2-3-16）等。

⑫ 悬崖：山岩突出，临空高挂。

如：上海汪彝鼎创作的硬石山水盆景《悬》（图2-3-17）等。

⑬ 层峦：纤迤连绵，层层叠叠。

如：上海乔红根创作的硬石山水盆景《群峰插笏》（图2-3-18）等。

⑭ 洞窟：洞可贯通，窟若堂室。

如：徐州张虎、张长颜创作的硬石山水盆景《西山龙门》（图2-3-19）等。

图2-3-15 《三峡雄姿》

图2-3-16 《赤壁夕照》

图2-3-17 《悬》

图2-3-18 《群峰插笏》

图2-3-19 《西山龙门》

图2-3-20 《故乡情怀》

⑮ 平波：山间平地，宜设亭台。

如：安庆仲济南创作的硬石山水盆景《故乡情怀》（图2-3-20）等。

⑯ 悬瀑：银河倒泻，匹练横空。

如：靖江朱文博创作的硬石山水盆景《雪融江溢》（图2-3-21）等。

⑰ 远山：远山横黛，隐约可见。

如：上海符灿章创作的硬石山水盆景《云霭风烟》（图2-3-22）等。

⑱ 岛屿：岛大屿小，环以流水。

如：扬州汪波创作的硬石山水盆景《雨沐春山》（图2-3-23）等。

⑲ 矶礁：主山近傍，巨石突峙。

如：苏州严雪春创作的硬石山水盆景《天音界》（图2-3-24）等。

⑳ 溪涧：两山夹峙，溪水淙淙。

如：天津王学涛创作的硬石山水盆景《燕山雨霁》（图2-3-25）等。

㉑ 夹谷：两山之间，可居可游。

如：重庆田一卫创作的硬石山水盆景《夔门雄姿》（图2-3-26）等。

㉒ 坡坨：山脚斜坡，迤逦高兀。

图2-3-21 《雪融江溢》

图2-3-22 《云霭风烟》

图2-3-23 《雨沐春山》

图2-3-24 《天音界》

如：上海符灿章创作的硬石山水盆景《江山览胜图》（图2-3-27）等。

㉓ 小径：山中便道，若有若无。

如：扬州赵庆泉创作的硬石山水盆景《樵归图》（图2-3-28）等。

图2-3-25 《燕山雨霁》

图2-3-26 《夔门雄姿》

图2-3-27 《江山览胜图》

图2-3-28 《樵归图》

（四）树 石 盆 景

以植物、山石、土为素材，分别运用创作树木盆景、山水盆景手法，按立意组合成景，在浅盆中典型地再现大自然树木、山石兼而有之景观的艺术品。

树石盆景分别所表现的景观，分为旱盆景、水旱盆景、附石盆景三类。

1. 旱盆景类

以植物、山石、土为素材，分别运用创作树木盆景手法，按立意组合成景，并精心处理地形、地貌，点缀亭榭、牛马、人物等摆件，在浅盆中典型地再现大自然旱地、树木、山石兼而有之的景观。

如：湛江谢克英创作的榆树盆景《虚怀若谷》（图2-4-1）等。

旱盆景不同于树木盆景，是旱地（地形、地貌）、树木、山石兼而有之的景观，意境幽静，如诗似画。

旱盆景依所表现的不同意境，分为自然景观型、仿画景观型两种。

图2-4-1 《虚怀若谷》

（1）自然景观型 再现大自然孤木、疏林之旱地、树木、山石兼而有之自然景观。

如：成都方德宽创作的金弹子盆景《悠悠岁月》（图2-4-2）等。

自然景观型旱盆景意境幽静，迤逦高兀。

（2）仿画景观型 仿中国画意，再现大自然孤木、疏林之旱地、树木、山石兼而有之自然景观。

如：苏州张夷创作的对节白蜡盆景《梵音谷·达摩面壁图》（图2-4-3）等。

仿画景观型旱盆景意境古朴，如诗似画。

图2-4-2 《悠悠岁月》

图2-4-3 《梵音谷·达摩面壁图》

图 2-4-4 《古木清池》

2. 水旱盆景类

以植物、山石、土为素材，分别运用创作树木盆景、山水盆景手法，按立意组合成景，并精心处理地形、地貌，点缀亭榭、舟车、牛马、人物等摆件，在浅盆中注水，典型地再现大自然水面、旱地、树木、山石兼而有之景观。

如：扬州赵庆泉创作的榔榆水旱盆景《古木清池》（图2-4-4）等。

水旱盆景是综合树木盆景、山水盆景之长，再现大自然水面、旱地、树木、山石兼而有之景观，意境典雅，如诗似画。

水旱盆景依据表现的手法，分为水畔型、溪涧型、江湖型、岛屿型、综合型五型。

（1）水畔型　再现大自然溪畔两侧自然景观。

如：扬州赵庆泉创作的榔榆水旱盆景《夏林遗兴》（图2-4-5）等。

水畔型水旱盆景意境幽静，如诗似画。

（2）溪涧型　再现大自然山林溪涧自然景观。

如：扬州赵庆泉创作的金钱松水旱盆景《溪水清清》（图2-4-6）等。

溪涧型水旱盆景意境纵深，如诗似画。

图 2-4-5 《夏林遗兴》

图 2-4-6 《溪水清清》

（3）江湖型　再现大自然江河湖泊远景自然景观。

如：扬州赵庆泉创作的小叶女贞、石榴水旱盆景《烟波图》（图2-4-7）等。

江湖型水旱盆景意境开朗，如诗似画。

（4）岛屿型　再现大自然岛屿自然景观。

如：扬州赵庆泉创作的五针松水旱盆景《惊涛》（图2-4-8）等。

岛屿型水旱盆景意境幽深，如诗似画。

（5）综合型　综合再现大自然水面、旱地、树木、山石兼而有之自然景观。

如：扬州赵庆泉创作的黄杨水旱盆景《小桥流水人家》（图2-4-9）等。

综合型水旱盆景意境典雅，如诗似画。

图2-4-7　《烟波图》

图2-4-8　《惊涛》

图2-4-9　《小桥流水人家》

3. 附石盆景类

以植物、山石、土为素材，分别运用创作树木盆景、山水盆景手法，按立意将树木的根系裸露，包附石缝或穿入石穴组合成景，并精心处理地形、地貌，在浅盆中典型地再现大自然树木、山石兼而有之景观。

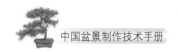

如：泉州白荷创作的榆树附石盆景《蓬莱小岛》（图2-4-10）等。

附石盆景依树木根系包附石缝或穿入石穴所表现的不同意境，分为根包石型、根穿石型两型。

（1）根包石型　再现大自然树木根系包附石缝，树木、山石兼而有之的自然景观。

如：连云港张郁、晨曦创作的榆树附石盆景《牧歌图》（图2-4-11）等。

根包石型附石盆景树石相得益彰，凌空欲飞。

（2）根穿石型　再现大自然树木根系穿入石穴，树木、山石兼而有之的自然景观。

如：泉州康日照创作的榕树附石盆景《临渊垂钓》（图2-4-12）等。

根穿石型附石盆景树石相得益彰，顽强拼搏。

图2-4-10　《蓬莱小岛》

图2-4-11　《牧歌图》

图2-4-12　《临渊垂钓》

（五）微型组合盆景

以微型树木、竹草、山水、树石盆景为主体，配置几架，点缀工艺品，组合置于不同形状精制博古架或道具中，体现群体艺术美的微型组合盆景。

微型组合盆景依不同载体，分为博古架类、道具类两类。

1. 博古架类

以微型树木、竹草、山水、水旱盆景为主体，配置几架，点缀工艺品，组合置于不同形状精制博古架中，体现群体艺术美的微型组合盆景。

如：上海李金林创作的《群星璀璨》（图2-5-1）等。

博古架类微型组合盆景，盆景玲珑，组合隽秀。

图2-5-1 《群星璀璨》

2. 道具类

以微型树木、竹草、山水、水旱盆景为主体，配置几架，点缀工艺品，组合置于不同形状精制道具中，体现群体艺术美的微型组合盆景。

如：如皋王如生创作的《春江花月夜》（图2-5-2）等。

道具类微型组合盆景，盆景玲珑，组合逸趣。

图2-5-2 《春江花月夜》

（六）异型盆景

应用其他器皿或材料代替盆创作的树木、竹草、山水、树石盆景，均为异型盆景。其类型作品虽处于初级阶段，但具有一定特色，有别于其他类型。

如：景德镇园林处收藏的《婆娑倩影》（图2-6-1）等。

异型盆景依不同器皿或材料，分为异型盆景、壁挂盆景两类。

图2-6-1 《婆娑倩影》

1. 异型盆景类

应用其他器皿代替盆创作的树木、竹草盆景，再现大自然神貌。

异型盆景依不同器皿，又可分为碗型、壶型、瓶型三型。

（1）碗型　以碗代盆创作的树木、竹草盆景。

如：苏州周寒梅创作的《挂绿》（图2-6-2）等。

碗型异型盆景形式别致，古朴典雅。

（2）壶型　以壶（紫砂壶或瓷壶、石壶等）代盆创作的树木、竹草盆景。

如：上海戴修信创作的《品茗留香》（图2-6-3）等。

壶型异型盆景形式别致，古朴典雅。

（3）瓶型　以瓶代盆创作的树木、竹草盆景。

图2-6-2　《挂绿》

如：扬州赵庆泉创作的《翠云腾龙》（图2-6-4）等。

瓶型异型盆景形式别致，古朴典雅。

图2-6-3　《品茗留香》

图2-6-4　《翠云腾龙》

2. 壁挂盆景类

应用其他器皿或材料代替盆创作的树木、竹草、山水、水旱盆景，可悬挂在壁上欣赏或装饰的艺术品。

如：上海汪彝鼎创作的《秋》（图2-6-5）等。

壁挂盆景依所表现的形式，又可分为石（木）板型、盘型两型。

（1）石（木）板型 应用其他器皿（碗、壶、瓶等）代替盆，镶嵌在石（木）板上或经造型（方形、圆形、长方形等）的石（木）板上，然后按创作树木、竹草盆景手法，将树木、竹草栽入半爿器皿内；也可按创作山水、水旱盆景手法，将山石直接粘连在石（木）板上，再现大自然神貌。

如：上海申洪良创作的《春山钓艇》（图2-6-6）等。

石（木）板型壁挂盆景形式别致，便于张挂。

（2）盘型 按创作山水盆景手法，将山石直接粘连在盘上，以盘代水、天，再现大自然神貌。

如：成都杨永木创作的《峨眉山月》（图2-6-7）等。

盘型壁挂盆景形式别致，简洁明快。

图2-6-5 《秋》

图2-6-6 《春山钓艇》

图2-6-7 《峨眉山月》

中国盆景分类一览表

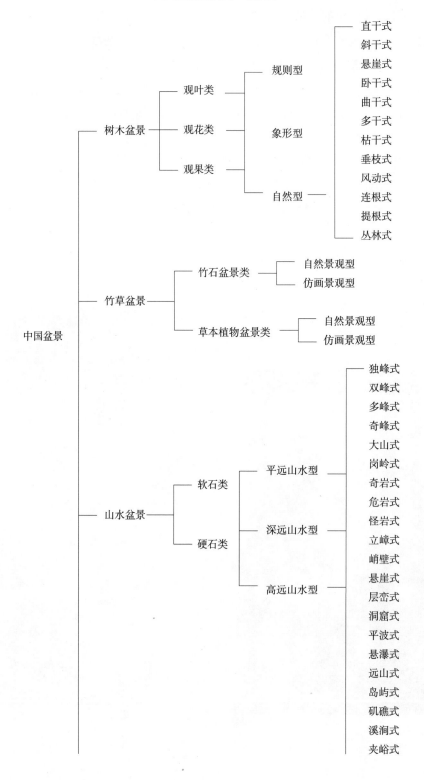

中国盆景
- 树木盆景
  - 观叶类
  - 观花类
  - 观果类
    - 规则型
    - 象形型
    - 自然型
      - 直干式
      - 斜干式
      - 悬崖式
      - 卧干式
      - 曲干式
      - 多干式
      - 枯干式
      - 垂枝式
      - 风动式
      - 连根式
      - 提根式
      - 丛林式
- 竹草盆景
  - 竹石盆景类
    - 自然景观型
    - 仿画景观型
  - 草本植物盆景类
    - 自然景观型
    - 仿画景观型
- 山水盆景
  - 软石类
  - 硬石类
    - 平远山水型
    - 深远山水型
    - 高远山水型
      - 独峰式
      - 双峰式
      - 多峰式
      - 奇峰式
      - 大山式
      - 岗岭式
      - 奇岩式
      - 危岩式
      - 怪岩式
      - 立嶂式
      - 峭壁式
      - 悬崖式
      - 层峦式
      - 洞窟式
      - 平波式
      - 悬瀑式
      - 远山式
      - 岛屿式
      - 矶礁式
      - 溪涧式
      - 夹峪式

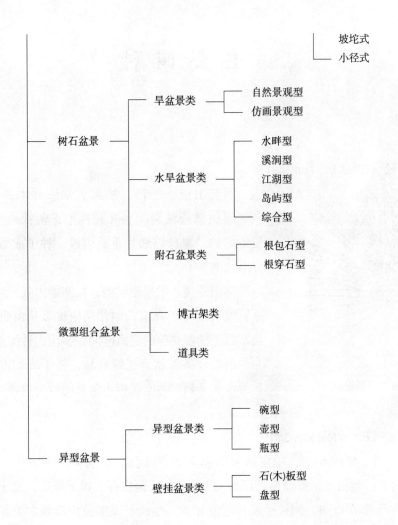

坡坨式
小径式

树石盆景 —— 旱盆景类 —— 自然景观型
仿画景观型

水旱盆景类 —— 水畔型
溪涧型
江湖型
岛屿型
综合型

附石盆景类 —— 根包石型
根穿石型

微型组合盆景 —— 博古架类
道具类

异型盆景 —— 异型盆景类 —— 碗型
壶型
瓶型

壁挂盆景类 —— 石(木)板型
盘型

主要树种

1. 马尾松（*Pinus massoniana*）

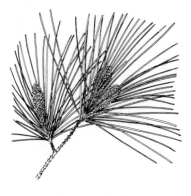

图3-1　马尾松

别名山松。松科，松属。常绿乔木，树皮暗红褐色，组成鳞片纵裂纹。叶长针形，两针丛生，花单性，雌雄同株。果球以鳞片重叠组成，种子成熟后从鳞片中弹出（图3-1）。

喜阳爱暖，耐旱耐贫瘠，抗寒能力强，终年苍翠。

繁殖用种子育苗，创作用树桩多从山野挖掘。每年大寒后是挖掘移植的适宜时间，多用山砂泥栽种。

山松枝条柔软，扎缚容易，树干嶙峋古拙，针叶四季常青，是制作岭南派树木盆景的特色树种。

2. 黄山松（*Pinus taiwanensis*）

松科，松属。常绿乔木，树皮深灰褐色而略带红色，裂成鳞状厚块片。冬芽深红褐色。叶2针一束，略粗硬，鲜绿色，长5~13厘米，叶鞘宿存。球果卵形，几乎无梗，可宿存树上数年。干形常弯曲，侧枝平展，冠偃如盖。生长于安徽黄山高峰之上者，由于环境的影响，姿态万千，形状极美，均为松柏类盆景造型的范本。

黄山松极喜光，适生于凉润、空气湿度较大的高山气候，垂直分布在海拔700米以上。在土层深厚、排水良好的酸性土壤中生长良好。在土层瘠薄、岩石裸露的孤峰山脊上生长，则枝干低矮、弯曲，姿态奇特古雅，叶细针短，是制作盆景的极佳树材。

黄山松郁郁苍苍，生机勃勃，梳风掩翠，四季常青，形态自然多变，苍健俊逸，是松类盆景中的珍贵树种。

3. 金钱松（*Pseudolarix amabilis*）

松科，金钱松属。落叶乔木，干挺直而秀丽，枝条软生而平展，树皮鳞片状开裂。小枝有长、短之分，长枝有叶枕，短枝如距状。叶线形，扁平而柔软，在长枝上散生，短枝上簇生如钱；深秋时，叶呈金黄色，十分美观，故有"金钱松"之称，为国家重点保护树种（图3-2）。

金钱松为我国特产，为亚热带适生树种。分布于江苏南部、安徽南部及西部、浙江、福建、江西、湖南、湖北西部、四川东部等地。垂直分布于海拔1 000米以下。

喜光，适温暖湿润气候，要求肥沃深厚、排水良好的中性土或微酸性土。盐碱土及积水洼地不适生长。

金钱松枝条平展，姿态古雅，最适宜合植成丛林式盆景，以春季嫩叶初展及入秋叶色转金黄时观赏效果最佳。

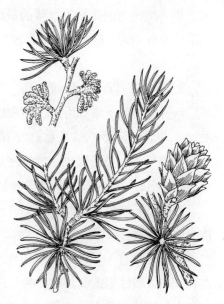

图3-2　金钱松
中：长短枝；左：雄球花枝；右：球果枝

4. 水松（*Glyptostrobus pensilis*）

别名水绵。杉科，水松属。盛产于我国广东珠江三角洲一带。广西、云南、四川、江西、福建等地也有分布。

落叶乔木，树根部膨大具圆棱，树干扭纹，枝条稀疏，叶有鳞形叶和短针状钻形叶，互生枝顶，开单球花，结椭圆形种子。

水松性喜阳光，喜温暖湿润的气候及水湿环境，不耐低温干旱，对土壤的适应性较强，除盐碱土壤之外，在其他各种土壤上均能生长，以水分较多的冲积土生长最为良好。

繁殖多采用播种或扦插方法。水松是制作岭南派树木盆景的常用树种。

5. 黑松（*Pinus thunbergii*）

松科，松属。常绿乔木，树皮灰黑色，鳞片状开裂。冬芽圆柱形，银白色。叶针形，二针一束，粗硬，深绿色，长6～12厘米，叶鞘宿存。

黑松原产于日本。我国山东、江苏、安徽、浙江等省普遍引种栽培。垂直分布在海拔600米以下，荒山、荒地、河滩、海岸均能生长。

喜光，适生于温暖湿润的海洋性气候，耐干旱和瘠薄，但不耐水涝。除重盐碱土外，中性土、石灰性土、微酸性土均能适应。其根系发达，栽培成活率高，幼年期生长健壮，适应性强，对烟尘污染有一定抗性。

黑松枝干横展，树冠如伞盖，针叶四季浓绿，冬芽银白色，四季皆宜观赏。多年培养的黑松盆景，树姿古雅，呈龙翔凤翥的奇姿，老干苍劲，虬根盘曲，呈现出一种坚韧不拔

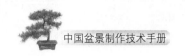

的生机。黑松为制作松类盆景的最佳树种；可与梅花、翠竹配植，组成岁寒三友盆景；并可附以山石，成松石盆景，极具观赏价值。

6. 五针松 (*Pinus parviflora*)

松科，松属。常绿乔木，树皮暗灰色，呈鳞状薄片开裂。小枝绿褐色，密生淡黄色柔毛。冬芽长椭圆形，黄褐色。叶五针一束，细而短，簇生枝端，叶表面有明显白色气孔线，叶鞘早落。枝条舒展，叶序密生，犹如层云簇涌之状，树姿优美，生长缓慢，寿命较长又耐修剪，适于造型，是珍贵的盆景树种之一。

五针松原产日本本州中部、九州及四国等地。我国长江流域各城市及北京、山东等地均有引种栽培。以浙江奉化三十六湾繁殖栽培的五针松最为著名。

五针松性喜干燥通风，喜阳光，较耐寒，畏炎热，忌过阴。适生于土层深厚肥沃、排水良好的微酸性壤土或灰化黄壤土，碱性土及砂土均不宜生长。

五针松通过攀扎、摘芽、修剪以及控制生长，可塑造成典型的松类盆景，具有端庄、苍劲、小中见大的效果。中国画论有"松如端人正士，虽有潜虬之势，以媚幽谷，然具一种耸峭之气，凛凛难犯。凡画松者，宜存此意于胸中，则笔下自有奇致。"是浙派盆景特色树种。

7. 锦松 (*Pinus aspera*)

松科，松属。常绿矮乔木。原产日本。在我国以锦松为树材的树桩不多。锦松不仅可观赏树形，而且可赏皮、赏干。久年古棵，树干龟裂痕深，苍老嶙峋；松皮纹裂鳞皱，似奇疮怪鳞；既古朴多姿，又老态龙钟，苍劲朴拙。

8. 罗汉松 (*Podocarpus macrophylla*)

罗汉松科，罗汉松属。常绿乔木，树皮灰暗色，鳞片状开裂。树干挺拔古朴，分枝平展而密生，树冠广卵形。叶螺旋状互生，条状披针形，两面中肋隆起，表面波绿色，背面黄绿色，有时具白粉。4~5月开花。种子核果状，卵圆形，熟时呈紫红色，似头状，种托似袈裟，全形如披袈裟的罗汉，故名"罗汉松"。其变种主要有大叶、小叶和短叶三种，一般叶长5~10厘米；短叶罗汉松（又称雀舌罗汉松），叶长仅2厘米左右，是罗汉松盆景之精品。

较耐阴，喜生于温暖湿润的地区，要求排水良好及肥沃的砂质壤土。耐寒性较弱，冬季要注意防寒。

罗汉松姿态秀雅，苍古矫健，可塑性大，耐修剪，是通派树木盆景的特色树种。

9. 桧柏（圆柏）（*Sabina chinensis*）

柏科，桧属。常绿乔木，树干挺拔古拙，树皮红褐色，纵裂条片状，树形小时呈圆锥形，老后变成伞形，长寿树种。枝条密生，叶具鳞叶和刺叶二型，排列紧密，鳞形叶交互对生紧包小枝上，刺形叶3个交叉轮生开展与枝条成直角，叶表面有2条白粉带，基部有关节并向下延伸（图3-3）。花期4月，雌雄异株，翌年11月球果成熟。其变种较多，如龙柏、偃柏、塔柏、翠柏、金叶桧等。

阳性树种，幼树较耐阴，在温凉湿润及土层深厚地区生长较快，其适应性很强，能耐寒冷、干旱及瘠薄土壤，但不耐水湿。萌芽力强，耐修剪，易造型。

桧柏树干苍古，树姿古雅，枝繁叶茂，尤其是挖取山野老桩或人为雕刻，树干扭曲，叶片翠绿，气势雄奇，是创作柏类树木盆景的最佳树种。

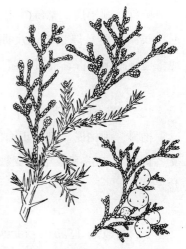

图3-3　圆柏
左：雄球花枝；右：球果枝

10. 刺柏（*Juniperus formosana*）

柏科，刺柏属。常绿乔木，树干苍劲，形态优美，树皮褐色，树冠圆锥形。枝斜展，小枝细柔下垂，叶翠绿色，三叶轮生，线状披针形，中脉微隆起，两侧多有一条白粉带。球果圆状形或近球形，熟时褐黑色。

阳性树种，喜光耐寒，不择土壤，适应性及抗逆性强，盆栽时宜用肥沃、排水良好、富含腐殖质土壤。萌芽力强，耐修剪，易造型。

刺柏树姿秀丽，叶枝下垂，枝繁叶茂，特别是树干或主枝经人为雕刻，创作舍利神枝，具有古柏风采，是现时创作柏类盆景的最佳树种。

11. 龙柏（*Sabina chinensis*）

柏科，圆柏属。常绿乔木，枝条向上直展，常有扭转上升之势。树冠呈圆柱状，大枝粗而直，两侧枝旋转，小枝作锐角着生。鳞叶排列紧密，深绿色。球果蓝色，微披白粉。

产华北南部以及华中、华东各地，为城市庭园中常见树种。喜光，亦耐阴，较耐寒，适温暖气候。对土壤要求不严，中性土、钙质土及微酸性土均能生长。

用龙柏制作盆景成型快，主干挺直，枝条密生而扭曲抱干，宛如游龙盘旋。鳞叶浓绿，四季苍翠，姿态古雅。

12. 侧柏（*Platycladus orientalis*）

柏科，侧柏属。常绿乔木，小枝片竖直排列。叶鳞状，对生，两面均为绿色。球果卵形，果鳞木质且厚，先端反曲，种子无翅。产我国北部。喜光，耐旱，耐瘠薄，耐盐碱地。适宜制作苍古意境树木盆景。

13. 瓔珞柏（欧洲刺柏）（*Juniperus communis*）

柏科，刺柏属。刺叶正面微凹，有1条宽白粉带，3叶轮生，枝叶下延，果蓝黑色。欧美各国园林中常有栽培，变种极多，我国各地也有栽培。枝条柔软下垂，可以用来制作盆景。

14. 铺地柏（*Sabina procumbens*）

柏科，圆柏属。常绿匍匐灌木，枝条贴近地面伸展，小枝密生。叶为全刺形，3叶交互轮生，先端尖锐，表面有2条白粉带，背面基部有2白色斑点，叶基下延生长。匍匐枝悬垂倒挂，古雅别致。

原产于日本。我国黄河流域至长江流域各地广泛引种栽培。喜光，亦稍耐阴，适生于湿润气候，对土质要求不严，适应性强。

铺地柏枝叶翠绿，蜿蜒匍匐，四季均宜观赏。以春季嫩绿新枝叶抽生时观赏最佳。适宜制作悬崖式盆景。

15. 矮丛紫杉（枷罗木）（*Taxus cuspidata*）

紫杉科，紫杉属。常绿丛状灌木，树皮赤褐色，枝条水平伸展。叶条形，微弯，长0.5～1厘米，上面深绿色，下面有两条灰绿色气孔带，主枝上的叶呈螺旋状排列，侧枝上的叶呈羽状排列。

主产于东北吉林、辽东地区，华北至长江流域各地多有栽培。矮丛紫杉为阴性树种，生长迟缓，根系浅，侧根发达。耐寒冷，在空气湿度较高处生长良好。

矮丛紫杉是名贵的观赏植物，姿态秀雅，叶片细小，排列呈羽毛状，枝叶婆娑，浓密翠绿。可以用来制作盆景。

16. 榔榆（*Ulmus parvifolia*）

榆科，榆属。落叶乔木，树皮褐色，成不规则鳞片状剥落。小枝灰色，纤细柔软。叶片小而质硬，椭圆形，基部偏斜，表面深绿色，略有光泽（图3-4）。夏秋之间，叶腋簇生黄绿色小花。10月翅果成熟，黄褐色，圆如小钱。

　　榔榆产于我国中部及南部各地，为亚热带适生树种。江苏、浙江、安徽等省河岸、路边最为常见；日本也有分布。

　　喜光，略耐阴，适生于温暖湿润之地。耐瘠薄、干燥，酸性土、中性土或石灰性土均能生长，对土质并不苛求。寿命较长，生长速度中等。抗有毒气体及烟尘能力强，萌生力亦强。

　　榔榆老桩盆景，根茎苍古，姿态朴拙，如枯木逢春，树姿潇洒，干柯枝曲，小枝柔垂。新叶初放，满树嫩绿，深秋落叶，枝骨裸露，寒树峥嵘，更具观赏价值。是制作杂木类树木盆景主要树种之一。

图3-4　榔榆

17. 雀梅（*Sagerelia zhcezans*）

　　鼠李科，雀梅藤属。常绿蔓生灌木，树皮紫褐色，片状剥露，形成灰白色斑块。小枝细长，常具刺状短枝。单叶对生，薄革质，椭圆形，全缘，表面亮绿色。10月开淡黄色小花，组成圆锥花序。核果近球形，熟时紫黑色。

　　雀梅产于江苏、浙江、安徽、湖北、江西、福建、广东、广西、四川、云南等地，山地、丘陵、裸岩均有生长，林缘、山麓、沟边、田埂亦有分布，为亚热带适生树种。

　　雀梅喜光，稍耐阴，适温暖湿润气候，不甚耐寒。对土壤要求不严，微酸性土、中性土均能适应，石灰岩山地也常见生长，能耐瘠薄干燥。萌生力强，极耐修剪。雀梅根茎蟠结，枝蔓横斜，叶小色翠，状甚古雅。为制作杂木类树木盆景主要树种之一。

18. 小叶女贞（*Ligustrum quihoui*）

　　木犀科，女贞属。半常绿小乔木或灌木，枝条开张而微垂，小枝密生。单叶对生，薄革质，长椭圆形，全缘。圆锥花序顶生，花白色，无小花梗。核果宽椭圆形，熟时紫色。

　　小叶女贞产于山东、河北、河南、山西、陕西、湖北、湖南、江苏、安徽、浙江、四川、云南、贵州等地。山地多野生。

　　喜光，略耐阴，亦较耐寒。适生于气候温暖湿润之处，山谷溪水边较为常见，在干燥处生长不良。对土壤要求不严格，除盐碱土外，中性土、石灰性土、微酸性土均能生长。萌生力强，极耐修剪。

　　小叶女贞枝叶稠密，白花紫果，四季常青，终年均可观赏，但以春夏观赏效果最佳。老桩盆景，根古干斜，虬曲多姿，枝叶翠绿，层层重叠，颇具观赏价值。

19. 三角枫（*Arer buegerianum*）

槭树科，槭树属。落叶乔木，树皮薄，条片状剥落。小枝细，叶对生，常3浅裂，裂片向前伸，有时不裂，树叶浓密秀丽。伞房花序顶生，花黄绿色。双翅果两翅成锐角或近平行，果核部分凸起。花期4月，果熟期9月。

三角枫主产我国长江流域各地，北达山东，南至两广；日本也有分布。多生于山谷及溪沟两旁。黄河以南多作行道树或庭院树栽培，秋叶转红，颇为美丽。

三角枫为弱阳性树种，稍耐阴；喜温暖湿润气候。适生于微酸性或中性土壤，土层深厚、湿润处生长良好。有一定耐寒性，萌芽力强。

三角枫树姿优美，叶形秀丽，叶端三裂浅，宛如鸭蹼，颇耐观赏。春初新叶初放，清秀翠绿；入秋后，叶色转为暗红或老黄，更为悦目。如在夏末秋初，将其老叶摘去，施一次速效氮肥，半月以后，又发出鲜嫩新叶，淡绿或带红，增强其观赏效果。为制作杂木类树木盆景主要树种之一。

20. 黄杨（*Buxus sinica*）

黄杨科，黄杨属。常绿灌木或小乔木，枝条密生，小枝四棱形，枝叶攒簇上耸。叶对生，革质，椭圆形或侧卵形，先端圆或微凹，基部楔形，表面亮绿色，背面黄绿色。花簇生叶腋或枝端，4月开放，黄绿色。蒴果卵圆形。

产于我国中部各省，海拔1 300米以下山地有野生。长江流域及其以南各地多栽植庭院中或盆栽供观赏。

喜光，亦稍耐阴，较耐寒，适生于肥沃、湿润、疏松之地，酸性土、中性土或微酸性土均适应。生长缓慢，萌生性较强，耐修剪。

黄杨枝干灰白光洁，叶小如豆瓣，质厚而光亮，四季翠绿，终年可观赏。扬派盆景将其剪扎成云片，平薄如削，春初新叶初放时，满树嫩绿。是扬派盆景特色树种。

21. 九里香（*Murraya paniculata*）

芸香科，九里香属。常绿灌木或小乔木，枝条密生。奇数羽状复叶，互生，小叶3～7片，卵形或侧卵形，全缘，表面深绿色，有光泽。花较大，白色，极芳香，几朵组成聚伞花序。果球形，熟时朱红色。

产于我国华南及西南各地，长江流域及其以北地区常于温室中盆栽。亚洲热带地区有分布。

较耐阴，喜温暖湿润气候，不耐寒冷，适生于肥沃疏松、排水良好的中性土或石灰性土壤。萌生力强。

九里香树姿秀雅，枝干苍劲，四季常青，花开洁白而芳香，朱果耀目，是岭南派树木盆景特色树种。

22. 红果（*Stranvaesid davidiana*）

别名占果、红占果、毕当茄。蔷薇科，红果树属。常绿小乔木，树干光滑质硬，叶互生，革质而有光泽，杏圆形，叶嫩时星红点点，油润生光。开小白花，花后结果，似灯笼状，初青熟红，味有酸有甜，果实累累，十分诱人。

喜阳怕冷，喜肥耐旱，在疏松肥沃土壤种植生长十分旺盛。移植挖掘宜在大寒后至春初期间进行。

繁殖基本上用播种方法，成活率甚高。

红果萌发力强，耐修剪，截干蓄枝后切口愈合性能好。挂果时果实累累，星红满布，十分壮观。落叶后萌发新芽，星红点点，显得春意盎然，十分惹人喜爱，是岭南派盆景观枝赏果的特色树种。

23. 福建茶（*Carmona microphylla*）

紫草科，基及树属。常绿小灌木，多分枝，幼枝圆柱形，被稀疏硬毛。叶在长枝上互生，在短枝上近簇生，叶形小，椭圆形或倒卵形，先端钝圆，浓绿而有光泽。花时白色，核果球形，熟时橙黄色或橙红色，通常单生或两个并生，果柄与叶柄近等长。花期4~5月，果熟期9~10月。

为福建特产，广东、台湾，以及东南亚地区也有分布。

福建茶性喜温暖和湿润气候，较耐阴，不能耐寒冷，适生于疏松、肥沃土壤中。多用扦插方式繁殖，成活率较高。

福建茶枝叶翠茂，风姿奇特，花白果红，是制作岭南派盆景的特色树种。

24. 榕树（*Ficus microcarpa*）

桑科，榕树属。常绿乔木，枝干浓密，树冠开展，枝上有气根，下垂及地，形似支柱，蔚为奇观。单叶互生，卵状长椭圆形，质厚而光滑，全缘。春季开花，花生于隐头花序内。果无柄，近倒卵形，熟时黄色或赤褐色。

主产于华南地区，为热带树种，广东、广西、福建、云南、四川及江西、浙江南部均有分布。

榕树喜光，稍耐阴，喜温暖、湿润、多雨气候，不耐寒。适生于肥沃、疏松、湿润的

冲积土壤。

榕树叶绿苍翠、郁郁葱葱、四季常青，气根蜿蜒下垂，蔓根盘根错节，块根古态盎然，一年四季均宜观赏。是闽中盆景的特色树种。

25. 湖北桉（对节白蜡）（*Fraxinus bupehensis*）

木樨科，白蜡属。原产地为落叶乔木，高达30余米。幼、壮龄树皮光滑，浅灰绿色，中、老龄树皮有纵向深灰褐色皱纹。枝对生，节间长10~40毫米。羽状复叶，一柄3~9叶，边缘锯齿状，叶卵形，单叶长8~28毫米，个别品种长达56毫米。嫩枝、叶淡紫色，叶片生长展开后由紫转嫩绿，老叶深绿色。中、老龄树4月份开黄色丛生小花。种子为翅果，10~11月份成熟。树枝芽萌发力强。耐旱、耐湿、耐高温、耐寒、耐修剪。喜肥、喜阳光。适宜中性和弱酸性土壤生长，pH5~7。靠种子和扦插繁殖。是制作湖北盆景的特色树种。

26. 博兰（*Ponamella pragiliagagnep*）

也叫海南留萼木。大戟科，留萼木属。博兰产海南岛南部的三亚、乐东、昌江、东方、儋州等地。其特点：树形优美，根系（须根系为主）发达，树皮嶙峋带有斑状；树干古朴，外表呈灰白或淡黄色，大多粗壮而低矮；树枝生长较快，分枝茂盛、枝（干）芽点萌发力极强；枝叶近似卵形，长2~2.5厘米，宽约1.5厘米，叶片厚实，手感良好，表面深绿有光泽，背面淡绿色；花白色，顶生圆锥花序，长0.5~0.8厘米，花冠分裂与序等长，稍有香气；果实前期淡绿，中期深绿转黄，成熟期深黄，脱落时外表渐黑；博兰树成活率高，适应性极强，而且特别耐阴，可在通风透气的阴凉处或室内长期摆设，最长时间可达1~3年，甚至更长。是海南盆景特色树种。

27. 黄荆（*Viten negundo*）

马鞭草科，黄荆属。落叶灌木或小乔木，枝条四棱形。掌状复叶对生，小叶通常5枚，间或3枚，近全缘，叶背粉白色，密被绒毛。聚伞花序排成圆锥花序状，顶生，花萼钟状，5齿裂；花冠淡紫色，端5裂，2唇形。核果近球形。花期7~8月，果熟期10月。

黄荆产于黄河流域及长江以南各地，多生于低山丘陵、林缘、路旁。

喜光。对土壤要求不严格，中性土、钙质土及微酸性土均能适应。耐干旱，耐瘠薄，适应性颇强。黄荆桩景古拙素雅，蟠曲苍老，枝叶扶疏，清秀悦目。春季新叶初放，满枝嫩绿，如枯木逢春，郁郁葱葱，显现生机；冬季枝叶落尽，祖筋露骨，别有一番诗意。是中州盆景特色树种。

28. 柽柳（三春柳）（*Tamarix chinensis*）

柽柳科，柽柳属。落叶灌木或小乔木，树皮红色，枝条质柔而下垂，纤细如丝。叶细小如鳞片状，密生，呈浅蓝色。花小，粉红色，总状花序如蓼花状，着生于当年生枝端，6～8月开花，有时一年开花三次，故又称"三春柳"。

柽柳为温带及亚热带树种，产于我国甘肃、河北、河南、山东、湖北、云南等地，盐碱土地区多有栽培。

喜光，耐旱，耐寒，亦耐水湿；适生于水边，沙荒地、盐碱地也能生长；抗有害气体能力强，极耐修剪，萌生力特强。

柽柳干劲枝柔，叶细如丝，姿态婆娑。开花如红蓼，颇为美观。夏季新叶嫩绿，秋季叶色转黄；冬季为寒树形态，也颇有独特之处。是中州盆景特色树种。

29. 檵木（*Loropetalum chinese*）

金缕梅科，檵木属。常绿灌木或小乔木，小枝、嫩叶及花萼均有锈色星状毛。叶较小，互生，卵形或椭圆形，全缘。花两性，头状花序，花瓣4枚，带状线形，黄白色（红色），3～8朵簇生小枝顶端，花期5月。蒴果8月成熟。

檵木产于长江流域中下游及其以南各地，多生于低山丘陵灌丛中，常成片生长。

喜光，稍耐半阴，不甚耐寒，适宜温暖气候。适生于深厚排水良好的酸性土壤，有一定的耐旱能力，适应性较强。

檵木叶小色翠，四季常青；花繁叶茂，浓密秀丽。春季开白色（红色）带状线形小花，风姿典雅。老桩檵木盆景，根古干斜，苍劲嶙峋。是制作树木盆景常用树种。

30. 银杏（*Ginkgo biloba*）

银杏科，银杏属。落叶乔木，树皮灰褐色，枝有长短之分。叶扇形，先端常2裂，具长柄，叶在长枝上互生，短枝上簇生，入秋叶转为金黄色，甚为悦目（图3-5）。雌雄异株，球花着生于短枝顶部。种子核果状，圆形，熟时黄色。

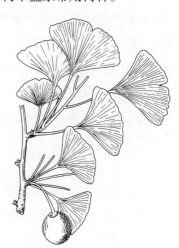

图3-5 银杏

银杏为我国特产树种，分布很广，从东北沈阳到华南广州以北均有栽培。以长江中下游为中心产地。

喜光，不耐庇荫，喜温暖湿润气候，以年雨量1 000毫米以上、年平均温度16℃最为适宜。对土壤适应性强，但

以土层深厚肥沃、排水良好之地生长较好。银杏具有一定根蘖性，寿命长，生长缓慢，高达千年树龄者时有发现。

银杏树姿古雅，叶形如扇，春季新叶嫩绿，秋季老叶金黄，是我国古老而特有的名贵树种，也是制作树木盆景常用树种。

31. 红枫（*Acer palmatum*）

又名紫叶鸡爪槭。槭树科，槭树属。红枫为鸡爪槭的园艺变种，为落叶小乔木，新枝紫红色，成熟枝暗红色。早春嫩叶艳红，叶片舒展后叶色渐由艳红转变为淡紫色或暗绿色。

红枫喜温暖湿润、气候凉爽的环境。喜光但畏烈日，属中性偏阴树种。红枫在酸性土、中性土和石灰性土中均可生长。它根系发达，适宜土层深厚、富含腐殖质的砂质壤土。

红枫树姿潇洒，枝条柔和秀美，叶形秀雅，叶色"红于二月花"时，最宜观赏。入冬后经整形，那柔和秀美的裸姿又是一番情趣。是制作树木盆景常用树种。

32. 朴树（*Celtis sinensis*）

榆科，朴属。落叶乔木，树皮粗糙，灰黑色，不开裂。单叶互生，卵状长椭圆形或广卵形，基部斜偏，3出脉，叶缘中部以上有钝齿，表面深绿色，背面淡绿色（图3-6）。花异性同株，雄花生于新枝下部，雌性花单生或2~3朵簇生于新枝上部叶腋，花形小，淡绿色。核果近球形，熟时橙黄色或橙红色，通常单生或两个并生，果柄与叶柄近等长。花期4~5月，果熟期9~10月。

朴树产于黄河流域、秦岭以南，至华南等地。多散生于平原及低山地区。喜光，适温暖湿润气候，适生于肥沃平坦之地。对土壤要求不严，有一定耐干旱能力，亦耐水湿及瘠薄土壤，适应力较强。

朴树树姿优美，枝叶密集荫浓，制作盆景，颇有苍劲古雅风趣。

图3-6 朴树

左：花枝；右：果枝

33. 赤楠（*Syzygiam buxifolium*）

桃金娘科，蒲桃属。常绿小乔木，枝条茶褐色，密集。叶对生，椭圆形或狭倒卵形，全缘，光滑无毛，形似黄杨。聚伞花序生于枝顶，花瓣淡粉红色。果球形，熟时黑褐色，有光泽，故又称"山乌珠"。

赤楠产于我国中亚热带地区，长江流域以南山地丘陵常见其生长，多混生于马尾松林或常绿阔叶林中，常与映山红、荚蒾等树种伴生。垂直分布于海拔400～1 000米间。

赤楠较耐阴，喜温暖湿润气候，适生于腐殖质丰富、疏松肥沃而排水良好的酸性砂质壤土。赤楠植株矮小，枝条稠密柔韧，叶片细小，浓绿而有光泽，四季苍翠，初夏盛开粉色绒球状小花，衬托瓜子般绿叶，树姿极为优美。山野老桩制作树木盆景，经整姿造型后，可使横柯平展，层次分明，如层云涌簇之状，苍雅古朴。

34. 枸骨（*Ilex carnuta*）

冬青科，冬青属。常绿小乔木或灌木，树皮平滑，色灰白，枝条开展而密生。叶厚革质，互生，椭圆状矩圆形，具坚硬尖刺齿5枚，表面深绿色而有光泽。花小，单性异株，黄绿色，簇生于二年生枝条的叶腋。核果球形，熟时鲜红色。

产于江苏、安徽、浙江、江西、湖北、湖南、河南、四川等省，为亚热带树种。多生于山谷林下庇荫处。耐阴湿，喜温暖气候，适生于肥沃湿润、排水良好的微酸性壤土。萌蘖性强，耐修剪。

枸骨枝干稠密，叶形奇特，秋季红果鲜艳，是观叶、观果的优良树种。四季常青，终年均宜观赏。是制作树木盆景常用树种。

35. 苏铁（*Cycas revduta*）

苏铁科，苏铁属。常绿树种，树冠呈棕榈状，茎干圆柱形。大形羽状叶集生茎顶，小羽片长条状，质坚硬，长达18～20厘米，深绿色，有光泽，形似凤尾状，故又称"凤尾蕉"。花雌雄异株，顶生。雄球花黄色，长圆柱形；雌球花扁球形，密被黄褐色绒毛。种子卵形微扁，熟时红色。

产于我国华南地区的广东、广西、福建、云南、贵州、四川等地。长江流域及以北地区多盆栽。

喜光，喜暖热、湿润气候，不耐寒；低于0℃时，即易受冻害，叶变枯黄。适生于光照充足、通风良好之地的砂质壤土。寿命长，生长缓慢。

苏铁顶生大羽叶，形态可爱，用其老干丛栽，配以奇石制作树石盆景，呈现南国风光，别具雅趣。

36. 梅花（*Prunus mume*）

蔷薇科，樱属。落叶小乔木，树形开展，疏枝斜横，小枝绿色。单叶互生，卵形或广卵形，先端渐尖，边缘有细齿。2～3月先叶开花，花单生或2朵簇生，花冠有白、红、淡绿诸

色，清香宜人。果实球形，呈黄或青色。

梅花野生于我国西南山区，现南北各地广泛栽培，长江流域及其以南地区栽培较普遍，生长也较好。华北地区在向阳处也可露地栽培。梅寿命长，我国南方有千年生的老梅树，如浙江天台山国清寺内有隋梅一株，树龄达一千多年。

梅喜光，喜温暖湿润气候，亦较耐寒。土壤以肥沃疏松、腐殖质丰富的砂质壤土为佳。土质黏重、排水不良之地，易烂根致死或生长不良。因此，植梅宜选择向阳干燥、通风良好的地方。

梅花树姿秀雅，虬干偃盖，疏枝斜横，苍劲古朴，甚为美观，以开花时期为最佳。其具有色彩美、形态美和风韵美，色、香、味均佳。南宋诗人杨万里有诗咏梅："初来也觉香破鼻，倾之无香亦无味，虚凝黄昏花欲睡，不知被花熏得醉。"是制作观花类树木盆景最佳树种。

37. 紫薇（*Lagerstroemia indica*）

千屈菜科，紫薇属。落叶小乔木或灌木，枝干多扭曲，树皮淡褐色，薄片状剥落后特别光滑。小枝四棱形。单叶对生或近对生，椭圆形或卵形，全缘。7~9月开花，圆锥花序着生枝顶，花冠红色有皱纹，并具爪，花盛开时烂漫如火，自夏至秋，经久不衰。蒴果近球形，6瓣裂（图3-7）。

图3-7 紫薇

紫薇为亚热带树种，产于我国华东、华中、华南、西南各地，城市园林栽培甚为普遍。江南山地丘陵多有野生分布。

紫薇喜光，喜温暖、湿润气候，耐寒性不强。适生于肥沃疏松、排水良好的中性土或钙质土，耐旱而怕涝。萌蘖性强，生长较慢。寿命长。紫薇树姿优美，树皮光莹，花色艳丽，花期甚长；夏秋之间，有百日花期，红花荡漾于绿叶之中，特别美观。老桩紫薇盆景，桩古根曲，配以绿叶红花，倍觉赏心悦目。

38. 紫藤（*Wisteria sipensis*）

蝶形花科，紫藤属。落叶木质藤本，虬曲盘绕，姿态古朴。一回奇数羽状复叶，互生，小叶7~13片，卵状长椭圆形或卵壮披针形，全缘，幼时密被短柔毛。4~6月开紫色花序，略有香气。荚果扁平，长条形，质坚硬，密被黄棕色绒毛。

产于我国河北、山东、河南、安徽、江苏、浙江、江西、湖北、湖南、四川、广东、广西、云南、贵州等地。为温带及亚热带植物。山林中多野生。

喜光，亦稍耐阴，耐寒，耐旱，怕积水。适应性强，在土层肥沃、疏松、排水良好的土壤中生长最适宜。寿命长，可达数百年之久。

紫藤茎干盘曲，姿态古雅，藤花盛开时，繁英婉垂，随风轻飘，别具雅趣。是制作观花类树木盆景常用树种。

39. 迎春 (*Jasinum nudiflorum*)

木樨科，素馨属。落叶灌木，小枝细长拱形，梢4棱。叶对生，小叶3枚，卵形至长卵形，深绿色。花黄色，外染红晕，单生在去年生枝叶腋，早春开花，故称"迎春"（图3-8），先花后叶，有清香。

温带树种，喜温暖、湿润环境，较耐寒、耐旱，但怕涝，适应性强，在排水良好肥沃土壤中生长更繁茂。

迎春柔条垂散，花缀枝头；特别是早春开花，是创作传统观花类树木盆景常用树种。

图3-8 迎春

40. 六月雪 (*Serissa foetide*)

茜草科，六月雪属。常绿小灌木，分枝繁多而密集。叶形细小，对生，略带革质，卵形或长椭圆形，全缘，表面浓绿色。夏季6~7月间，腋生或顶生白色小花，盛花时，满树繁英如雪（图3-9）。

产于江苏、安徽、浙江、江西、湖北、湖南、福建、广东、四川、台湾等地，为亚热带林下常见树种。日本也有分布。

喜阴耐湿，畏强光，故野生者，多生于林下、沟边或灌丛中。喜温暖气候，不耐严寒，适生于疏松肥沃的壤土中；萌蘖性很强，耐修剪。

六月雪树形纤巧，枝叶扶疏，盛夏开花，繁英洁白如雪。制成微型、水旱盆景，放置窗台、几案，非常雅致。

图3-9 六月雪

41. 金雀花（*Caragana sinica*）

蝶形花科，锦鸡儿属。落叶灌木，具有直立斜展的枝条，小枝有棱角，托叶通常呈刺状。偶数羽状复叶，小叶两对，倒卵形或楔状倒卵形，先端圆或微凹，表面有光泽（图3-10）。5～6月开花，单生下垂，蝶形花冠，橙黄色，盛花时，满树金花，如黄蝶飞止，甚为美观。

产于河北、山东、河南、陕西、甘肃、湖北、安徽、江西、浙江等地，为温带常见树种。喜光、耐寒，适应性强，干燥瘠薄之地亦能生长。重黏土及盐碱性土不宜生长，萌生力强，耐修剪。

金雀以观花为主，五月盛开的花朵，如展翅欲飞的金雀，满树金英，微风吹拂，摇摇欲坠，甚为悦目。是制作传统观花类盆景常用树种。

图3-10　金雀

42. 宝荆（*Bougainvilleg glabra*）

别名簕杜鹃、三角梅。紫茉莉科，宝荆属。原产于巴西等南美热带、亚热带地区。我国广东、福建、香港等地区已大量引进繁殖。

常绿蔓性植物，单叶互生，倒卵形或椭圆状披针形。花从叶腋长出，有紫、黄、红、白等颜色，有创作者通过精心制作，采用嫁接法，制作出一株树上有多种花色的佳作，甚是绚丽多姿。由于生长速度快，容易造型，根系发达，所以，多利用其特点制作附石型盆景。

性喜阳，耐高温，爱湿润。耐旱畏寒，十分好肥，施足肥水，放于烈日通风处，则生长快且花多鲜艳。

繁殖用扦插方法。修剪除寒冬外，春、夏、秋天皆可进行。

宝荆由于生长旺盛，根系发达，可塑性强，花开鲜艳夺目，十分逗人喜爱，是岭南派树木盆景的常用树种。

43. 杜鹃（*Rhododendron simsii*）

杜鹃花科，杜鹃属。落叶或半常绿灌木，枝细而直，有棕色或褐色伏毛。叶长椭圆形、卵形或披针形，长3～4厘米，先端尖，表面浓绿色，疏生硬毛，背面淡绿色，密生硬毛，夏天所生的叶片，叶毛长存不落。春季3～5月开花，玫瑰红色，花冠漏斗状，2～6朵簇生枝顶，盛花时满树红花，灿烂夺目，令人陶醉（图3-11）。

杜鹃花又叫映山红，是著名的观赏花卉。它的品种繁多，全世界有1 000多种，其中我国有600多种。常见的品种有：羊踯躅、云锦杜鹃、麂角杜鹃、满山红、马银花、蓝荆子、白杜鹃、石岩杜鹃、黄杜鹃和皋月杜鹃等。由欧洲引入我国的西洋杜鹃，实际上是中西杜鹃的杂交种。

杜鹃广泛分布于长江流域及珠江流域各地，西至云南、贵州，是酸性土山地最常见的树种。喜光照，宜凉爽而湿润的气候，要求pH4~5的酸性土壤，石灰性土及黏质土均不宜生长。忌烈日灼晒，也不耐水渍。

杜鹃按花期可分为春鹃、夏鹃和春夏鹃。春鹃在华东、长江流域一带地区，一般4月下旬开花，至5月下旬凋谢；夏鹃自5月下旬开花，至6月下旬凋谢；春夏鹃介于春鹃、夏鹃之间，花期要比上两种长。野生的杜鹃，偶有春、秋两季开花。是制作观花类树木盆景常用树种。

图3-11　杜鹃花

44. 石榴（*Punica granatum*）

安石榴科，石榴属。落叶灌木或小乔木，枝顶端多为棘刺状。单叶对生或簇生，长椭圆形或倒披针形，表面有光泽，新叶呈红色。花通常一至数朵顶生，有大红、粉红、黄、白诸色，花瓣皱缩，萼紫色。花期5~7月，盛开时红艳似火，霞光照眼（图3-12）。果球形，红黄色，顶端有宿存萼片。挂果期长。

原产伊朗、阿富汗等中亚地区。今南北各地广泛栽培。安徽怀远、陕西临潼、云南蒙自等地所产石榴最为著名。性喜光，耐寒、耐旱，适生于土质略带黏性而富石灰质之地，砂质壤土亦可。根蘖性较强。

石榴为花果兼美的树木盆景最佳树种。榴花盛开时，红花绿叶相映成趣。秋季结果时，硕果挂枝，红黄相间，极具雅趣。

图3-12　石榴

45. 乌柿（金弹子）（*Diospyros armata*）

柿树科，柿树属。常绿或半常绿灌木，枝有刺，幼枝常有绒毛。单叶互生，长椭圆形或倒披针形，先端钝，基部楔形，表面有光泽。花乳白色，壶形或瓶状，有芳香。果卵圆

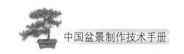

形，径约2厘米，熟时橙红色。入秋红果挂枝。

产于四川、湖北及华南地区。长江流域及其以北地区多盆栽，冬季需放进温室越冬。喜温暖气候，稍耐阴，适生于肥沃湿润、排水良好的砂质壤土，酸性土、石灰性土也能适应。

金弹子姿态古雅，枝疏叶红，花状如瓶，果圆如球，熟时橘红色，挂果期长，鲜艳悦目，是川派盆景观果类树木盆景特色树种。

46. 枸杞（*Lycium chinensis*）

茄科，枸杞属。落叶灌木，喜光，耐寒，耐旱，耐盐碱。丛生，枝条曲为拱形。叶互生，卵形或卵状披针形。花单生或簇生于叶腋，紫花，生长期长（图3-13）。枸杞做盆景，秋果红艳，缀满枝头，根干虬曲，苍古雅致。多野生，可挖取苍劲根桩，制作盆景。

47. 金豆（*Fortunella hindsii*）

芸香科，金柑属。常绿灌木，原产于我国的野生种，分布于广东、福建、江西、湖南、浙江一带。

金豆为亚热带、温带植物。叶互生、有棘刺，高可达2米左右，树势强健，适应性颇强，喜阳光，耐贫瘠。每年5月份前后开始陆续开五瓣的小白花，有香味。花后随即着果，果实

图3-13 枸杞

秋天变为橙黄色，挂果直至翌年春天，果实累累，圆如小豆，极具观赏价值，为观果类树木盆景中的好树种。

金豆盆景素材，可以人工繁殖，也可以山采取得。山采素材树态苍老最为理想。

48. 火棘（*Pyracantha fortunena*）

蔷薇科，火棘属。常绿灌木，枝条拱形下垂，短侧枝常呈刺状。叶倒卵形或倒卵状长椭圆形，先端圆或微凹，基部楔形，中上部有圆钝锯齿，近基部全缘，表面亮绿色。花白色，组成聚伞花序，5月份为盛花期。果半圆球形，径约5毫米，熟时橙红色，经久不凋。

火棘为亚热带树种，产于江苏、浙江、安徽、福建、湖北、湖南、陕西、四川、云南、贵州等地。多生于海拔500～2 000米的山地灌丛中或河沟边。

喜光，喜温暖气候，稍耐旱，要求疏松湿润、排水良好的中性或微酸性土。萌生力强，耐修剪。

火棘枝叶茂密，初夏白花繁盛，入秋朱实累累，缀满枝头，美丽悦目。每年秋季9~10月间果熟变红，直至翌春，均为最佳观赏期。是制作观果类树木最佳树种。

49. 胡颓子（*Elaeagnus pungens*）

胡颓子科，胡颓子属。常绿灌木，小枝有锈褐色鳞片，通常有棘刺。单叶互生，革质，椭圆形，边缘波状而常内曲，背面有银白色鳞片并有锈褐色斑点。秋季10月开银白色花，翌年5月果成熟，椭圆形，呈红色，叶甘可食。

胡颓子产于长江流域及其以南各地，江苏、浙江、安徽、福建、江西、湖南、四川等地均有分布。

喜光、耐半阴，喜温暖湿润气候，不耐寒。对土壤要求不严格，适应性强，耐干旱，亦耐水湿，中性土、微酸性土均可生长。

胡颓子枝叶扶疏，姿态古雅，花状如松，果圆似枣，熟时锈红色，鲜艳悦目，是观叶观果均相宜的盆景佳品。

50. 冬红果（*Malus asialica*）

别名长寿果、圣诞红果，属西府海棠品种群。

小乔木，枝直立性强，嫩枝被短柔毛，老时脱落。叶片长椭圆形，先端渐尖，基部楔形，边缘有细锯齿，嫩叶下被柔毛，叶长4~5厘米，宽2~3厘米，柄细长，叶色绿。花序伞形总状，有花4~7朵，粉红至粉白色。果近球形，萼片脱落，少有宿存，柄洼下陷，果红色，直径1.5~2厘米。

物候期：3月中下旬萌动，4月中下旬开花，9月中下旬果熟，10月下旬落叶。

冬红果适应性强，抗寒、抗旱，耐盐碱，生长快，抗病毒，抗白粉病。为阳性树种，树干有片状纵裂，树皮暗灰白色。树的萌芽力强，耐修剪，易于加工造型，生长速度快，愈伤能力好。大小年结果不明显。果实在10℃左右的条件下经冬不落，可在树上挂果至次年的开花期。冬红果自花授粉不孕，需其他品种授粉才能保证坐果良好。冬红果是近年选出的制作果树盆景的最佳树种。

四 主要石种

（一）软质石料

软质石料又称松石，特点是吸水性能好，易于生苔栽种植物，易锯截，可塑性强。软质石料硬度一般在1.5～2.5级，能根据作者的意图随意雕琢成型，是初学者的理想入门材料。一些硬石无法表达的格式内容、皴法技巧、造型方法都可以在软石中表现出来，丰富了山水盆景的内容。但由于缺少天然神奇外形，石料质感不强，要在总体造型布局中取得完美效果不是一件易事，且神态掌握不易，韵味也不如天然硬石，做成的盆景会因时间久了而风化，易损坏，这些都是软石的缺点。常见的软石主要有以下几种。

1. 砂积石

是碳酸钙与泥砂的聚积胶合物。有土黄、灰褐及棕红色等。质地不太均匀，含泥砂处疏松，含碳酸钙处坚硬。石料吸水性较强，利于寄生苔藓和栽植草木，因而富有生气。因石料疏松，易于加工造型，能雕琢多种形状和皴纹，是山水盆景初学者理想的入门材料。由于其所含矿物成分及石灰质成分不同，泥砂混杂的多少，会形成多种颜色及质地不同的砂积石，在选材制作时务求统一。

主要产地为江苏、浙江、安徽、江西、广东、广西、四川、贵州、云南、湖北、湖南、福建、山西、山东、河北、台湾等地温暖而雨水充沛的石灰岩山区内，特别是在瀑布、溪流、泉水、山洞等流水处聚积较多。

2. 芦管石

颜色与成分和砂积石相同。是石灰质及泥砂沉积，再经植物在上生长留下了根、茎、叶，互相充填包裹，再经溶蚀、聚取，不断交替进行，成年累月，便形成了管、洞、孔等错综变化的管状纹理形态。管状粗如芦秆的称芦管石，细如麦秆的称麦管石。芦管石有着天然的奇峰异洞，加工时可尽量加以利用。适宜做近景特写的造型，具有较高的欣赏价值。产地与砂积石相同，有时砂积石与芦管石夹杂在一起。

3. 海母石

又称海浮石、珊瑚石。白色，由珊瑚虫遗体聚积而成，主要成分为石灰质。此珊瑚虫是生长在温暖海洋中的腔肠动物。它体态很小，喜欢群居，繁殖很快，新老交替生长。它的石灰质骨骼大量聚集形成珊瑚丛，又被海水冲刷破坏成块，随海水潮汐漂流到沿海成不规则球状。海母石分粗质和细质两种，粗质较硬，不易加工；细质较软，容易雕琢。刚打捞出水的海母石因其含盐分较多，需用清水浸泡，除去海水盐分方可附生植物。此石适宜制作雪景和中、小型山水盆景。主要产地为福建沿海、海南、台湾，西沙群岛和南沙群岛等地。

4. 浮石

又名浮水石。有灰黄、灰白、浅灰及灰黑等色，以灰黑色最好。是火山喷发后期的灼热喷出物降落沉积而成，主要成分为二氧化硅、钾、钠等。在火山喷发后期，大量灼热的喷出物落下，由于水蒸气、二氧化碳等气体的充填，喷出物落下沉积形成疏松、多孔的结构，质轻能浮于水面，因而得名浮石。该石质地细密疏松、多孔隙，极轻能浮于水面，易于雕琢加工，适宜制作精巧细腻的山水盆景。缺点是易风化破损，缺少大料，只能制作小型山水盆景。主要产地为吉林长白山、黑龙江德都等火山区。

5. 鸡骨石

有红褐色、土黄色、乳黄色、灰色等。是石灰质地层的矿物被雨水淋蚀留下了硅质的东西，主要成分为二氧化硅。以色、纹状如鸡骨而得名。质轻、脆，能浮于水面，吸水性能一般；结构纹理犹如国画中的乱柴皴，表面皱纹复杂多变，透漏的特点较显著。产于安徽、四川、河北、山西等地。

（二）硬 质 石 料

硬质石料又称硬石，是山之表层经过长期的自然风化作用，由大到小，由整到碎，逐渐形成一定形态的石块。硬石具有独特的皱纹、色彩、形状、神态，是制作山水盆景的理想石料。但其加工不易，一般不作表面雕琢或极少人为加工，多取天然形态较佳者锯截、组合。硬石硬度一般在3～7级之间，缺点是加工困难，栽种植物成活困难，好石不易求得，加工时人为痕迹难以消除。常见的硬石有以下几种。

1. 英德石

又称英石。有灰黑色、灰色和浅灰色之分。该石产地属亚热带，全年温暖、雨量充沛，石灰质地层受雨水的长期淋蚀，将大批石灰岩雕镂成千姿百态。该石分正背面，正面风化自然，体态嶙峋，皱纹变化丰富，背面多平淡。英石质硬而脆，不可雕琢，制作山水盆景时主要选其天然形态俱佳的进行锯截和拼接。英石的用途很广，可作山水盆景、水旱盆景，不论表现近山、远山、怪石、清供等均是理想材料。英石是中国传统名石之一。主要产地在广东北江中游的英德、石灰铺、九龙、大湾等地。

2. 斧劈石

又名劈石、剑石。有浅灰、深灰、灰黑、土黄、土红、夹白等色。属页岩类。层理构造是沉积岩的最大特征。斧劈石层理构造明显，便于劈剖，其纹理挺拔，刚劲有力，表里一致，形态雄秀浑厚，颜色稳重，便于加工（是硬石中能加工的少数石种之一）。高大者可立于花台，状如利剑或做超大型盆景。斧劈石山峰峻峭，雄伟挺拔，形色兼备，气象万千，既可做近山，也可做远山，是直线条石种的代表，也是山水盆景的主要石料之一。产于江苏、安徽、浙江、贵州等地。北方虽有斧劈石，但不如南方温暖湿润地区出产的质量好。

3. 钟乳石

产于石灰岩溶洞中。为方解石与泥砂胶结成的一种集合体。多为乳白色，也有棕黄、琥珀色等。是石灰岩溶洞中石头长期受水的作用而形成的，千姿百态，色彩多样，形态浑朴呈峰状。制作山水盆景多利用其天然形态作拼接，有的还可作供石。钟乳石质地紧密，不宜雕琢加工，吸水性较差，栽种植物不易成活。为保护钟乳石资源，特别是山洞顶上挂的石乳、石钟，下部沉积的石笋，壁上生的石帘、石瀑等部位严禁凿下制作盆景或供石。主要产于广西、安徽、湖南、湖北、云南等地。

4. 灵璧石

又名磐石。有灰黑色、浅灰色、白色、土红色等。属石灰岩，石质坚硬，叩击音脆如金属声。灵璧石中的佳品外形自然柔和，中间多有孔洞，配上红木几座作清供最具欣赏价值。是我国传统名石之一。产于安徽灵璧县馨山附近，现上品已很难觅到。

5. 龟纹石

又称龟灵石。有灰白色、灰黑色、褐黄色等。该石因表面有深浅不一的龟裂纹而得名。该石石质较硬，体态浑厚，极富岩壑态势，最适宜作浑厚状的矮山，也适宜做水旱盆景。产于四川重庆、安徽淮南、湖北咸宁等地。

6. 千层石

有深灰色、土黄色。由石灰质与硅质砂层长久侵蚀交叠而成；从外表看，似一层层石片堆叠而成，且每层颜色不同。石层横向，似山水画中的折带皴。千层石石质坚硬，不吸水。由于产地不同，千层石在颜色、厚薄、形态上有差别。主要产于江苏、安徽、浙江、山东等地。

7. 砂片石

依其色泽可分为青砂片和黄砂片，属表生砂岩。是河床下面的砂岩经胶合作用形成，胶接程度高，则质地较硬；反之，则质地较松。砂片石线条浑圆柔和，锋芒挺秀，石表面呈均匀细砂粒状，有片状、棒槌状等。吸水性尚可。主要产于川西河道或古河床中。

8. 树化石

又名硅化木。在亿年或几千万年前，地壳变动将大片树木压入地下，或地壳陷落成海将大片树木推向水中、冲上沙滩，再压入地下。沧桑巨变由陆变海、由海变陆，在高压之下，树木内部有机质逐渐分解，二氧化硅与木质纤维中的碳进行交换、充填等石化作用，保留了树躯面貌，内在质地已变成二氧化硅。由于年深月久，地壳经过不断变动，又经过强大的物理作用，树干化石隐裂成段，再经地表水的渗透、冷热温差等作用更进一步风化，在挖掘时，除去表面覆盖黏泥，一经抬动就粉碎，故体态大，成长条形状的化石极为稀少。该石质地坚硬，为山水盆景中最硬的石种之一，不易加工，取天然形态作近景特写，气魄浑厚。颜色有棕红色、棕黄色、灰黑色等。产浙江永康及辽宁义县、北票，重庆市永川区等地。

9. 石笋石

又名白果岩、松皮石、虎皮石。是一种变质砾岩。颜色有褐红、灰紫、土红、土黄、青灰等。此石含硅质，内有石灰质白果状砾石，能和酸作用，因此易和空气中的二氧化碳作用，风化成许多眼、巢状凹穴，称凤岩。如果石灰质砾石风化不够，观赏性稍差，称龙岩。以自然风化成长条状并四面好看者为上品。此石为直线条石种之一，石质较硬，可通过敲击、锯截加工造型。适宜作近景式山水盆景。产浙江、江西交界的常山、玉山一带。

10. 锰石

多为深褐色、铁锈色。表面含铁锰质，里面是石英质呈灰白色。石质坚硬，吸水性差，不易劈开，难以分出长条状材料，为竖线条石种。表面凹凸，纹理变化丰富，极富神韵，宜表现雄伟挺拔的山峰。主要产地为安徽六安。

11. 太湖石

有深灰、青灰、灰白、土黄等色。是石灰岩在水的长期冲刷和溶蚀下形成的。太湖石质地较硬，线条浑圆柔和，有奇态异形的洞穴穿透。但多为大石，小巧者少见，适宜大型山水盆景和假山堆叠。太湖石是我国传统名石之一，主要产地为江苏太湖、安徽巢湖等地。

12. 宣石

又称宣城石。色白，稍有光泽。石质坚硬不吸水，不易雕琢。表面皱纹细致，变化丰富。多选其天然形态较佳的进行组合拼接。宣石还是表现雪景的理想石材，是我国传统名石之一。主要产于安徽宣城一带。

13. 蜡石

有米黄色、深黄色、褐色等。石质坚硬，不吸水，不易加工。以色泽光滑、无灰砂者为上品。是我国传统名石之一。产于华南地区。

14. 孔雀石

因其色泽呈翠绿色并有光泽，似孔雀的羽毛而得名。属铜矿类。质松脆，结构成片状、蜂巢状等，稍作加工即可成山景，郁郁葱葱，别具风格。多见于铜矿层中。

15. 菊花石

黑色。呈椭圆形。黑色中有白色晶花，形似盛开的秋菊，故而得名。菊花石质地硬脆，多用作供石，也可制作山水盆景。主要产于湖南浏阳、广州市花都区等地。

16. 祁连山石

石质坚硬而脆，主要含硅质。有灰白、赭石、褐红、青灰、粉红等色。原为变质岩，表面被风蚀，变化极为丰富，光润而细腻。产于祁连山及戈壁风口地段，为风蚀石的代表，由千年万代狂风恶沙不断冲击而成。

五 风格与流派

中国盆景在漫长的发展历程中，盆景艺术创作者在历代盆景艺术熏陶或师传口授下，受当地地理、气候、植物、石种，以及文化艺术、风土人情、欣赏习惯的影响，结合作者思想、性格、艺术修养，并通过长期实践，形成具有独特创作个性和鲜明艺术特色的个人风格。其中某个人风格一旦得到众多爱好者欣赏和承认，并仿效和流传，再经过发展和提高，形成地方风格。这种地方风格一旦得到地域性众多爱好者欣赏和承认，并广泛仿效和代代相传，便形成艺术流派，如相传至今的扬派、川派、通派、徽派盆景等。

风格与流派在流传和发展过程中，其创作规律和艺术特色，往往随着时代的发展而提高，如苏派、岭南派、海派盆景；同时，在发展历程中，还会产生新的风格与流派，如浙派盆景、湖北盆景、中州盆景、山东盆景、闽中盆景、泉州盆景、上海山水盆景、扬州水旱盆景、上海微型组合盆景、徐州果树盆景等。

中国幅员辽阔，各地地理、气候、植物、石种，以及材料不一，创作技法又各尽其妙，反映在盆景中的树木形态及山川风貌亦有明显区别，使中国盆景不论树种（石种）、造型还是所体现的意境，丰富多彩，绚丽多姿，构成民族特色，成为中国盆景之精华。

中华人民共和国成立近70年来，特别是近30年来，专业盆景工作者、业余盆景爱好者，在历届中国盆景评比展览推动下，继承传统，并在继承传统基础上进行创新，既使遗留下来的明、清古老盆景永葆青春，又创作出大量具有时代精神、源于自然、高于自然、神形兼备、情景交融的盆景佳作，以鲜明的民族特色、古雅的艺术风格而驰誉世界。

（一）扬派盆景

扬派盆景经历代盆景老艺人锤炼，受高山峻岭苍松翠柏经历风涛"加工"，形成苍劲英姿的启示，依据中国画"枝无寸直"画理，创造应用11种棕法组合而成的扎片艺术手法，使不同部位寸长之枝能有三弯（简称一寸三弯或寸枝三弯），将枝叶剪扎成枝枝平行而列，叶叶俱平而仰，如同飘浮在蓝天中极薄的"云片"，形成"层次分明，严整平稳"，富有工笔细描装饰美的地方特色。这种源于自然，高于自然的地方特色，得到发展，并在以扬州、泰州为中心的地域广泛流传，形成流派，并被列为中国树木（桩）盆景五大流派之一。

（二）川派盆景

川派盆景，有着极强烈的地域特色和造型特点。其树木盆景，以展示虬曲多姿、苍古雄奇特色，同时体现悬根露爪、状若大树的精神内涵，讲求造型和制作上的节奏和韵律感，以棕丝蟠扎为主，剪扎结合；其山水盆景以展示巴蜀山水的雄峻、高险，以"起、承、转、合、落、结、走"的造型组合为基本法则，在气势上构成了高、悬、陡、深的大山大水景观。

就目前情况看，川派盆景中的川西和川东盆景，虽然在某些具体制作手法和景观造型上有一定的差异，但基本的构成原理和制作方法是一致的。

（三）通派盆景

以南通、如皋为中心的通派盆景，选材精细，造型严谨。以短叶罗汉松（雀舌罗汉松）为素材，由"座地弯"、"第二弯"和"半弯"组成的"两弯半"盆景，技艺独特，棕法精巧，讲究摆设，典雅庄重。多以成"堂"摆设和对称式摆设。成"堂"摆设的盆景多为奇数，五盆一堂为习见。高大粗壮的主树（文树）居中，讲究立势；其余各盆"武树"对称，排列于两侧；且"座地弯"朝向主盆，讲究飘势。盆景陈设讲究配盆配几，题名圖画，营造典雅庄重气氛。

（四）徽派盆景

徽派盆景发源地为歙县卖花鱼村（今安徽黄山市），历史悠久，源远流长，早已成为一重要流派。徽派盆景以树木盆景为主，苍古纯朴，清丽典雅。树桩选材必古朴苍劲，蟠曲奇特，通常多取数十年、百年以上的老桩。即使树龄不太长，也要悬根露爪，"少年老成"、"小中见大"。无论自幼培植或野外采掘，都侧重于根部和主干造型，把桩老作为评价和鉴赏的首要标准，愈老愈贵。总体造型以单干式为主，盆中树桩多单植，构图简洁，拙朴大方。

（五）苏派盆景

苏派盆景以树木盆景为主，古雅质朴，老而弥健，气韵生动，情景相融，耐人寻味。

苏派盆景摆脱传统的造型手法，采用"粗扎细剪"的技法。对主要树种，如榆、雀梅、三角枫等，均采用棕丝把枝条攀扎成平而略为垂斜的两弯半"S"形片子，然后用剪刀将枝片修成椭圆形，中间略隆起呈弧状，犹如天上的云朵。对石榴、黄杨、松、柏类等慢生及常绿树种，在保持其自然形态的前提下，攀扎其部分枝条，或弯曲、稀疏，使其枝叶分布均匀、高低有致。其修剪也以保持形态美观、自然为原则，只剪除或摘除部分"冒尖"的嫩梢，成为苏派盆景的主要特色。在攀扎过程中，苏派盆景力求顺乎自然，避免矫揉造作。另外，结"顶"自然，也是苏派盆景的独到之处。

苏派盆景造型特点：注重自然，型随桩变，成型求速。摆脱了过去成型期长、手续繁琐、型式呆板的传统造型的束缚。

苏派山水盆景主要表现江南丽山秀水之风物。

苏派盆景，同时讲究景（桩、石）、盆和几架的多样化与统一性，特别在厅堂陈列布置，景、盆、架要与厅堂结构协调，显示"景"、"境"相称而得体。

（六）岭南派盆景

岭南派盆景形成过程中，受岭南画派的影响，旁及王石谷、王时敏的树法及宋元花鸟画的技法，创造了以"截干蓄枝"为主的独特的折枝法构图，形成"挺茂自然，飘逸豪放"特色。创作题材，或师法自然，或取于画本，分别创作了秀茂雄奇大树型、扶疏挺拔高耸型、野趣天然自然型和矮干密叶叠翠型等具有明显地方特色的树木盆景；又利用华南地区所产的天然观赏石材，依据"咫尺千里"、"小中见大"的画理，创作出再现岭南自然风貌为特色的山水盆景。岭南派盆景多用石湾陶盆和陶瓷配件，并讲究景盆与几架配置，题名托意，体现了"一树（石）二盆三几架"的艺术效果，成为我国盆景艺术流派中的后起之秀和重要组成部分，在海内外享有较高的声誉。

（七）海派盆景

海派盆景的艺术特点主要表现如下。

1. 师法自然，苍古入画

树木盆景的制作力求师法自然，不拘一格，不受任何程式限制。在创作过程中，根据树坯外形，参照画意，模拟各类古树形态特征，因势利导，进行艺术加工，使其形神兼备。桩景多用浅盆，使粗根盘曲、裸露，更利于显示树木雄伟古朴。

2. 扎剪并施，刚柔相济

粗扎细剪是海派盆景创作的主要艺术手法。粗扎即用金属丝绕主、支干后，进行弯曲。基本形态扎成后，对小枝逐年进行细致修剪、剥芽，使其形成并保持美态。用金属丝整形，可使枝条的弯曲角度、方向、距离变化多端，曲伸自如，不仅省工省时，养护简便，而且枝条明快流畅，形态浓厚古朴，刚柔并济。

3. 树种丰富，琳琅满目

上海树木（桩）盆景树种已达140余种，以常绿松柏类和形色并丽的花果类为主，选用从国外引进的哈克木及采自山区的火棘、赤楠、山楂、粉叶柿、獐子松、六道木、珍珠黄杨等树种所创作的盆景，均已达到理想的效果。

（八）浙派盆景

浙派盆景以杭州、温州为中心，以高干型、合栽型为基调，讲求自然动态。

浙江盆景树种，针叶类、杂木类、花果类、观叶类兼而有之，约百种以上。浙江杭州、温州、宁波等市，以及奉化、余姚、慈溪一带民间历来盛产松类盆景。近年来绍兴、金华等地培育松类盆景也渐趋旺盛。其余各地民间爱好者则就地取材，以杂木类盆景居多。

造型风格，同是松类盆景，浙江与近邻相比，有其自身特色。浙江的松类盆景造型，大都以高干型或合栽型见长。主干以直中稍带曲味，艺术形象高昂挺拔，遒劲而又潇洒；严谨之中有舒展，豪放之中见优雅；讲求层次清晰，却又不求薄片；注意左右收放照应、前后透视深度，却又因材取势，不受固定的片数和序列所局限；重视结顶收尾的点睛效果，强调顶端态势的迂曲敧斜力度，避免僵化不变的模式。

杭州、温州两地在松类盆景造型的手法上，既有共同点，也有各自的造型章法。但着重致力于以景写人，以景传情，突出表现作者个性。坚持手段服从内涵，而无意停滞于某种固定法式。在虚心借鉴外地和前人宝贵经验的同时，又坚持以自然的古树名木为造型蓝本。

杭州、温州两地的松类盆景也存在差异。温州的松类造型，主干与分枝多呈90°布局；杭州的分枝多呈30°下垂。在艺术风格上，温州以严谨、端庄、舒展取胜，杭州以轩昂、洒脱、奔放见长。

宁波、绍兴两地区的松类盆景也有相当多的作品出手不凡，潜力很大。

杂木类盆景，台州地区的黄岩、临海等地善作精细修剪，艺术形象大都精巧、细腻，寓苍劲于俏丽，其技法近似岭南而格调迥异。杭州民间的杂木类盆景整形技法也大体与此相似，但在风韵情调上，两地仍有距离。浙西的金华、兰溪、义乌等地的造型则较为大气，融粗犷、工细为一体。浙北的湖州盆景的技法与款式也与此颇相似。此外，黄岩的梅桩盆景苍古入画，而又生机旺盛。

（九）湖北盆景

1. 湖北动势盆景的艺术特色

湖北动势盆景，具有"自然的神韵，活泼的节奏，飞扬的动势，写意的效果"，既弘扬了楚文化"飞扬的动势"的艺术特色，又展现了时代的进取精神。湖北盆景造型是"创意为先，以动为魂，依题选材，按意布景，形随意定，景随情出，造景抒情，以形传神，因情有别，因题格变"。

2. 湖北动势盆景的艺术思想

第一，在用材上，提倡"依题选材"，充分利用自然资源。不必选定特色树种，以能表达主题思想者为佳。主题不同，选材也各异。这样有利于创作繁荣，有利于自然资源的开发和保护。特色树种（石种）可以表现地方特色，但真正能表现其风格的关键仍在于艺术造型。就湖北而言，在盆景用材上，充分利用本省自然资源，鼓励开发，使盆景用材由少数落叶树种（榆、朴、牡荆、三角枫）向众多的常绿树种（水蜡、赤楠、珍珠黄杨、蚊母、柞木、豆瓣子、小叶枸骨……），乃至观花、观果树种（火棘、平枝子、卫矛、红花紫薇……）发展变化，近年来，又发现优质、高效率的对节白蜡树种。

第二，在造型形式上，提倡"有法无式"、不拘一格。动势盆景造型，旨在研究树、石物象构成原理和它与外因的相互关系，运用美学法则，探索表现方法及其共性规律，不搞固定模式，约束其表现力。"动"是绝对的，一动则千姿百态，景象万千。但动又是千变万化的，也不能用新的固定模式来束缚个性的发展。如上插在动，横倚在动，下垂也在动，风吹能动，雪压也能动，行云、流水都在动。故盆景造型，立意为先，形随意定，景随情出，因势利导，变化万千；或"疾风劲吹"，澎湃奋发；或"雪压冬林"，雄浑壮观。

第三，在制作技艺上，提倡"广学博采，有新取舍"。盆景制作技艺是祖先留下的宝贵财富，本着"古为今用，洋为中用，他为我用"的原则，必须全面继承植物栽培和加工的技艺。批判继承造型模式，在造型上广学博采，多种技法并用，融各家之长，走自己之路。如动势盆景"枝"的造型，则需多法并用，方能见效。向势宜用修剪法，背势蓄枝转

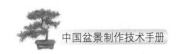

向，宜用金属丝扎缚法，而旁枝转向"扎"、"带"，则"可扎可吊"，或"先扎后吊"，或"先吊后扎"，以能造型达意者为佳。再者，盆景造型旨在达意，一家之"型"，不能表达万象之姿。若作黄山奇松，则需吸取扬州"云片"手法，最具表现力；若表现"千年铁坚杉"，则需吸取岭南"收尖渐变"的手法，而不流于"锥形模式"；赞同"结顶自然"，而不搞"大屋顶"，以免影响下枝的生长；保持"层次分明"的"造片"传统，而力求"片与片之间的过渡自然"、"多层次"的艺术效果，使其既有节奏感，又富韵律感。探求造型规律，提出动势盆景以风动式造型为基础，提倡"以动为魂，创造千姿百态"。

第四，在创作方法上，提倡"规律有共性，创作无定型"。动势盆景要求作者提高艺术思想境界，要求盆景造型"有天有地，虚实相宜，盈亏相得，轻重相衡，疏密相间，聚散气理，动静结合，险稳相依，奇正相存，巧拙并用，刚柔相济，雄秀结合，藏露有法，弛张互用，高下相称，大小相比，长短相较，曲直相存，起伏相间，远近相适，浓淡相和，冷暖互补，繁简互用，主宾相从，争让不紊，顾盼有情"，以达到"气韵生动，神形兼备，情景交融，情质一致"的艺术境界。然后，在掌握共性的基础上，"因地制宜，因材施艺，因时而变，因人而异，因情有别，因题格变"地发展个性，造景传神，不拘一格，创立新风。

第五，在发展方向上，提倡走"树石"、"丛林"、"组合多变"之路。单一的树、石，孤赏和固定的表现形式，都有其局限性。一木不能成林，一峰不能"泰华千寻"，只有丛林，方能联想到"茫茫林海"；只有群峰，方能展现"万山红遍，层林尽染"。因此，动势盆景要在深化单体树木造型和山石造景的基础上，积极创造有利条件，提倡育苗造型和批量单体造型等基础措施。逐步改变当前盆景造型"因材施艺，造型命题"的创作路子，向"树石"、"丛林"、"组合多变"的方向发展，使其能充分表现自然美，高度创造艺术美和意境美。

（十）中 州 盆 景

中州盆景的特色可概括为：古朴浑厚，苍劲雄健，自然飘逸，刚柔相济。其古朴浑厚、苍劲雄健的作品表现在柽柳的仿松柏造型，以及黄荆盆景、石榴盆景、女贞盆景、枫树盆景、火棘盆景等杂木类古桩盆景。取材以古桩为主，布局上取强势，形式厚重，但技法因树而异，富有变化，层次感强，节奏明快，无臃肿之态。自然飘逸、刚柔相济的作品主要表现为柽柳的垂枝式盆景造型，其特点为古桩老柳枝干苍劲，垂枝柔和飘逸，自然流畅，章法布局，造景入画，它是垂柳的刚健之美与飘逸之美的和谐统一。

（十一）山东盆景

山东盆景是在齐鲁文化和泰山文化的孕育下产生的，是师法自然、再现自然的产物，是泰山、徂崃山、崂山的缩影与升华。

山东盆景的基本特点为：粗犷雄伟，气势磅礴，诗情画意，树石结合。

盆景创作注重气势，作大块文章，充分体现北方的阳刚之美，同时追求天然情趣，做到植物与山石有机结合。

山水盆景中的山石，多选用当地自然风化的石灰岩，如仲宫石、千佛山石等。山石由于长期风化，纹理自然流畅，稍加取舍，则成天然之趣。

山水盆景多突出平视和仰视景观，主峰多选大型独立石，奇峰摩空，壁立千仞，形成气势雄壮的景色；宾峰烘托主峰，达到和谐与统一。对于山脚和前景，则精心安排，比例协调，曲折有致。

树木盆景，以自然界奇松怪柏为楷模，追求自然之神韵；以苍劲、古朴为特色，气势磅礴，古朴飘逸；顺自然之形势，随物赋形，苍劲含蓄。

树木盆景树种以松、柏、榆、银杏为主，有的是选用粗桩培养，有的用幼苗培育，皆顺其自然，依势取式。干或直或曲，或俯或悬，有的提根蟠曲，有的花果艳丽，多姿多彩。造型上，老干粗枝多采用大疏强剪，追求国画大写意手法，依势造型，达到疏而不空，繁而不密；小枝细枝，采用工笔画法，以修为主，少用绑扎，精心修剪整形，突出自然神韵。

（十二）闽中盆景

闽中盆景以地跨中、南亚热带的福州为中心，遍及长乐、连江、闽清、福清、南平、三明等地。山水盆景制作以当地盛产的质轻色白、吸水力强的海母石为主要材料，特别讲究雕琢技艺，精雕细镂，写景写意，着意于线条结构和形态神韵之美，尤其善于表现山石的透、漏、瘦、皱。远观气势磅礴，近看纹理细致，巧妙地将艺术美和自然美结合在咫尺盆中。树木盆景以生长方式奇特的榕树为代表树种，采用培育为主、加工为辅、剪扎并重的整形方法。枝叶不惟成片，但求错落有致、疏密有韵。整体造型不拘一格，却刻意于表现根之奇美。吸收了当地木雕、寿山石雕等工艺手法，依形赋意，顺其自然，因材施艺，成型巧妙，具有苍劲古朴、奇趣生动、优雅自然的独特风格。

（十三）泉 州 盆 景

泉州在宋代是东方第一大港，古称"千帆潮来，万贾云集。"当时泉州知府蔡襄倡导泉州老百姓广种榕树（因泉州闽南话"榕"与"情"谐音）。在这条件下，融合旧传统与新思维的泉州出现了与新生活条件相宜的盆景，并在明、清两代继续发展完善。中华人民共和国成立后，各地的大量千姿百态的古榕，拂云擎天，倔强峥嵘，在爱好者心中留下强烈的印象，并在创作盆景过程中加以发挥想象，创作具有秀茂自然、倔强峥嵘地方特色的泉州盆景，卓著海内外。

（十四）上海山水盆景

上海山水盆景以细腻、传神为特点，选材精致，制作活泼，讲究形、神、色、纹、质、韵。石种以硬石为主，软石雕琢加工细腻，为山水盆景的工笔之作。

1. 师法自然，苍古入画
不拘格律，不受任何程式限制，山石加工形成后力求苍劲古朴，具有真山实水的韵味。

2. 制作精细，刚柔相济
硬石靠选材精致，布局合理；软石雕琢精细，活泼自然。不论硬软之石，作品格式多样，创作时做到神形兼备，不留刀斧痕迹。

3. 石种丰富，琳琅满目
通过选购、挖掘、交流，石种已发展到40多种，包括风蚀石、化石、石灰岩等，生产用的常用石种也有十多种。

（十五）扬州水旱盆景

扬州水旱盆景的表现题材极其广泛，江湖河海，溪潭塘瀑等各种水景，都在其中。从名山大川到小桥流水，从山林野趣到田园风光，尽可表现。还可以表现不同季节的景色，如春水涓涓，夏水横溢，秋水明远，冬水干涸。中国传统山水画的理论中，将石比作骨骼，水比作血脉，林木比作衣服，又有"山因水活"和"树使石生"之说。对于自然界景物的这种相互依存的关系，水旱盆景正好可以发挥其长处，使之得到充分的表现。水旱盆景更为接近中国山水画，也更相似中国的山水园。

扬州水旱盆景丰富多彩，富于对比，又能协调统一。在布局上，注重主次分清、虚实相生、疏密得当、露中有藏、刚柔相济等艺术手法，使作品达到形神兼备，情景交融；并常常安置少许人物、建筑及舟楫等小摆件，以表现富有生活情趣的题材，如《柳塘牧歌》、《清溪垂钓》、《冬山归樵》等，有利于作品意境的深化。

（十六）上海微型组合盆景

微型盆景又称掌上盆景、袖珍盆景。其盆的口径大小在5厘米左右，树桩高度在10厘米以下，娇小玲珑，微中见伟，小中见大。

微型盆景不是大、中、小型盆景的简单缩微，而是更加集中概括地反映自然景观。虽是掌上之物，也具旷野古木之态，自然山水之美。虽景微物小，仍具取法自然、苍劲入画、形神兼备的特点。

微型盆景是一种体现群体艺术美的类型，如果单独置放，形单影孤，很难收到艺术效果，必须组合放置在博古架或道具上，方能充分发挥其典雅、隽永的艺术魅力。

（十七）徐州果树盆景

果树盆景是以园艺栽培的果树为素材，按照盆景艺术的手法进行艺术造型和精心培养，在盆中集中典型地再现大自然果树神貌的艺术品。嫁接不仅是繁殖方法，更是一种造型手段。通过嫁接，可使主干和骨干枝随弯就斜，辅以整枝修剪，按立意进行造型，并按照果树的技术要求，进行栽培管理，使果树盆景正常生长，开花结果，既供观赏又可食用，成为园艺栽培与盆景艺术相结合的艺术品。

六 树木盆景制作技艺

1. 树木盆景的特点

树木盆景是以树木为主要材料，通过一定的艺术加工，使之成为具有一定欣赏价值的盆中景物。树木盆景表现的对象往往是人们在观察自然时捕捉到的美好、动人的树木形象。但树木盆景的创作并非单纯的模仿，而是经过提炼和概括，融入了作者的主观感受。当作品历经加工和培养，展现在观众面前时，应能唤起观者的联想，产生特定的共鸣。也就是说，树木盆景的千般姿、万般态，皆是师法自然，然而又是以形写神、以景寓情。

树木盆景作为一种造型艺术，无疑须靠形象来打动人，不同的形象能产生不同的美感。例如，粗壮挺拔的树形，令人感到雄壮而有气势；势如游龙的姿态，使人羡慕它的自由自在；凌空倒挂的古木，叫人感叹生命力之顽强；疏密有致的丛林，会让人进入宁静的遐思……凡此种种，足以说明树木盆景的姿态是决定感染力的重要因素。

然而，树木盆景又是富有自然生命的艺术品，在它的生命过程中，每天每日都在发生变化。幼树会逐渐长大，树干会由细变粗。随着季节的更换，会出现萌芽、长叶、开花、结果以及落叶、休眠等不同生态现象。因而，不同的时期树木盆景具有不同的生态美、色彩美和风韵美。待到树龄已高，又会产生历尽沧桑的特殊美感。

不同的树种，干、根、叶形态各异，各具特色，使树木盆景这个大家族更显多姿多彩。综上所述，论及树木盆景之优劣，首先要看姿态，其次则应考虑长势、年份、树种等多种因素。

2. 树木材料的选择和利用

（1）树木材料的选择　盆景以能"小中见大"为要，故用作树木盆景的材料以叶小为佳，同时须兼顾萌发力强、耐修剪、寿命长等特点。叶形美观、花果艳丽者亦在可取之列。

材料的来源有繁殖育苗和采掘树桩两种。前一种方法，可通过播种、扦插、嫁接、压条、分株等手段获得大量树苗。用这样的材料自幼加工盆景，造型可随人意，做成的盆景姿态匀称协调。缺点是培育时间长，短时间难以达到苍老成熟。而从山野采掘树桩，可以选择在自然界生长多年的形态自然而优美的桩材，取回后培育加工，能够大大缩短成型时间。但采自山野的树桩虽成型较快，但也存在主干与枝条粗细比例欠匀称的缺陷。

（2）树桩的采掘和养护　在树木盆景常用的树种当中，不少都可以从山野采掘，如黑松、桧柏、雀梅、檵木、榆树、三角枫、枸骨、紫薇、紫藤、小叶女贞、枸杞、黄杨、六月雪、胡颓子、黄荆、火棘、杜鹃、金弹子、贴梗海棠、卫茅、虎刺、梅花、南天竹等。

采掘的时间，一般以在树木进入休眠期后，初春树木未发芽前为宜。一些落叶树种于深秋初冬采掘也可。不耐寒的树种，宜在晚春采掘。

采掘时，应选取形态苍老遒劲，造型有可塑前途的树桩。具体的做法是，将选定的树桩截除（锯掉或修剪）一部分不需要的枝条，仅留主干和部分主枝。挖掘过程中，尽可能带土球并保留较多的侧根和须根。挖出后，对根部再进行一次修剪，将粗根截口剪平，以利今后愈合。对萌发力弱的常绿树种，不可将枝叶修剪得过多，否则不易成活。如有条件，应在根部蘸上泥浆，装运时在根部填塞潮湿的苔藓，外面用塑料布包好，保护须根在运输途中不致干枯。

采掘好的树桩，应尽快栽种。先植于泥盆或苗床，浇一次透水。如根系损伤较大，可用苔藓或湿布敷贴于树干，减少水分蒸发。养坯期间，保持土壤适宜的湿度，既不能缺水，又不能过湿。经常喷雾，保持环境湿度。夏季须搭遮阳棚，避免阳光直晒。

4月下旬，大多数树桩开始萌发新芽，这时可逐步揭去覆盖物。新芽抽梢以后，及时摘除位置不合适的芽。一些留待造型的枝条，有时也摘除顶芽，促使腋芽萌发，以便将来增加枝叶密度。发芽后2个月左右，逐步减少遮阳时间，增加光照，使树坯健壮生长。培养1~2年后，即可加工造型。

（3）树木材料的运用　树木盆景有观叶、观花、观果之分，但无论何种盆景都必须依靠干、枝、叶的结构布局形成美观的造型。观花、观果类盆景只在开花、结果期增添美感。运用树木材料制作盆景，就是要审其形、度其势，设计出干、枝、叶的合适位置，使之呈现出尽可能美的欣赏效果。

① 根据材料自身条件来造型：每一件树木材料都具有一定的形态特点，我们在制作盆景时要根据材料自身的形态特点来构思造型。比如，有的树木主干挺直，就可以考虑做直干式；有些树木主干下部自然弯曲，就可以顺势做成曲干式或悬崖式。这样的方法，扬其长，避其短，顺其自然，事半功倍，同时还可以减少加工痕迹。

② 根据树种的特点来造型：不同的树种有不同的形态特点，合理地运用这些特点，可使盆景富有天趣，绝无做作之嫌。如，五针松针叶挺劲、树皮鳞片状开裂，做成深山古松状，惟妙惟肖；桎柳，枝叶细软飘柔，最宜表现柳树的潇洒婆娑；金钱松、虎刺，树形高而直，制作丛林式盆景再适合不过……当树种的特点得到最确当的运用时，其优势便得到了充分的发挥，盆景便愈显生动自然。

③ 因材而作和因意取材：一般来说，制作树木盆景有因材而作和因意取材的区别。

因材而作，就是根据树木材料自身所具备的条件来加工制作，要求充分利用原有形态的动人一面，因势利导，提高其欣赏价值。这种做法适用于盆景生产单位，对每一件材料都做到合理利用。

因意取材，就是先立意，后选材，多用于有目标的盆景创作。当创作者确定了构思以后，根据自己的意图去物色合适的材料（包括树种、大小、形态），然后再进入创作。不过，现实所获得的材料不可能与想象中的一模一样，只能大致符合要求，但可以经过剪裁取舍和加工，使之接近理想。

3. 树木盆景的式样

树木盆景千姿百态，造型式样极其丰富。依照树木主干的形态来分，有直干式、斜干式、曲干式、卧干式、临水式、悬崖式等；依照盆景中树木的干数分，有单干式、双干式、一本多干式等；由盆景内树木的株数分，又有单株式、双株式、多株式、丛林式……按照盆景某方面的重要特征来分，又有提根式、连根式、垂枝式、飘枝式、风吹式、云片式、疙瘩式、蚓曲式、附石式等。分析的角度不同，说法也不同。

4. 树木盆景的加工技法

（1）棕丝扎法　是我国树木盆景中传统的加工技法。即用棕丝捻成的不同粗细的棕线，将树木的枝干扎缚弯曲，改变其原有形态，使之逐步达到我们预期的理想造型。

棕丝扎缚的优点是：

① 棕丝强度大，能有效地进行矫形；

② 棕丝不易腐烂，经得住长期日晒雨淋；

③ 棕丝与树木颜色调和，不影响观赏；

④ 用棕丝加工盆景，不易损伤树皮，且定型后拆除方便；

⑤ 树木经初次加工，即可欣赏。

棕丝加工的方法，是将棕丝系（套）于需要弯曲的枝条的下端，随时将两边棕丝相互绞几下，然后置于需要弯曲的枝条的上端，打一活结，慢慢收紧，使枝条弯曲至需要的弧度。满意后，再打成死结。一弯完成后，再扎下一弯。系棕和打结的位置，一般应选在枝节位置，使棕丝不会滑脱。以棕扎弯，重要的是掌握力点，需在实践中逐步总结经验，方能得心应手。在扎主干或较粗的枝条时，如发现硬度较大，为防止折断，应先在枝条上缠上布条，然后再行弯曲。

攀扎的顺序：先主干，后枝条；先大枝、后小枝；由基部到梢部。在扎枝片时，先完成顶片，后完成下片。在每一个枝片中，先扎好中央主枝，然后扎两侧小枝，一侧一侧地完成。每扎一侧，先扎梢部小枝，然后逐枝扎到基部。

棕丝攀扎的方法，在我国江苏、四川、安徽、浙江均有广泛应用。江苏扬州的盆景老艺人总结归纳出十一种棕法，给传授技艺带来了方便。

攀扎后的树木，经半年后基本能够定型，此时需拆除棕丝，防止因陷棕而影响树木正常生长。若拆棕后发现造型尚不够理想，可再次攀扎矫形，直至满意。

（2）金属丝扎法　用金属丝加工树木盆景的方法，较棕丝攀扎快速、简便。利用金属丝的可塑性，能够比较随意地改变树木的形态，塑造出优美的形象。无论是盆景创作还是大规模生产，均很适用。

常用的金属丝有铜丝、铝丝、铁丝等。粗细型号一般在8号至22号之间，应根据枝条的软硬程度来选择不同型号的金属丝。

以金属丝扎缚造型，必须掌握一定的操作要领。其顺序同样是先扎主干后扎枝条，先扎大枝后扎小枝。

缠扎主干时，首先将金属丝的一端紧贴树干基部斜向插入盆土，直至盆底。然后由下而上缠绕。缠绕时，顺时针逆时针均可，但金属丝绕行的方向须与枝条扭旋弯曲的方向一致。如此缠绕，金属丝就会贴紧树皮，有利弯曲造型；反之，则松散无力，影响造型效果。缠绕金属丝时不要太密，也不要太疏，大约与枝条成45°角为宜，每圈距离大致相等，这样受力比较均匀，也比较美观。对于一些树皮较薄的树种，为防止损伤树皮，应在金属丝上预先卷上布条，然后再用它缠扎。

每扎一根枝条，必须先固定基部一端，防止移动。扎时一手捏紧树枝和金属丝，另一手抓住金属丝的另一端缠绕。对操作者而言，向怀内缠绕时用拉力，向外缠绕时用推力。

金属丝的长度视枝条长度而定，大约为枝长的1.5倍。起端应固定在枝条基部或枝的交叉处。一根金属丝缠绕结束，也要将末端固定好。

遇到两根枝条生得比较靠近时，可用一根金属丝缠绕两根枝条。这样做，可减少金属丝端头的出现，干净、漂亮，而且定型效果也好。

遇到一根金属丝缠绕后，因强度不够，不能有效使枝条定型时，可追加一根金属丝同方向缠绕（后一根金属丝应紧挨着前一根金属丝），然后进行弯曲。

缠扎造型的时间，应避开萌芽季节，因此时极易碰坏新芽。

扎缚后的盆景，无需特殊照顾。浇水、施肥一如平常。但数月后需观察有无陷丝情况，因有些树种生长迅速，枝干逐渐长粗，金属丝会陷入树皮，影响树木生长和观赏。为防止陷丝，必须及时拆除金属丝。拆除的方法，可用尖头断丝钳将金属丝一节一节地剪断，一段一段地拆除；也可以从枝条顶端开始，将金属丝一圈一圈地反方向松缚，拆掉金

属丝。拆丝的顺序，必须先拆小枝上的细丝，再拆大枝上较粗的丝，最后拆主干上最粗的金属丝。

（3）修剪法　修剪的方法贯穿于树木盆景生命的始终。无论是单纯依靠修剪来造型的方法，还是攀扎结合修剪的方法，都是通过修剪去除其杂乱和多余的枝条，保留必要的枝条。修剪法是控制造型和调整改造的手段，是促使树木盆景向理想的方向发展的必要过程。

在制作自然式盆景时，大多以剪为主。首先剪去影响美观的枝条和过密枝条。在需要的位置留待发展的枝条，可用截短的方法，促使再度萌发，长出侧枝，使之逐渐丰满。对于意欲培养成大枝的枝条，可让其生长较长时间，直到达到一定粗度时（这时枝条已长至一定长度），再行短截。留下需要的长度后，再继续培养。类此反复修剪，就可获得与主干粗细比例相称、曲折而自然的枝条。枝条之间，注意争让和呼应，力求创作出疏密有致的美观树形。

在各种规则式的盆景中，枝干布局确定以后，也必须依靠修剪的方法促使生长旺盛，形成丰满的树冠及枝片。在树木的生长季节，可以剪去初发枝的一部分，保留下部几个腋芽，待腋芽长成小枝后，再剪去顶端一部分，又让腋芽发展。反复修剪，树木枝叶自然会茂盛丰满。

（4）雕凿和提根　为了创作苍古的树木形象，有时可用木工凿、刻刀及其他工具，剥去部分树皮，凿去一部分木质部，使树木出现岁月造就的沧桑。而繁茂的枝叶又与残蚀的老干虬枝形成鲜明的对比，枯荣并存，别有意趣。雕凿的方法，必须运用恰当，大多应用于柏树或体量较大的杂木老桩。雕凿效果需符合自然，不可过分做作。

提根的方法可以突出根部的美感。原先种在较深盆中的树木，可以结合翻盆换土，换上较浅的盆，使接近土面的根部裸露出一部分，提高盆景的欣赏价值。裸露达到一定程度，便谓之提根。

提根的具体做法是，结合翻盆换土，将树木从原盆中脱出，用竹签剔除部分泥土，使接近土面的粗根裸露出一部分；然后在新换的盆中铺上一层泥土，将树木植入，栽种稳固，细心养护。二三年后，再如法适当提根；久之，便能获得理想的提根式盆景。注意，每次提根不能太多；若急于求成，则会拔苗助长，适得其反。

（5）点石与布苔　树木盆景在经过精心加工、栽植上盆以后，有时还要点石。点石可以弥补构图的不足。例如，在一只长方盆中，树木偏重于一侧，另一侧土面平坦，空洞无物，置上一石，就可以恢复构图的均衡。又如，在悬崖式盆景中，尽管盆钵的重量足以使盆景稳定，但由于树木垂挂于一侧，在视觉上会令人产生倾倒之感。若在盆口内树根的另一侧点缀一块山石，立即会使人感到重心稳定。小小山石，起到了秤杆中秤砣的作用。同时，点石以后，盆景增添了山林气，树石顾盼，更有趣味。

　　点缀山石，一二块、三五块并无规定，但石料的质地、形状、大小、色彩要与树木协调。点石时，有时需将山石埋入土中一部分，使露出部分好似破土而出，显得真实而自然。山石的分布，应与树木呼应，石与树有机结合，犹如天生一处，有自然之理，得自然之趣。

　　布苔，是完成盆景作品的最后一道工序。碧绿的青苔，好似青青的草地，顿时使景观增添了活气。布苔，又掩盖了盆景中一些难以处理的部位的缺陷，使树木与山石结合得宛自天成。布苔还能够保护盆土不至于因浇水而流失。

　　布苔的方法：事先于阴湿的地面、墙脚铲取新鲜的青苔（铲时带一薄层土）备用，然后将盆土喷湿，将青苔一块块贴上。贴完后喷一次水，置荫蔽处养护。持续保持青苔湿润，十多天后即能成活。对于一些盆土表面较大，又不急于展示的盆景，可采取间隔铺苔的方法，让青苔自行生长，逐步覆盖整个表面。这样长成的青苔，更加美观、自然。

　　（6）配盆　在树木盆景中，配盆是一件重要的工作。盆钵不仅是栽植树木的容器，而且具有不可忽视的艺术价值。得体的盆钵能使树木的形象更加突出、姿态更加动人。实际上，人们在欣赏盆景时，盆钵已成为盆景中无法分割的一部分，它和盆中的树木一道，组成优美的构图，产生感人的效果。

　　树木盆景不仅有各种各样的树种，而且有不同的造型、不同的风格以及不同的表现内容，这些都是选盆时应考虑的因素。一般来说，直干式、斜干式的树木，宜用长方盆或腰圆盆，可以取得良好的构图效果；丛林式的树木宜用浅型的长方盆、腰圆盆，有利于表现开阔、深远的景观；悬崖式的树木采用签筒盆，才符合老树虬枝着生于悬崖峭壁的景象；没有明显观赏面的树木，可配圆盆、方盆或六角盆，四面皆可欣赏。从树种来看，苍翠的松柏宜用造型古朴大方的紫砂盆或白石盆；色彩鲜艳的红枫、海棠等，可选用色彩淡雅的釉陶盆……

　　盆景是我国的传统艺术，具有鲜明的民族风格。盆钵的形状重在古雅而不求奇特，色彩取其调和而不求艳丽。在长期的盆景艺术实践中，我国的历代艺人不仅创造了多姿多彩的树木盆景，同时也使形形色色的盆钵应运而生。是否善于选择盆钵，也是衡量一个人艺术修养高低的一个方面。

（一）扬派盆景制作技艺

　　扬派盆景剪扎技艺功深，较难掌握要领，如精心学习，不断实践，摸索规律，就能应用自如。所谓剪扎技艺，"剪"，是剪去不需要部分；"扎"，是通过棕法将留下部分，组织到需要部位。一旦掌握扬派盆景剪扎技艺，一通百通，制作任何盆景都能使其树干、枝

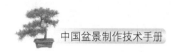

条，根据立意，随心所欲，剪扎成理想的盆景。

制作扬派盆景，一在树本，二在剪扎技艺，树本、剪扎相得益彰。

1. 树本选材

传统以幼树为主，谓"自幼栽培"，但成型缓慢。现以取自然树桩为主，以缩短成型年限。制作小型商品盆景，仍选用幼树进行剪扎造型。

树本选材时首先观其根，挑选主根短、分根健、须根密之本，如近土面分根虬曲就更理想；然后再看其本，树本千姿百态，选本时一按创（制）作立意选本，二按形态立意选本。不论哪种方法，选本时一定要选理想之材，不然容易造成"半途而废"、"前功尽弃"；然后再审视其枝条，特别是分枝分布要有韵律，分枝是"云片"出片基础，虽可"因枝而宜"，但分布不理想，有碍"云片"层次和姿态。小枝要密，供扎片时选择，如不理想倒可培养。

树本选材时"根"、"本"、"枝"要素，均要精心审视，选择理想之树本，创（制）作理想之盆景。

2. 造型形式

扬派盆景的造型，并无固定法式，因"本"制宜，特别是残桩一经盆景艺人施艺"改造"，均能"改造"成中上品。但扎片形式万变不离其宗，多为"云片"。

其传统造型形式，有如游龙的游龙弯式，有如悬崖的挂口式（又称悬崖式），有如两株根枝相连的过桥式，有如丛栽的根连式，有如露爪的提根式，有如垂枝的垂枝式，有如"西施浣纱"的三弯五臂式，有如石柱的直干式，有如卧佛的卧干式，还有如森林的合栽式等10种。

（1）游龙弯式　扬派盆景传统造型形式多为游龙弯式，采用"S"曲线矮化树本高度，同时通过上下、左右不同走向变化，尽兴表现曲线美，如龙舞之韵。惟"自幼栽培"，成型缓慢。一旦成型，其曲线美魅力着实迷倒不少欣赏者，难怪不少传统流派多以此式为造型主流（图6-1-1）。

（2）挂口式　"挂口"为扬州地方口语，挂口式即统称的悬崖式。挂口式有大挂口（全悬崖）、小挂口（半悬崖）之别。扬派盆景挂口式造型多为小挂口式造型，便于分布"云片"和养护管理（图6-1-2）。

图6-1-1　游龙弯式龙柏盆景《龙腾》

（3）过桥式　有上过桥、下过桥之别，一般不易多得。所谓下过桥就是自幼培育时，将一枝条压入土中，犹如压条繁殖（由此启发），当这一枝条生根发育成型后，即行放坯、扎片。经若干年，将生根部分再行提根，从外形看极似两株，但仔细观察，两株间又相联合，称为下过桥。也有合栽两株，然后将两株枝条嫁接愈合相连，称为上过桥。过桥式实为应用植物繁殖手段用于造型，增加趣味性。现已很少使用此法造型，仅收藏原作存照（图6-1-3）。

（4）根连式　一为天然根连树本，因"本"造型；一为人为压条根连造型。人为压条根连造型不同于下过桥造型之处是，用根颈处枝条压条，待压条萌生3～5枝干，达到一定粗度后，再行放坯、扎片。但露根不提根，或稍提根，形似根连。根连式造型犹如独木成林，别有一番情趣（图6-1-4）。

（5）提根式　扬派盆景提根式造型常用于黄杨和迎春、金雀、六月雪等观花类盆景，以增添苍老之趣。其法壅土、浇水，逐步提根。创作金雀提根盆景，甚至将根盘成圆柱状，再壅土、浇水，逐步提根（图6-1-5）。

图6-1-2　挂口式桧柏盆景《蛟龙探海》

图6-1-3　过桥式黄杨盆景《青云》

图6-1-4　根连式黄杨盆景《层云》

图6-1-5　提根式黄杨盆景《腾飞》

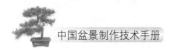

（6）垂枝式　扬派盆景为丰富造型多样性，特别是一些观花类树种，如碧桃、春梅、金雀、六月雪盆景等，用垂枝式造型，展现垂柳之风韵（图6-1-6）。

（7）三弯五臂式　该式多用于碧桃盆景造型，犹如西施浣纱。扬州盆景艺人常将碧桃盆景植株用烘焙方法，使其春节开花，渲染节日喜庆氛围（图6-1-7）。

（8）直干式　主要体现松柏之雄伟，在"云片"布局上，往往模仿迎客松之形，在下部伸展1～2下垂枝，特别是在生产商品盆景时用此造型，深受爱好者青睐（图6-1-8）。

图6-1-6　垂枝式金雀盆景
《金雀闹春》

图6-1-7　三弯五臂式碧桃

图6-1-8　直干式刺柏盆景《绿云》

（9）卧干式　常用于无法剪扎游龙弯式之粗壮树本，进行人为卧干造型。在"云片"布局上，常取"抬头望明月"之势，平衡空间（图6-1-9）。

（10）合栽式　扬派盆景也常用多株树本组合成森林状，如虎刺、六月雪盆景等，合栽式造型往往仅剪不扎，取其自然（图6-1-10）。

扬派盆景其传统造型形式虽有上述10种，但随着时代的发展，创作新作品时已不再强调传统造型形式，多采用天然树桩，因"本"制宜，重点发扬"云片"个性，保持扬派盆景特色。

图6-1-9 卧干式黄杨盆景《腾云》

图6-1-10 合栽式虎刺盆景
《疏林晨曲》

3. 剪扎棕法

扬派盆景剪扎技艺，经历代盆景艺人锤炼，师传口授加以继承。扬州市园林管理局韦金笙在研究中国盆景艺术大师、扬派盆景万氏五代传人万觐棠、王氏五代传人王寿山祖传剪扎技艺基础上，经与万氏六代传人万瑞铭、王氏六代传人王五宝和王寿山弟子陈希林以及林凤书等共同努力下，总结出剪扎扬派盆景的扬棕、底棕、平棕、撇棕、连棕、靠棕、挥棕、吊棕、套棕、拌棕、缝综等11种棕法，并强调依据中国画"枝无寸直"画理，应用上述11种棕法组合而成的剪扎艺术手法，使不同部位寸长之枝能有三弯，将枝叶剪扎成枝枝平行而列，叶叶俱平而仰，形成"层次分明，严整平稳"，富有工笔细描装饰美的地方特色。

所谓棕法，就是应用棕榈树干托片网状纤维，梳理出粗硬单棕（棕丝），或采用人工方法，将细软棕丝捻成粗细不等的棕线，将不同部位的枝条，根据造型和扎片的需要，剪扎成形时所采用的技艺（手法）。

用棕丝（线）剪扎盆景，其优点是：棕丝（线）强度高，易弯曲，日晒雨淋不腐烂；颜色与树木相近，和谐；定型后，拆棕方便。

（1）系棕方法　有单套、双套和扣套3种（图6-1-11）。

① 单套：多用于树皮粗糙或有节疤，棕丝（线）不易滑脱的部位。

② 双套：多用于树皮光滑、无节，棕丝（线）易滑脱的部位。

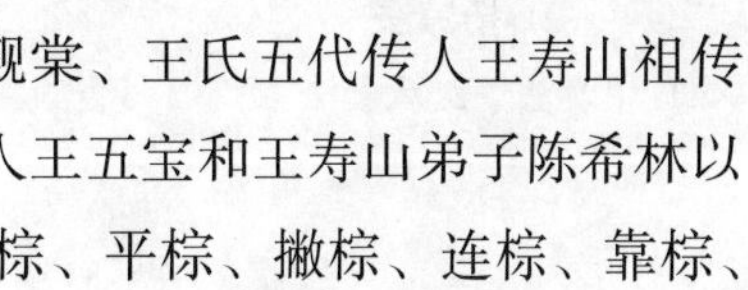

（一）单套　（二）双套　（三）扣套

图6-1-11 扬派盆景棕丝系棕方法

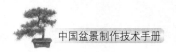

③ 扣套：多用于主干基部第一弯，树干紧靠土面的部位。

（2）打结方法　打结方法有活结和死结两种（图6-1-12）。

① 活结：弯曲树干或枝条时，系棕后每弯先打活结，便于调节各弯松紧，待树干或枝条弯曲达到理想弯度，然后再将各活结打成死结。

② 死结：扎弯后无需进行调整，遂系死结，并随手剪除余棕。

（3）棕法要领　11种棕法和棕法要领（图6-1-13）。

① 扬棕法：是在树干或枝条下垂时采用的一种棕法，在枝条上部系棕，使枝条向上扬

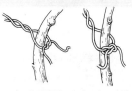

（一）活结　（二）死结

图6-1-12 扬派盆景棕丝打结方法

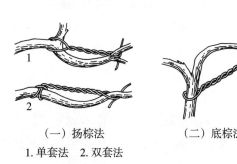

（一）扬棕法

1.单套法　2.双套法

（二）底棕法

（三）平棕法

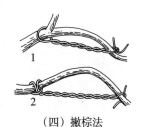

（四）撇棕法

1.单套法　2.双套法

（五）连棕法

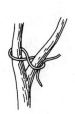

（六）靠棕法

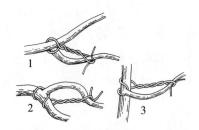

（七）挥棕法

1.挥棕的扬棕　2.挥棕的底棕　3.挥棕的平棕

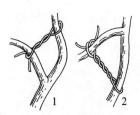

（八）吊棕法

1.上吊　2.下吊

（九）套棕法

（十）拌棕法

（十一）缝棕法

图6-1-13 扬派盆景11种棕法

起，然后拿弯带平。

② 底棕法：与扬棕法相反，在枝条下部系棕，使枝条下垂，然后拿弯带平。

③ 平棕法：用于枝条基本水平的一种棕法，使枝条水平弯曲。

④ 撇棕法：在碰到枝条有叉枝，形成两根枝条上下不等，拿弯又正巧在叉枝位置上时所用的一种棕法。要点是系棕的位置要适当，主要根据拿弯的方向而定。如向左边拿弯，棕丝先经叉枝偏下的枝条一面，由下而上，系棕在叉枝向上枝条一方，然后再拿弯撇平。如向右边拿弯，则与向左拿弯相反。此棕法变化很大，有扬棕法的撇棕法，底棕法的撇棕法及平棕法的撇棕法。

⑤ 连棕法：在桃、梅树的剪扎中或枝条长而直时，不必一棕一剪，而用一根细棕连续扎弯而不剪断棕丝。每扎一弯，先打一单结，然后把单结上的棕丝在前一棕丝上绕一下，从该棕丝下面抽出后，与单结下面的棕丝绞几下，再扎下一弯。

⑥ 靠棕法：即在枝条的叉枝上，为防止叉枝因剪扎而撕裂的一种棕法。先在一枝上套上棕，交叉一下后，在另一枝外侧收紧打结，使两枝稍稍靠拢，使下一步弯曲枝条时，丫杈处不会撕裂。

⑦ 挥棕法：在枝条上无下棕部位或下棕后易滑落，或离下棕的位置远或太近，必须将棕丝系在枝条侧枝面，这就是挥棕法。系棕在枝条上面的称挥棕法的扬棕法，系棕在枝条下面的称挥棕法的底棕法。

⑧ 吊棕法：分上吊法和下吊法。当扎片基本成型，发现枝条下垂，而又无法在本身枝条上用棕整平时可用上吊法，从主干上系棕，将枝条向上吊平。当枝片上翘，而又无法在本身枝条上用棕整平时，可用下吊法，即在主干上系棕，将枝条向下拉平。

⑨ 套棕法：当扎片基本成型，发现枝片或某枝条不十分水平时，可采用套棕法加以调整。系棕后一棕套在已扎好的前一弯的棕弦上，由枝条上方或下方抽出，扎一下弯，使枝条在竖直方向稍微产生位置变化，达到整平目的。

⑩ 拌棕法：当扎片基本成型，发现水平面内枝条分布不匀称时，用拌棕法在水平面内调整枝条位置，即在相邻或相隔的枝条上系棕，作左右移位。

⑪ 缝棕法：当扎片基本成型，发现枝条顶片边缘小枝上翘或下垂，而又无法平整，可用缝棕法加以弥补。一般多用于扎好后的顶片，用一根细棕在顶片边缘像缝衣服一样，将顶端若干小枝连成一圈，使边缘小枝不易下垂或上翘。

以棕扎弯，讲究每棕一结，细扎细剪，藏棕藏结。

4. 放坯造型

（1）剪扎时间　树本造型（放坯）、扎片一般都在植物休眠期间进行（10月下旬至翌年

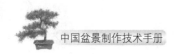

（一）树本剪扎造型

（二）包麻皮扎弯　（三）锯口后扎弯

1. 撇棕；2. 扬棕；3. 底棕

图6-1-14　扬派盆景树本剪扎

3月下旬），以春季萌芽前为最佳时期。当植物停止生长或枝条木质化后即可进行复片（云片成型后，隔年重复扎片称复片）。

（2）剪扎顺序　树本造型一般从基部到主干，再到顶片。扎片先顶片，后下片。每片则由主枝再到小枝到枝叶，使枝枝平行而列，叶叶俱平而仰。

（3）树本造型　为完整表述扬派盆景树本造型剪扎技艺，以黄杨（瓜子黄杨）为树本材料，以剪扎传统的游龙弯式造型为例，阐述树本造型技法（图6-1-14）。

树本造型剪扎时，将精心选择的树本斜靠在盆口，第一棕用棕线，应用扣套法，尽量扎在主干贴近土面位置，以使主干下部就近弯曲，然后用底棕法活结扎第一弯，调节棕线松紧，待弯曲理想时，系成死结，剪去余棕；然后应用扬棕法、底棕法、撇棕法，扎成第二弯、第三弯⋯⋯弯曲角度大小、方向，一赖创作立意，二赖手腕功底；功底深厚，应用自如；否则，一不小心则易折断。倘若树干较粗或较脆，为防止折断，先在需要弯曲部位缠上麻皮或布条，然后再行弯曲；亦可在需弯曲的树干或主枝的内侧，用小锯拉几道小口，深度不可超过树干直径的三分之一，然后再扎弯。

主干按游龙弯式造型后，根据分枝多寡，选择最佳部位确定顶片，再定中下片。中下片数量视造型立意和分枝多寡而定，1~9片均可，无规定法式。

（4）枝叶扎片　扎片形式万变不离其宗，多为"云片"，如同飘浮在蓝天中极薄的"云片"，其中以观叶类的黄杨（瓜子黄杨）、桧柏、紫杉、榆树、银杏等尤为突出。一般顶片为圆形，中下片多为掌形。"云片"多寡视其创作立意、植株大小、造型形式而定，为1~9片。1~2层称台式，多层称巧云式（图6-1-15）。小者如碗口，大者如缸口。

图6-1-15　黄杨盆景《巧云》

5. 云片剪扎

扬派盆景的个性在"云片"，"云片"的布局在立意，立意的实现在树本，在创作扬派盆景佳作时，云片剪扎极为重要。

在树本剪扎的基础上，先将留作顶片的主枝或小枝用底棕法拿弯带平，然后应用平棕

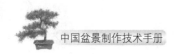

法水平状进行弯曲，再将第一侧枝向上呈反方向，应用平棕法水平状左右弯曲，形成圆形顶片骨干枝，必要时再用主枝下第二侧枝，甚至第三侧枝弥补空缺；然后因"枝"制宜，应用11种棕法，使寸长之枝能有三弯，将枝叶剪扎成平行排列，叶叶俱平而仰。圆形"云片"顶片扎成后，再由上而下剪扎中下片。中下片一般留在弯曲后主干的凸部，扎片时先用底棕法，将中央主枝拿弯拉平，然后应用平棕法左右弯曲，使寸长之枝能有三弯，形成骨干枝。随后将侧枝因"枝"制宜应用11种棕法，剪扎成掌状"云片"，顶片、中下片剪扎成型，剪去余枝。

扬派盆景的美感在"云片"，"云片"的美感在挺拔，挺拔的实现在功底，故在创作扬派盆景佳作时，除有立意外，还需具备运用11种棕法技巧功底。

6. 管理养护

剪扎放坯后，需3~5年才能成型。特别是放坯后第一年，要加强水肥养护，必要时进行荫棚管理。生长期及时进行整枝修剪，剪去枝片中向下或向上的小枝，保留侧生枝，剪去树本或根部长出的不定芽或徒长枝。通过修剪，调节枝片疏密，这样既通风透光又可加快"云片"成型。

为使树本、"云片"成型后不留下剪扎痕迹，要及时拆棕；否则容易陷棕，影响生长，甚至断枝。

7. "云片"复条（复片）

"云片"成型后，每隔1~2年或根据需要，在枝条木质化或休眠期进行复条，以展其姿，使"云片"更丰满。复条的技法如上所述，运用11种棕法进行剪扎，恢复其姿。复条时如无客观原因造成损坏，一般主枝仍按原状复条。侧枝或二级侧枝则视疏密强弱加以调整，如有缺损，用临近侧枝加以弥补。

复条时除恢复其姿外，应用叶藏棕，不露棕丝。

如不按时复条，往往"长荒了"，小枝直立增粗（植物向阳特性使枝条向上），无法平整，甚至无法恢复"云片"状，以致影响作品的观赏价值。

"长荒了"的作品弥补方法，只有剪除直立增粗枝条，培养主枝、侧枝和小枝或不定芽，待逐年增粗后，重新剪扎成型，扬州盆景园黄杨盆景《腾云》即属此法，但耗时10余年才使其恢复姿态。

8. 另类剪扎

创（制）作扬派盆景诸多树种中，不是所有树种都能剪扎成"云片"，其中唯以桧柏

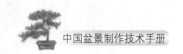

（含变种）、黄杨、紫杉等树种才能体现"云片"特色。其他树种，如松类、榆树、雀梅、檵木等则应用11种棕法进行造型，其枝叶按剪的手法形成树冠。

扬派盆景艺人不仅要精于剪扎技艺，还要熟知诗情画意，胸有丘壑，即使不用剪扎的树种创作盆景，也应周密思考，以期不日获得"小中见大"效果，如创作虎刺盆景，株距的疏密，树干的高低，安排的位置都需精心设计，才能有山林茂密之感。

9. 桃梅剪扎

扬州喜将经剪扎的碧桃、梅花，在严冬烘晒，供春节赏玩。碧桃多为三弯五臂式，梅花多为单干式、三干式、疙瘩式、提篮式造型。

碧桃三弯五臂式剪扎时，多在春分前，选用二年生苗斜栽盆中，然后应用11种棕法，按三弯五臂式造型（图6-1-16），待放叶后，移至室外进行养护管理，秋末见蕾后，再行复条，春节前50～70天进房烘晒（保持室温15℃），届时即可放花赏玩。

图6-1-16 碧桃三弯五臂式造型

梅花单干式、三干式、疙瘩式、提篮式剪扎（图6-1-17），多在春分前将梅坯应用11种棕法，按上述型式进行造型，待放叶后，移至室外养护管理，入梅时进行复条（此时枝条柔软），春节前15天进房烘晒（保持室温15℃），届时即可放花赏玩。

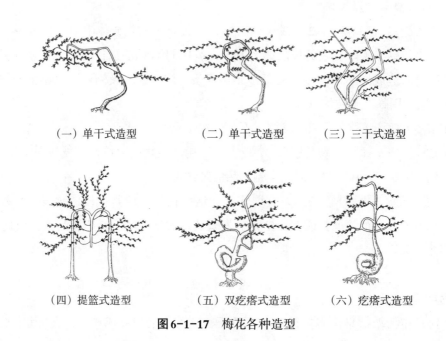

（一）单干式造型	（二）单干式造型	（三）三干式造型
（四）提篮式造型	（五）双疙瘩式造型	（六）疙瘩式造型

图6-1-17 梅花各种造型

（二）通派"两弯半"盆景制作技艺

1. 立意

通派盆景造型艺术追求形神兼备，富有诗情画意，使自然美与艺术美紧密结合在一起，因此，通派盆景立意甚为"高、深、幽、远"。师法自然，因桩造型，因材造景，即景生情，使形与神，意与韵，境与情有机融合为一体，达到意在剪先，趣在法外，纵横捭阖，游刃有余，收放自如的忘我境界。所以，通派"两弯半"盆景源于自然而高于自然，精于创作而又保存了自然界情趣的真谛，使形式和内容，自然美和艺术美达到高度完美的统一。

2. "两弯半"盆景造型（图6-2-1、图6-2-2）

（1）主干造型 "两弯半"盆景；顾名思义，主干由两个半弯曲组成，即"座地弯"（头弯）、"第二弯"和"半弯"构成。主干是桩景的骨骼。主干造型的优劣高下，关系盆景整体形象的好坏。

①"座地弯"（头弯）：以一株根颈直径2.0～2.5厘米粗细，材料符合选材要求的雀舌罗汉松进行剪扎造型为例，来说明主干造型的顺序和步骤。

栽植定位有要领：树身要向右侧倾斜（"睡眠状"）栽入盆中。剪扎操作时，树干紧贴盆土向左弯曲，弯曲弧度一定要大一些，树身稍带后仰成座地之势，形成"座地弯"，其

1.座地弯　2.第二弯　3.半弯　4.起手干
5.出手干　6.背片　7.馒头顶　8.陪衬干

图6-2-1 "两弯半"盆景造型结构

图6-2-2 "两弯半"盆景
根、干、片造型

高度距盆土9~11厘米。"座地弯"扎成后的第二步即做"抱驼"，使树干既弯曲又微向前倾，如同抱驼之势。抱驼目的有三：一是可以作为"第二弯"一半的开始；二是可以使基茎苍古遒劲；三是使盆树下盘重心稳如磐石。"座地弯"在通派盆景造型中地位十分重要，它奠定了整株盆树的结构基础，如同盖楼房先打地基一般，实为"两弯半"盆景成型定局的关键所在，丝毫不可疏忽大意。"座地弯"采用头棕和抱棕。

②"第二弯"：在"座地弯"4~6厘米处攀扎"第二弯"，树干继续向左弯曲，旋即向右弯曲。"第二弯"中心处（最弯点）距"座地弯"中心处（最弯点）的距离为11.5~13.5厘米。"第二弯"的弯曲弧度要小于"座地弯"。"第二弯"采用扣棕。

③"半弯"：最后攀扎顶部的"半弯"。"半弯"的起点距"第二弯"的高度应为7~9厘米，先右弯主干，旋即向上，整个"半弯"的高度在4~5厘米。"半弯"上翘端直，"半弯"与"座地弯"两个中心点应保持在一条垂直线上面，不得发生左右偏移，应严格遵守此一章法。通派盆景好就好在"半弯"上，它位于全树的制高点，犹如神龙探水，对盆景格调起着不可替代的统帅作用，主宰着盆景的"松、紧、散、聚"，实为画龙点睛的神来之笔。"半弯"采用回棕。

总之，"两弯半"盆景要求主干左右弯曲自然而又蓄有劲力，刚柔自若，呈现出强烈的节奏感，正面观之，犹如蛟龙蹿动于层云之间。"座地弯"、"第二弯"与"半弯"之间没有绝对截然的分界线，而是互相联系，互相牵制，过渡自然，融为一体。上面提及的有关具体数据，一切须从操作实际出发，因材而异，灵活掌握，加以调整，不可过于刻板拘泥，一成不变。

（2）枝片（云片、干片）造型

① 两片一顶造型："两弯半"盆景，每一弯处都布置有层次分明的"枝片"。"两片一顶"就是"起手干（片）"、"出手干（片）"和"馒头顶"。盆景的姿（姿态）、势（枝片所向）、意（意境）、神（神韵）的好坏，首先取决于"两片一顶"的朝向、位置和大小。因此，两片一顶在"两弯半"造型上的位置十分重要。

"起手干"（阳片），位于"座地弯"上方5~6厘米处。"起手干"向右伸展，枝片长度应稍短些，长7~8厘米，在造型上起"收"的作用。

"出手干"（阴片），位于"座地弯"向"第二弯"过渡处（约在抱驼型位置），"出手干"向左方伸展，枝片可略长些，为15~16厘米，在造型上发挥"放"的作用。

如果主干造型是人体身躯的话，那么起手干和出手干则分别是人体的两条粗壮的手臂，除增添盆景雄伟的气势外，又恰似黄山迎客松，给人以热烈欢迎四方嘉宾之感。以上两个枝片，在盆景造型中发挥协调平衡树势的作用，一长一短，极富节奏感，鲜活而不呆板，剪扎上的要求是：左右伸展流畅，姿态潇洒自然，气势刚柔相济，干片丰润饱满。

盆景左右两翼定局以后，即可在"半弯"上部"扎顶"（顶片）。顶片亦有严格的法度，要求做到：丰满而圆润，密实而有厚度，中心点突出，四周渐低。顶片外形犹如馒头状，故有"馒头顶"之称。不但形象生动，而且比喻恰当。馒头顶位于盆树制高点处，在空间结构上发挥调节盆景高度的作用，在节奏态势上起到上下呼应的作用，在意境创造上实为画龙点睛之笔。馒头顶体量

图6-2-3 "两弯半"盆景馒头顶造型

较大，轩昂端正，雄踞顶部，对"两弯半"盆景格调起到主导作用。它借鉴自然界老树"自然结顶"之独特景观，从而使盆景作品形神兼备，浑然一体，气势磅礴，故在攀扎造型时不容忽视，不可马虎，以免功亏一篑（图6-2-3）。

② 陪衬片造型：两片一顶定局后，下步着手陪衬枝片的造型。经过详细观察，在适宜部位选留奇数侧枝向起手、出手干方向延伸，作为陪衬片。除确定保留的陪衬片外，树株上的细弱枝条，繁枝缛叶，应大刀阔斧地全部予以删除。陪衬片布局上要求做到：错落有序，疏密有致，层次分明，虚实恰当，切忌对称重叠，呆板滞重。空间排列均匀，四周摆布妥帖，显得整齐美观。陪衬片错落有序，除盆景美学上有所要求以外，还能增强盆树通风透光，承饮雨露阳光，达到树桩健壮生长的目的。

所有枝片（包含两片一顶）上的侧枝都要攀扎成"寸结寸弯"的形式，即"一寸打一结，每寸拿一弯"，枝片形呈"鸡爪翅"、"鲫鱼背"。顺着枝片的延伸方向，剪扎成长椭圆形的枝片，枝片整体微向前下方倾斜，舒展大方，自然得体；片子中部微呈隆起状，向两侧方向依次渐低，下塌成"鸡爪翅"状。"鸡爪翅"即主干像鸡翅，分枝像鸡爪，盆景艺人又别称"鲫鱼背"（形容枝片中部凸起），实际上是同一个意思，仅仅是称呼上不同而已。"寸结寸弯鸡爪翅"，为通派盆景"枝片"造型之一大特色，与其他兄弟流派有明显区别。需要有相当剪扎技艺功底，方能圆满完成。

③ 背片（背干、隐片）造型：在主干背面适宜部位，选留奇数侧枝培养成背片。背片造型短而曲，背片呈折扇形。背片主要起点缀远景的陪衬作用，要小巧丰满，方能"以小见大，以少胜多，以近喻远，片简意深，韵味无穷"。

④ 枝片造型"三忌"：根据"祖师爷"流传下来的规则，"两弯半"盆景枝片造型有"三忌"：

一忌"临门干"（顶门干）：即主干正面（大面）留有一根枝干（片干），给人以突兀之感，遮蔽主干，削弱了盆景整体造型和雄伟气势。

二忌"扁担干"（对干）：即主干左右两侧，留有一根呈直线状的对生枝片（片干），形如一条扁担，盆景造型呆板而不活泼，不美观。扁担干不符合枝片参差错落有序的排列原则。

三忌"背尾干"：即在主干背面拖着几条"长尾巴"（背片过长），看起来不匀称，不得体，破坏了盆景整体造型之神韵。

总之，枝片布局要注意左顾右盼，疏密得宜，层次变化，有繁有简，简洁明快，匠心独运。主干是桩景之骨骼，枝片结构乃为肌肤，枝片布局富有艺术性，方可使盆景整体形象风姿绰约，富有诗情画意，其"立意"之高雅，意境之深远，不言自明，尽在意中。

（3）爬根、枝干弯、顿节　爬根、枝干弯、顿节，此三者亦为通派盆景独特造型技艺，下面分而述之。

① 爬根（图6-2-4）：是通派盆景固有的叫法，意即悬根露爪。"两弯半"盆景要求根部造型呈爪型，显得盘根错节，稳妥坚扎，苍劲古老，精神抖擞。

② 枝干弯（图6-2-5）：即出枝有波势。枝片与主干之间攀扎时要扎成一定的角度，状如"茶壶嘴"。各个枝干弯不能雷同，需要攀扎成高低不同，长短不一，角度不等的"异形"茶壶嘴。经此攀扎后，枝干弯显得弯曲多变，上下起伏，强劲有力，具动势、蕴节奏。通过小小的茶壶嘴，可以调整枝片的朝向和片层间距，使枝片结构更加趋于科学、合理、美观，千万不要小觑。

图6-2-4　"两弯半"盆景爬根

图6-2-5　"两弯半"盆景枝干弯

③ 顿节：在距离树木根颈以上一寸有余处（4～5厘米），将主干剪断（锯断），在断面处留2～3个树枝，最后选留一根粗壮枝（强壮枝）代替剪断的主干。日常养护时，注意切勿将"主干枝"碰断。接着在断面上做文章，用凿子凿成凹槽，或是在接近断面处，施行"半环状"刻伤。认真选择刻伤部位，主干枝下面与周围不能刻伤，以免影响未来主干的健壮成长。经此手法处理后，随着树木的不断生长，剪断（刻伤）处树皮会逐渐包裹住主干，膨大成树瘤，疤痕明显，奇特古怪，这样，树木基茎古朴苍老，上部细枝嫩叶，主干

下粗上细，俗称"钉头柱尾"，列为通派盆景之上品。朱宝祥大师曾幽默地形容为"用此法可使嫩树复老，好似青年演员扮老生。"

（4）"两弯半"盆景整体布局　经过主干与枝片造型，爬根、顿节、枝干弯等艺术加工后，"两弯半"盆景也就云开雾散，撩开面纱，露出庐山真面目了。

"两弯半"盆景讲究主体空间造型，起手干、出手干、陪衬片，背片恰当组合，并运用藏与露的艺术手法，表现盆景的虚实，使盆景意境深远，耐人寻味。"两弯半"盆景移步换景，步步有景，景景宜人。

正面看：左倚右倾，顶部端正，主干苍古，悬根露爪；

背面看：枝片变化，错落有序，层次分明，庄重丰满；

侧面看：枝片饱满，参差高低，步登云天，潇洒自然；

俯身看：云片朵朵，层出不穷，高深莫测，疑入仙境；

仰头看：千枝百弯，苍古嶙峋，美轮美奂，意境深远。

3. "两弯半"盆景制作技法

（1）棕法　通派盆景棕法严谨，棕路多变，常用的棕法有十七种之多（图6-2-6），下面分别予以介绍。

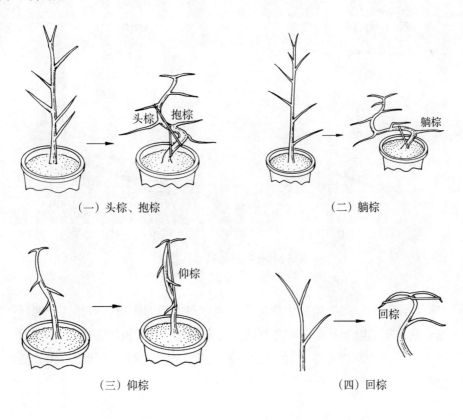

（一）头棕、抱棕　　　　　　　　　　　（二）躺棕

（三）仰棕　　　　　　　　　　　　　　（四）回棕

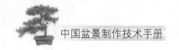
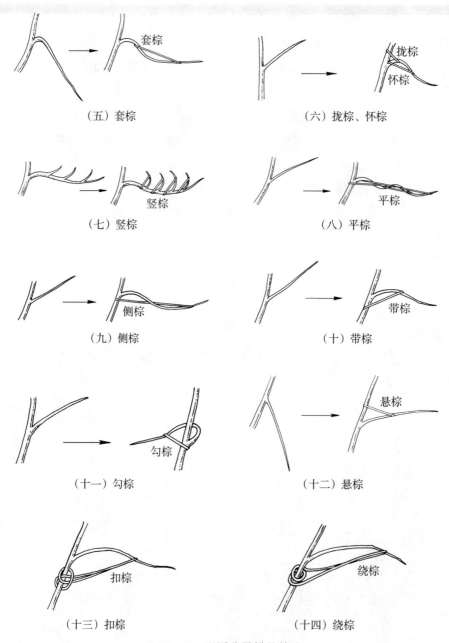

（五）套棕　　　　　　　　　　（六）拢棕、怀棕

（七）竖棕　　　　　　　　　　（八）平棕

（九）侧棕　　　　　　　　　　（十）带棕

（十一）勾棕　　　　　　　　　（十二）悬棕

（十三）扣棕　　　　　　　　　（十四）绕棕

图6-2-6　通派盆景攀扎技法

① 头棕（开坯棕）：起决定主干弯曲弧度和弯曲方向的作用，攀扎"座地弯"之第一棕，即头棕。它奠定了整个盆景结构之基础，凡未剪扎拿弯的树木，称之为"生坯"；已剪扎拿弯的树木，则称之为"熟坯"。拿弯，顾名思义，就是把端直的树干，攀扎成符合盆景造型要求的弯。因此，头棕在盆景造型中是不可或缺的。

② 抱棕：使端直的主干，拿弯后复欲前倾，成环抱之势。"座地弯"扎成"抱驼"型，即采用此法。

③ 躺棕：将直立的树木，攀扎成姿态极为自然的"卧干"式造型，躺棕实际上是从头棕演变而来。它使主干弯曲的角度更大，棕丝的跨度亦较头棕更长。由于受树干的反弹力道甚大，棕丝须酌情加粗些，受力后方不会绷断。

④ 仰棕：如盆树整体过分前倾（前爬），软弱无力，而不够伟岸挺拔，可采用此棕矫正。具体操作可在主干背面扣一仰棕，调整主干的后仰角度，使盆树整体屹立于中心点位置，左右与背面的枝片显得稳妥，造型优美蕴含劲力。

⑤ 回棕：树冠偏离中心轴线，如何矫正？可在树冠偏离方向的反面，扣一回棕，使树冠回过头来，正对着根部，如馒头顶之攀扎。

⑥ 套棕：枝片角度稍嫌下垂，不符合盆景整体造型要求，用此棕法可使枝片前部上翘，抬起头来，枝片神貌立即焕然一新，充蓄刚劲之力。

⑦ 拢棕：为使枝干向上与主干靠拢，必须扎成有一定角度的枝干弯，应使用拢棕。枝干弯，即上文提及的"茶壶嘴"。

⑧ 怀棕：枝干弯扎成"茶壶嘴"后，用怀棕使枝干后仰。此棕一端系在主干上，另一端系在枝干上。

⑨ 竖棕：枝片上的梢头柔软下垂，采用此棕法将梢头托起来，从而使得枝片丰满厚实，刚劲飘逸。

⑩ 平棕：位于枝片正中央（即主侧枝上），使枝干作连续左右弯曲，即"寸结寸弯"是也。

⑪ 侧棕：可使枝干或向左，或向右弯曲，一般位于枝片两个侧面的中间，多用于攀扎枝片。"鸡爪翅"剪扎即用此棕法。

⑫ 带棕：小枝（叶片）翘头，可用带棕将其带下。

⑬ 勾棕（借棕）：主干的一侧没有枝条，采用此棕法将主干另一侧的多余枝条"勾"过来，以弥补树木先天性缺陷，提高盆景的艺术品位。此种手法俗称"借棕"。勾棕亦称借棕，多在剪扎"生坯"时运用。

⑭ 悬棕：用此棕法将下垂的枝条提升抬高，与主干形成适宜的角度。

⑮ 扣棕：运用双股棕丝，围绕主干对折，一端需穿过对折中间部位，围系在主干上收紧后，另一端系于枝干上。此棕法优点是起点准确，不打滑，不走动，不移位。"两弯半"盆景的"第二弯"，采用此法攀扎。盆景造型后1～3年，须将"长野"了的枝片重新剪扎，多用此棕法将枝片压低带下来。当主侧枝较粗时，扣棕"收力"大，能将枝片压低至理想位置。此棕法多用于大中型盆景复片。

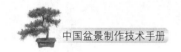
⑯ 绕棕：单股棕丝的中部，围绕树干缠上一圈后，两头系于另一端的枝干上。优点同于扣棕。枝片主侧枝较细时，用此棕法。所用力道较扣棕为小。此棕法适用于小型盆景或微型盆景。

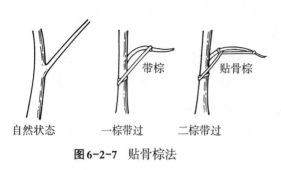

自然状态　　　一棕带过　　　二棕带过

图6-2-7　贴骨棕法

⑰ 贴骨棕（图6-2-7）：其运用方法与传统棕法实质上是相同的，不同之处在于具体操作中。棕丝须紧贴树干（枝干），跨度小，环环相扣，藏而不露，极为自然。在盆景展览、大型会议等重要场合，为提高盆景观赏价值，多运用此棕法。其缺点是工艺繁琐，费时费力，工作量大，一般情况下多不采用。此棕法为朱宝祥大师首创。

（2）用棕

① 抽棕捻棕："棕丝剪扎"不能片面地理解为：用几根棕丝来攀扎，而是需将棕丝捻成粗细不等的棕绳后，方可进行剪扎。棕丝不捻成棕绳，会给操作带来不便，会导致棕路杂乱、易腐烂、不易固定（跑棕）、强度不够、棕丝易断、造型后走形等弊病。为习惯起见，通常棕绳剪扎仍被称为棕丝剪扎。

抽棕是指采集棕榈树树干上的棕片，晒干打净，再将棕片浸入清水，经铁梳梳理后，将棕丝尾部理顺，从头部抽出棕丝（单棕），按长短分级备用。

所谓捻棕，乃是将棕丝用清水湿润后，用手捻搓成长短粗细不同级别的棕绳，绑成小束，分级收藏备用。具体操作程序是：将几根棕丝并起来在头部打结，分成两股，用左手拇指、食指捏着，以中指将两股分开，再用右手拇指与食指捏住打结处，不停往前搓动，旋转上提，搓至棕丝尾部离开左手为止。根据棕丝长短，分为2～3股拧成棕绳（图6-2-8）。

抽棕捻棕是盆景剪扎技艺的第一步，也是一项重要的基本功。老师傅捻成的棕绳，长短一致，粗细均匀，绳上无一根"露丝"，运用起来甚为得心应手。

② 用棕原则：不同的棕法，均有不同的章法。棕法虽则有别，但用棕原则还是要共同遵守：选用棕丝粗细（长短）恰当，棕法准确，跨度适中，棕路清晰，整齐美观，意有所及，棕乃随之。

③ 用棕要求

A. 测试枝条，确定系棕点：攀扎前，先用手弯曲树

图6-2-8　捻棕手法

枝，测试树枝的弹性和韧性，做到心中有数，以便找出棕丝的系棕点，力求用最短的跨度，最少的材料，达到最佳的攀扎效果，这叫作"棕丝巧扣支力处"。枝条较粗时，双手宜慢慢发力，将其反复弯曲几下，待枝条柔软后再攀扎，这样可以避免枝条受力折断。攀扎时，按造型要求选用合适的棕法，棕丝湿水，一端固定后，两股棕丝要相互交替多绕几下，以免棕丝出现"开叉"（棕丝之间不得有空隙），再把另一端固定在系棕点上，这样棕路就清晰了。

B. 系棕打结

a. 系棕（图6-2-9）：棕丝需要在清水中湿润后方可系棕。系棕手法有单系法、双系法和绕棕法三种。单系法多用于树皮粗糙，有节疤，棕丝跨度短，树枝反弹力道小，不易滑脱的位置。双系法多用于树皮光滑、无节疤、棕丝跨度大、树枝反弹力道大、较易滑脱的位置。而绕棕法则在以上两种情况下都可以使用，尤适用于小型盆景、微型盆景，在攀扎枝片与复片时采用。

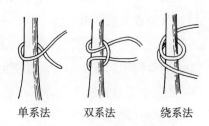

单系法　　双系法　　绕系法

图6-2-9　通派盆景系棕法

b. 打结（系结）（图6-2-10）：拿弯和剪扎枝片后，棕丝系结法有死结和活结两种。死结是在拿弯（扎片）系棕后，不再需要检查调整，可一次将结打死。而活结是在拿弯后，需要再次检查调整，待各弯达到造型要求后，方可将结打死。

（3）收棕（图6-2-11）　收棕时，需顺着棕丝的延伸方向收棕，两手发力要均匀一致，同时向外平拉，切勿上提下压，以防棕丝落点位置滑移。棕丝受力不匀，一则会导致棕丝松动，二则易断棕，影响盆景造型美观。

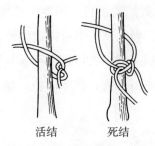

活结　　　死结

图6-2-10　通派盆景打结法

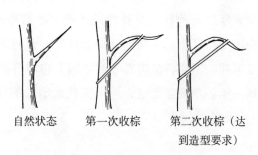

自然状态　　第一次收棕　　第二次收棕（达
　　　　　　　　　　　　　　　到造型要求）

图6-2-11　通派盆景收棕示意图

收棕时，两手切勿抖动，不可猛发力将棕丝收紧，否则易发生主干（或侧枝）折断，特别是碰到较粗的主干，往往需要两人配合，一人向下压主干，一人系棕、扣棕、收棕，缓一缓后，让主干"伸伸腰"，接着再重复收棕，直至达到理想的拿弯角度（弧度），主干

亦不致折断。

攀扎枝片时，需要在枝干上连续作几个弯（寸结寸弯），则由下而上，由里而外，顺着枝片的延伸方向逐段攀扎，分段收棕。每段棕丝往往需重复收棕数次。

最后，审视盆景总体造型情况，检查主干拿弯，枝片剪扎是否符合造型要求，逐段检查拿弯角度（弧度），发现哪段不合格，哪段再进行收棕，直至达到满意为止。此时，统一将各段棕丝收紧、打结，最后用剪刀剪去多余的棕丝。剪棕时，棕丝留得太短会发生"散结"（散扣），留得过长，树上满是棕尾，又有碍观赏。棕丝应保留多长呢？只要做到既不散结，又整齐美观即可。

（4）剪扎顺序　盆景造型剪扎顺序总的要求是：先剪后扎，细扎粗剪，攀扎为主。首先，剪除树木的繁枝缛叶，以便集中视线，攀扎中亦无阻碍，便于操作，提高工效。

① 主干攀扎顺序：自下而上，分段拿弯。"两弯半"盆景先攀扎"座地弯"，次则"第二弯"，最后是"半弯"。

② 枝片攀扎顺序：先顶片，后下片，由上而下，逐片进行。单个枝片的攀扎顺序是先里后外，先干后枝，先枝后叶；有大小枝之分的先扎大枝，后扎小枝。

（5）剪扎总体评价　通派盆景多采用棕丝剪扎，工艺精湛，抽棕捻棕，颇多诀窍，棕法丰富，棕路清晰，隐扎平服，有条不紊，一丝不苟，精益求精，难度大，技术性强。

（6）剪扎造型季节要求　针叶树与阔叶树，宜在树木进入休眠期后，至翌年春季树木萌芽前进行剪扎造型。在树木休眠期内剪扎，这样既避免损伤树皮芽头，又极少出现"伤流液"，故上盆树木成活率高，树形也好。从生产计划安排看，冬季和早春多数盆景进入温房，管护工作量小，可以集中时间与精力投入剪扎工作，此时实为盆景剪扎的黄金时期。

以上原则并非一成不变，实践中应酌情灵活运用。针叶树种中如罗汉松、雀舌罗汉松等，可常年进行剪扎；而五针松造型应严格选择在树木休眠期内进行，因在生长期剪扎，易损伤树皮与芽头。常绿阔叶树如杜鹃、六月雪等，除冬、春、秋三季可以造型外，亦可在盛夏剪扎，但需将盆树置于遮阳网下集中管护，待15～20天后，方可进入常规养护；瓜子黄杨一年四季都能上盆，均可剪扎造型。落叶阔叶树如雀梅、榆、朴等以冬、春上盆为宜，一年四季均可造型。

（三）川派规则类树木盆景制作技艺

四川盆景风格独特，有着强烈的地域特色和造型特点。

四川盆景的发展经历了造型风格上的由简到繁、由繁到简的过程；同其他流派一样，根据"树姿近画"的造型原理，先有自然姿态类型的盆景，后经不断提炼造型，确定造型规律和技法，通过历代盆艺家不断总结和完善，最后归纳为三式五型枝法和十大身法（主干造型）。

陈思甫曾在其《桩头蟠扎技艺》中写道："若以规则类平枝式桩头论，成都和川西地区的主干弯曲、枝桠下倾的造型，乃是仿照岷山高寒之地长期被雪积压的松柏的低矮老态，雪融以后，树梢直立，枝桠由垂转平，或略带倾斜状。故尔平枝式规则型桩头，枝垂渐至盘端下斜而平整，或枝盘基部下倾，盘略下斜而平整。"说明了规则类技法造型来源于生活，但又高于生活，摆脱了自然现象对盆景艺术的控制，达到了客观和理性的统一，被称为"规则类"，或"格律类"，或"古桩"盆景；同时，不论自然类或规则类树桩，均以展示虬曲苍古、悬根露爪、状若大树的树桩特色，讲求造型制作上的节奏和韵律感，以棕丝攀扎为主，剪扎结合。

植物素材，一般选用金弹子、六月雪、罗汉松、银杏、紫薇、贴梗海棠、梅花、火棘、茶花、杜鹃等。比如金弹子，不仅因其在四川地区，特别是在川西地区生长良好，还因川派盆景艺人们对金黄的果实和开花时的清香情有独钟，加上其叶常绿，易开掘苍老态的树坯，成型快，萌发力强，枝叶细小，具有制作大、中、小型树木盆景种种优势。六月雪为落叶或半落叶树种，但因根干古朴，枝叶细小，成型快，易攀扎，耐修剪，能用其制作多种不同的单株或多株组合造型景观，亦为川派树木盆景特色树种之一。川派树木盆景一般是剪扎结合，初攀时以攀扎造型为主，之后为轻扎重剪阶段，同时补充攀扎造型完备枝条。

川派树木盆景用棕丝攀扎造型（即用棕丝在树干和分枝上攀出连续渐变的半圆形弯并施以修剪）（图6-3-1）。初造型时，以攀扎为主，其后补攀，并施以修剪。其造型大致分为

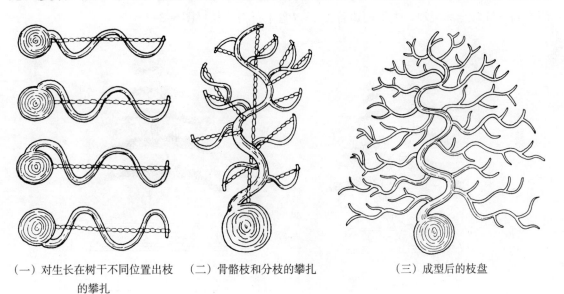

（一）对生长在树干不同位置出枝　　（二）骨骼枝和分枝的攀扎　　　　（三）成型后的枝盘
　　　　的攀扎

图6-3-1　川派棕丝攀扎造型示意图(张重民绘)

规则类和自然类两种。

规则类树木盆景的造型，包括身法和枝法的造型。身法指树干的造型及攀扎方法，枝法指骨骼枝和分枝的造型及攀扎方法。

1. 身法

（1）掉拐法　将一株要攀扎的树坯，斜栽或斜放为30°～40°角（与水平地面的角度），然后用"一弯、二拐、三出、四回、五镇顶"的造型方式，进行弯子的攀扎。攀扎顺序由树的基部着手至顶端完成，一共五个弯，其顺序是第一弯大，第二弯小于第一弯，以此类推至第五弯结束，树干两边各出平行对称枝5盘。由于这种造型方法有弯有拐，造成树身在三度空间中的扭曲状，从正面看全株是一大一小两个弯，侧面则只能看到第二弯一部分，第三个弯以上均能看到，故有口诀总结这一身法，"一弯大、二弯小、三弯四弯看不到"（图6-3-2）。另外，由于某些树坯已经很大，而不易弯曲，则将其留30～60厘米后锯去，同时斜栽，待新枝发出后选一粗壮枝作主干，另再选两枝作前后足盘，并按生长势头，以掉拐式攀扎逐年完成，这种对树桩进行造型的方式称为"接弯掉拐法"。

掉拐法是川派树木盆景规则类中，特别是川西地区应用最为广泛的一种造型方法，适合多类树种的制作，其形成年代久远，民国时著名艺人张彬如、陈玉山大力倡导，"文革"后由盆景艺术大师陈思甫先生首办盆景培训班（学员有张重民、陈先益等）推广之，并形成文字加以介绍。

（2）对拐法　通常称为正身拐。主干的攀扎是在同一平面内由大到小来回弯曲，从正面看到树桩弯全部展现，主干两边各出5～7盘平行对称枝（图6-3-3）。

图6-3-2　掉拐法

图6-3-3　对拐法

（3）滚龙抱柱法　通常称为滚龙法，亦称螺旋弯。即用"弯、拐"的方法由下至上、由大到小攀扎不同平面的弯，至树身顶端，可攀5～7弯，其干如滚动向上的苍龙，又名"滚龙抱柱"（图6-3-4）。树身两侧可出对称平盘枝各5盘，多至7盘，亦可出错落不对称的平盘枝5～7盘。若是贴梗海棠之类树种，则可用半平半滚式枝法相继出枝；梅花、桃花，则可用小滚枝法相继出枝；茶花、杜鹃等则可用大滚枝法相继四面出枝。此身法为民国时戴崇光、龚协之创造、推广。

（4）方拐法　又称"汉文拐"。此身法的半圆弯被攀成"弓"字体态，其身法变化在同一平面内（图6-3-5）。攀扎方法是先将树坯斜植于水平地面，然后立两小竿于树坯之两侧，再缚之以方格小棍，用嫩枝攀扎随方格而成，传统的做法是从幼树开始攀起，即先攀一弯（拐）及左右两盘枝，以此类推，故方拐从初作到成型最快亦要20或30年功夫，整个造型完成起码得几十年甚至上百年。因其制作耗时费工，维护困难，甚至要花去艺人们一二代人的精力、功力，因此这类树桩的真正成功作品已经绝迹。笔者有幸于20世纪70年代末见过方拐成型树桩，但也只剩下一至二拐。这种传统攀扎法在20世纪30年代曾流行于川西各县，30年代后，已无新的树桩成品。方拐身法一般从树的基部起由大到小至顶端，为5～7拐。方拐的攀扎树种一般是紫薇和垂丝海棠，因其性硬易定型，萌发力强，成品多是大型树桩。其出枝为平行对称枝5～7盘。

图6-3-4　滚龙抱柱法

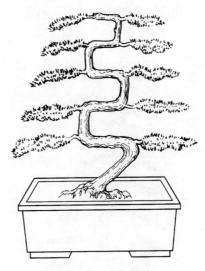

图6-3-5　方拐法

（5）三弯九倒拐法　因身法正面看是三个大弯，侧面看是九个小弯，故称其为三弯九倒拐（图6-3-6）。三弯九倒拐一般是从幼树做起，分若干次完成，身法弯从基部起由大到小至顶端，左右各出平盘枝7~9盘，可对称，可出花枝，也是先攀第一弯及左右枝盘，待其成型后再攀第二弯及左右枝盘，攀到最后完成定型时，已是几十年或几代人功夫。此身法20世纪40年代前曾流行于川西各县，但因其费时、费工，补攀难度较大，现在此类成品树桩已寥若晨星。成型作品一般都是较大型树桩，其气势之大令人叹服。用此法攀扎的树种较多，用垂丝海棠攀扎时，还要分用棕丝和席草在夏秋冬3次进行。

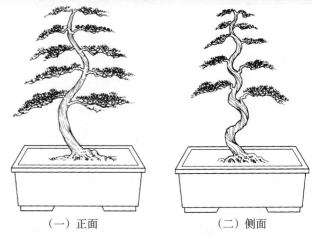

图6-3-6　三弯九倒拐法

（一）正面　　　　　　　（二）侧面

　（6）大弯垂直枝法　又称大拐垂枝法（图6-3-7）。20世纪20年代前流行于川西都江堰、崇庆一带，其做法是将主干攀一个大弯，攀好后将大弯顶上的主干和整个弯上的枝条全部除去，有时也在弯背侧留一枝条，用作后足盘，但这根枝条要能平出枝三到四层，而前足盘和大弯顶上的主干通常用另一株树嫁接上去，成活后再做三到四层的前足盘和大弯顶上的主干，用此法造型，费工多，难度大，是攀扎与嫁接技术的结合。

　（7）逗身照蔸法　即"立身照蔸法"或"老妇梳妆"。实际上是借用形态怪异的树蔸上发出的枝条造型（图6-3-8）。造型时，树身的枝条有一定的变化，并且一般是二到三枝枝

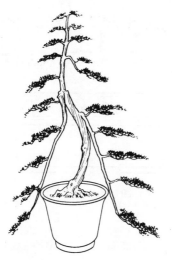

图6-3-7　大弯垂直枝法

图6-3-8　逗身照蔸法

条在立面空间中排列，其中主枝的顶端要照着树苞的中心。

（8）直身逗顶法　即"直身加冕"法。将硬度大、不易弯曲的树坯锯至一定高度，然后利用新发出的枝条造型，枝盘为5～7盘规则型平盘对称枝（图6-3-9）。

（9）综合法　即巧借法。可参照以上各身法造型，根据主干的长势和出枝情况随意造型，出枝可用平盘枝规则型或花枝型或其他型（图6-3-10）。此造型是规则类向自然类树桩的过渡。

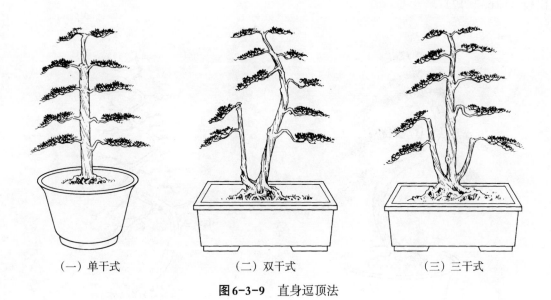

（一）单干式　　　　　（二）双干式　　　　　（三）三干式

图6-3-9　直身逗顶法

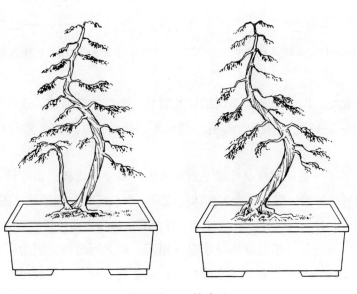

图6-3-10　综合法

2. 枝法

川派树木盆景除身法外，枝法也有一定的程式规则。

（1）平枝式规则型　即枝盘用棕丝攀成弯平行出枝，并且使用左右对称规则方式，平枝式规则型多用于规则类树桩的造型（图6-3-11）。

（2）平枝式花枝型　即枝盘虽为平行出枝，但不对称，而是在主干两边或四周不规则出枝（图6-3-12）。

图6-3-11　平枝式规则型

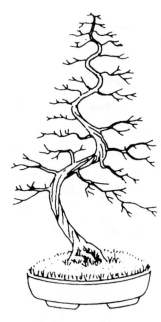

图6-3-12　平枝式花枝型

（3）半平半滚型　即枝的造型不仅用棕丝攀扎出平行的骨骼枝，还可以在同一枝盘中攀出立弯枝（图6-3-13）。一般用于攀扎那些枝条坚硬易脆以及小花类或干上着花的树种，如贴梗海棠等。

（4）滚枝式小滚枝型　即枝盘可攀平行弯枝也可攀立向弯枝、斜弯枝、回弯枝等，见枝出枝，造型时见空补缺，但树桩造型整体完成后，形状应为一圆锥状（图6-3-14），所攀树种为小花类或干上着花的树种，造型时，不符合圆锥状多余的枝条应剪去。

（5）滚枝式大滚枝型　攀扎方法与小滚枝相同，但无回弯枝，因为所攀树种一般是大叶、大花型，或是枝端和枝干着花的常绿树种，如茶花、桂花、杜鹃等，攀扎时叶片正面一律向外，枝条一般不剪，因为花在枝端，整体造型为一圆锥状（图6-3-15）。

图6-3-13　半平半滚型　　　图6-3-14　滚枝式小滚枝型　　　图6-3-15　滚枝式大滚枝型

（图6-3-2～图6-3-15　张重民绘）

（四）徽派盆景制作技艺

　　安徽传统盆景的造型多以规则型为主，也有一些自然型，如歙县卖花渔村的树木盆景，多为规则型。树木造型多在旷野露地进行，采用棕丝、棕绳、棕皮、树筋、苎麻等材料进行粗扎粗剪，并用树棍插在土中作支撑物，帮助造型。在树木幼小时就开始加工，每一二年重扎1次，采用先扎后剪的方法，小枝则略作粗剪。待长老成型后，效果一般都很好，具有一种奇特苍古的韵味。

　　现代徽派盆景造型原则是因树而定，见机取势，不拘格律。以自然界古木名树为摹本，以中国画画树法作参考。造型讲究枝法与构图，多采用金属丝攀扎与修剪交替运用，讲究选桩与截桩，注重桩坯的先天条件，注重桩坯的养护管理，创作的精品更符合现代人的审美情趣。

1. 游龙式

　　游龙式梅桩盆景是传统徽派盆景中规则式的主要代表形式。龙是我国古代传说中的一种长形、有鳞、有角的动物。它是我国原始社会祖先的图腾，寄托着他们强烈的思想、信仰和期望。几千年来，龙被人化、神化，成为一种至高无上的神威。历代帝王君主都以龙自命，以龙作为帝德和天威的标志，谓为真龙天子。今天，龙已成为中华民族的象征和吉

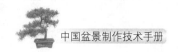

祥之物，中华儿女视已为龙的子孙，龙的传人。龙作为一种备受推崇的形象，在绘画、戏剧、雕刻、文学等各种艺术中，成为最为常见的题材。因而，龙作为徽派盆景造型形式也就非常自然了。

游龙式梅桩盆景造型高大端庄、雄伟，于肃穆中见秀逸，于奇古中现苍劲。其基部桩头为龙头，弯曲的主干为龙身，略曲的大枝和小枝群宛如龙爪，而片片树叶则似鳞甲，顶部树冠则成龙尾（图6-4-1）。

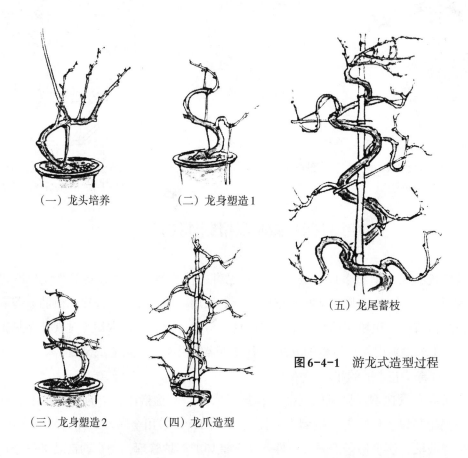

（一）龙头培养　　（二）龙身塑造1

（三）龙身塑造2　　（四）龙爪造型

（五）龙尾蓄枝

图6-4-1　游龙式造型过程

（1）龙头培养　每年清明前后，将梅幼树或老桩基部萌蘖枝进行压条繁殖，翌年剪离，移栽他处；再将新萌生枝重复压条。由于梅桩基部的萌条被反复压条、修剪，使基部形成膨大而形态奇特的桩头，即成龙头。

（2）龙身造型　选主干1.5～2米高的梅桩，作左右"S"形弯曲。在弯平面中部直立一支柱入地，将弯曲的上、中、下部固定于支柱上。弯曲的宽度视龙身高度而定，一般在20厘米左右，下部可略宽，上部逐渐变窄。

（3）龙爪造型　在龙身每个弯曲部位外侧选一主枝进行弯曲造型即为龙爪。如此部位没有合适的枝条，可在附近位置借枝，但不能越弯借枝。每弯确定一主枝为龙爪后，其余多余的萌生枝都剪除。

龙爪枝以横出竖平面作游龙弯造型，并在第二弯（上部）或第三弯（下部）处短截，以促使剪口处再萌发新枝。待新枝长定后，至第二年再留3~5厘米进行短截。如此数年短截后，可形成相对较密的短枝群，即成龙爪。

（4）龙尾蓄枝　主干在作游龙弯弯至最后一弯时，剪去主干顶梢，使成半弯。半弯枝上萌发的新枝待第二年进行短截，每枝均留4~6厘米；第三年再照此短截，使其顶部逐渐形成由许多短枝组成的较宽广的枝群，即成龙尾。

整个龙桩造型要求两侧对称，下部长，上部短，整个形式为等腰梯形。自然式梅花盆景，修剪显得极为重要，因为梅桩虽然讲究造型，但更主要的是为了观花，而修剪是否得体则决定了观花季节能否花团锦簇。其修剪要点如下。

① 疏枝：每年花后进行疏枝，做到老枝不动，去弱留强，将各种多余的徒长枝、重叠枝、交叉枝、平行枝、对生枝以及过密、瘦弱的枝条疏去。

② 短截：此举极为重要。在疏枝的基础上，根据造型的需要适当留一些长枝，其余的均要作短截。短截时，一般每枝都只留3~5厘米。短截时尚须注意选择芽口的方向，以便新出芽枝朝利于整体造型的方向生长。

③ 摘芽：当新芽长到2~3厘米时，可根据芽的部位、疏密以及树桩造型的需要，摘去一部分多余的芽，使养分集中，利于新生枝条生长旺盛。老干上的芽则随发随摘。

④ 摘心：摘心的目的是控制枝条的生长。当年新生枝条长到20~30厘米时，可将顶芽摘去。对于萌发力较差的梅花，可提前进行摘心，促使其重发新壮芽，成型后才能花繁色艳。

2. 三台式

桩景的造型突出三片枝叶，即左、右两片和顶部一片，比游龙式更为方便简单。主干作"S"形弯曲，在两个相对的弯曲处外侧各伸出一主枝，并将这左、右主枝攀扎修剪成台片，左、右两片一高一矮，一大一小，不要对称和等同；在顶部再作一台片成半球状，顶台片可以居中。左、右两个台片和顶台片构成不等边三角形。

造型前须先把树材斜栽于地中或盆中，主干弯曲成S形变化，然后在左、右两边弯凸处选定侧枝，将这两个侧枝作水平状攀扎，将过长的枝端剪除，促使枝端萌发新的细枝。第二年，待新枝长老变粗时进行短截，将新枝留2~5厘米，可视桩形大小而定。同时剪去徒长枝、对生枝、轮生枝、交叉枝、平行枝、重叠枝。

修剪后重视养护管理，勤施薄肥水，防治病虫害，促其生长旺盛，待第二年春天再进

行一次修剪。中间云片顶端修剪成一半圆形云片，云片可以稍大于左、右两片，有稳定作用。新萌发的侧枝用金属丝或棕丝攀扎，向左、右、前、后四周平行展开，待其新发枝够粗后再短截，以后发出新枝如法再截，直至云片形成。

三台式桩景的造型可以在地里养桩时同时进行，待其成型后再移至盆中观赏；也可以放在盆中造型。平时注意养护管理，加强肥水，及时根除病虫害，并进行抹芽、摘心处理，使之生长良好，树形丰茂美观。

3. 扭旋式

在徽州地区又称磨盘式。其主干弯曲与游龙式的不同之处在于弯曲不在同一立面内进行，弯曲的随意性较大，具有立体上旋的形式。

主干扭曲造型可在惊蛰至夏至期内进行，若主干过粗扭曲不易时，则必须在弯曲突起部位开纵向切口，深度可达木质部，为主干直径的四分之一至三分之一，切口开好后，可用棕绳、苎麻、竹片或金属丝绑衬，以免在作强度扭曲时折断主干。

主干作弯时先将树材斜植于盆中，与盆面呈30°～45°角，先向上向左回弯，形成第一弯，用棕绳固定；然后再向下向右扭旋，使主干形成第二弯，同样用棕绳固定；然后依次作螺旋状扭曲上升。主干下部两侧枝条全部剪掉，上部枝条作随意绑扎，向外两侧展开。

干、枝基本固定成型后，可将绑扎材料拆除，如枝干变形走样，还须再用细棕绳绑扎一下，继续养护一段时间后松绑（图6-4-2）。

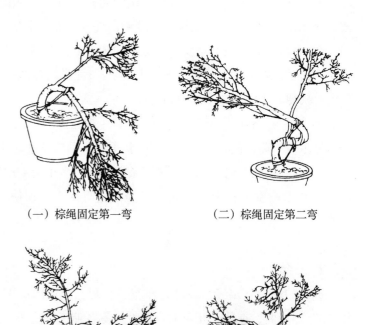

（一）棕绳固定第一弯　　（二）棕绳固定第二弯

（三）螺旋状初步形成　　（四）上部枝条向外两侧展开

图6-4-2　扭旋式造型过程

4. 疙瘩式

造型多选用韧性较好的树材，常见于桧柏、圆柏、刺柏等。当树木处于幼小阶段时，植株较细也柔软，此时容易折弯绕圈。将树木小苗从地上或盆中取出，在其主干下部、贴近根部处打一个结或绕一个圆圈，用棕绳绑住，使弯曲的主干连在一起，然后下地或上盆栽植培育。若干年后，待树木长大，由于树干的挤压，基部形成一疙瘩，造成主干一种独特的畸形。

疙瘩式桩景的主要欣赏点在于主干的古拙奇特，故桩景上部的枝片处理宜简洁舒展明快，叶片不宜过多，三五片即可。另主干上部不宜过高，伸展过高的顶端会压住基部的疙瘩，使欣赏效果受到影响。因而上部枝片占主干三分之二，下部疙瘩处为三分之一较适宜。

5. 圆台式

多选用主干下部粗壮且有弯曲变化的树材，如罗汉松、刺柏、桧柏、圆柏等。造型形式主要为树木顶端成一大半圆形云片，下部两侧可不作任何枝片造型。故树材主干宜有适当的弯曲变化，基部尚须有裸露的粗壮根系，这样的圆台式桩景才有可欣赏性。

如选用幼小树材造型，可用粗金属丝缠绕主干作弯曲变化。主干顶端的数个枝条作横向弯曲攀扎，向四周放开。待新枝长粗后再行短截，促其萌发新芽，经过多年反复修剪、摘芽，直到顶端形成云朵状或半圆状的大片。

此形式见自黄山玉屏楼附近老鹰石下的蒲团松。此松老干曲上，鳞甲开裂，顶端瘦叶如针，梳风掩翠，如顶华盖，枝叶繁茂，郁郁苍苍，势铺霄汉。

（五）苏派盆景制作技艺

苏州树木盆景，以乔木居多，也有灌木及藤蔓类，以各种可供观赏的枯干虬枝木本植物为主，选择抗性、适应性强，便于加工造型的树种。一般分为两类：一类是落叶树种，如榆、朴、雀梅、红枫、三角枫、银杏、迎春、紫藤、紫薇、石榴、六月雪、枸杞、梅花等；一类是常绿树种，如松、柏、黄杨、冬青、山茶、杜鹃、竹类等。以观赏部位分，有观根、观干、观芽、观叶、观花、观果诸类。苏派盆景有古朴嶙峋、葱翠劲健、潇洒清秀、清丽茂密、艳姿丰实、独具景色的特点。

1. 树木盆景的造型

苏州树木盆景，依其规格分，有巨型、大型、中型、小型及微型五种。巨型、大型、

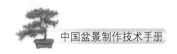

中型以古老树桩为多；小型、微型一般由幼苗培养。由于树桩的大小及品种不同，在制作技法上也各有差异。现对树桩的干、根、枝、叶片的造型艺术与特点，作简略介绍。

（1）树干（根）的造型　树木干（根）的造型，是确定整个盆景形态的基础。苏州树木盆景干（根）造型格局很多（图6-5-1），归纳起来有下列13种。

① 直干式：树桩的主干挺拔直立，无论株形大小，具有一种顶天立地的气势。远观，有一种耸峭之气，令人精神振奋。常见的有柏、杉、榉、金钱松类树种制作的盆景。

② 蟠曲式：这类树种主干生长的特点是自根至顶，回蟠折曲，甚至连同细枝亦是旋曲而生，古诗"曲屈弯弯回蟠势，蜿蜒起伏伏蛟龙形"便是这类树桩的最好写照。常见的有朴、松、真柏等树种制作的盆景。此类树种木质刚复，体态怀柔，刚柔相济，饶有艺趣。

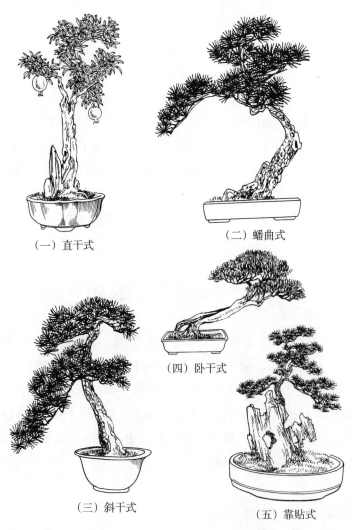

图6-5-1(1)　树木盆景干(根)造型

③ 斜干式：是一种常见的树桩形式。桩干向一侧倾斜，树冠生长均衡，枝叶分布自然，疏影横斜，静中蕴动，画意益然，诗情并存。

④ 卧干式：这类树桩的主干斜生，横卧在盆中，似醉汉寐地之状，有蛟龙倒走之势。卧干式树桩多栽于长方形或椭圆形盆中，一般偏栽于盆的一边，以达到盆面布局平衡。若栽植布局不均衡时，可在空白处配以拳石假山等物补缺，既达到重心均衡，又使盆面疏密有致、古朴典雅。

⑤ 靠贴式：在选取制作树木盆景的材料时，往往遇上一些树桩上半部或局部姿态很佳，而下部主干过高或局部枝叶不够理想时，可在树桩的拙劣部位，巧妙地用一株同类型的树木与之相靠贴植或靠贴一块枯峰拳石，以弥补其缺陷之态，称为靠贴式。这类盆景的树桩，依山靠石（树），相映成趣，取优遮拙，反而会收到意想不到的艺术效果。

⑥ 枯峰式：大自然的神工鬼斧和崖隙、溪边、宅旁的特定环境，使几十年乃至数百年的树桩成为枯干虬枝，枯朽斑驳，洞穴嵌空；有的似残干朽木。它们是苍老挺拔又古朴雄奇、形似嶙峋的枯峰。它们是生机欲尽而内孕萌力，由人们培植盆盎之中，精心管理，得到雨露润育，能疏生出 3~5 枚新枝，且长得青翠欲滴，颇具枯木逢春之意趣。此类盆景以榉、榆、三角枫等类树桩居多。

⑦ 劈干式：在选择或挖掘树桩时，有意将原生树桩劈为两半爿，带根培植，经积年累月的风吹雨蚀，木质腐朽，自成一爿枯皮，在这薄薄的半爿树皮上发芽生枝；枯干、新枝、嫩叶，别具风趣。此类盆景以榆、榉、石榴等树种较多。

⑧ 垂枝式：树干直立或稍斜，主干披垂或俯垂，形式独特。

⑨ 枯梢式：这类树桩既矮健又苍朴，有局部枝干或树干顶部枯秃，犹如挺立于高山巅崖间的青松，经受长期风霜雨雪的磨炼，而

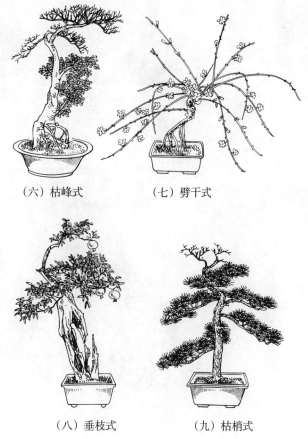

（六）枯峰式　　　　　（七）劈干式

（八）垂枝式　　　　　（九）枯梢式

图6-5-1（2）　树木盆景干（根）造型

新生枝叶苍翠欲滴，具有苍老古朴之姿。这是古松柏类常见的形式。

⑩ 悬崖式：树干凌空倾斜而生，越出盆面向下悬垂，称悬崖式。因树干下垂程度不同，分大悬崖、中悬崖、小悬崖、挂钩式四种。大悬崖下垂幅度最大；挂钩式则下垂幅度特大，唯其根部留在盆中，整个树干全部伸垂在盆外，像钩子挂在盆口之上而得名。悬崖式树桩都栽于签筒形深盆中，具独到的艺术效果。松、柏、藤蔓类可用此式。

⑪ 附石式：亦称石附式。这类树桩的根附生在石上，如似山岩缝隙间的顽树，其根几经折曲挤压，穿岩走隙，形似龙爪抱石，其干却巍巍挺立，郁郁葱葱，显示其顽强的生命力。松、柏、黄杨等采用此式。

⑫ 露根式：树干槎枒虬古，其根则如蟹爪裸露。给人以苍老质朴、顽强不屈之感。此式盆景多见于黄杨、枸杞、石榴、六月雪等树桩。

⑬ 盘根式：这类桩景的上部根群缠绕盘结，裸露土面，随意屈曲，自然朴实，苍劲有力，有较高的观赏价值。

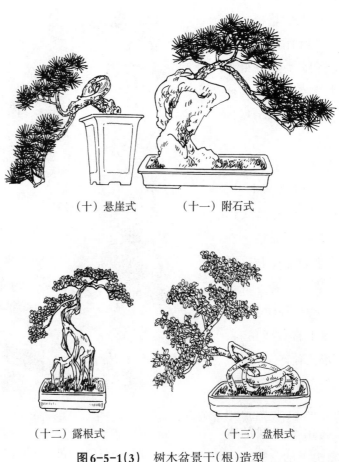

（十）悬崖式　　　（十一）附石式

（十二）露根式　　　（十三）盘根式

图6-5-1(3)　树木盆景干(根)造型

（2）树枝造型　树枝是树干与树叶的中间介体，枝的造型确定了叶片的布局与位置，对整个桩景起着协调的作用。苏州树木盆景中对树枝的造型通常有四种型式（图6-5-2）。

① 上伸式：此类树枝式样较为常见。树桩的大小枝条都是挺直向上生长的，形似鹿角，故亦称"鹿角式"。大枝附主干，小枝附大枝，枝枝相依，欣欣向荣，给人以一种步步向上的感觉。榆、榉、黄杨、银杏等多采用此式。

② 横展式：这类树枝与树干成垂直横向生长，具有顺风摇曳之姿。故亦称"迎风式"或"顺风式"，形态动人。常用此式的有松、柏、杉、雀梅、榆、竹类等树种。

③ 悬垂式：树枝形似蟹爪，向下披垂，亦称"垂枝式"，别有一番情趣。松、柏、梅、藤蔓类等树种常用此法。

④ 蟠曲式：这类树枝常需经过人工结扎加工后，制作成回蟠旋曲之势，这是以夸张的弯曲来增强树型的曲线美姿。它常与蟠曲式树干的式样相配。

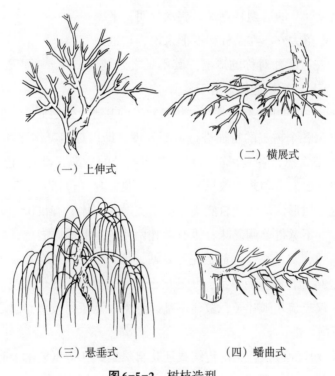

（一）上伸式　　（二）横展式

（三）悬垂式　　（四）蟠曲式

图6-5-2　树枝造型

（3）树叶造型　树叶与树木是生息依存，而树叶又是丰富树木色彩的主宰。在树木盆景里，树叶也是作为主要观赏的对象。树叶造型布局的好坏，不仅影响盆景的色彩，更影响整个盆景的造型艺术。苏州树木盆景的树叶造型，是在研究自然界树叶分布情况的基础

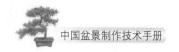

上，以概括、夸张的艺术手法，将树叶进行有机组合与裁剪，剪扎成片状，盆景界的术语称为"叶片"。用这"叶片"作为盆景造型的手法，是苏州盆景所独具的地方风格与特色。

苏州树木盆景叶片造型的常见形式有传统式和自然式两种。

① 传统式：苏州树木盆景的传统式样是"六台三托一顶式"（图6-5-3）。是指树干很自然地绑扎折曲成六曲，约在每一个曲的部位生出一根树枝，这样，在树干上有三对左右权丫、上下参差的树枝，每一树枝上的树叶均剪成一片。这高低分布、层次交错的六个叶片，称"六台"。在这六个叶片后面树干的间隙中，背视线又另外生有三个树枝，叶子也剪扎成片状，称为"三托"；而在树桩的顶部留有一大片剪扎的叶片，亭亭如盖，即是"一顶"。因此，"六台三托一顶"就是在一棵树桩上有十个分层而布的叶片。这类叶片的造型特点是，层次分明，平稳对称，沉着端庄，落落大方。在某种程度上来说，它也是以树干为中轴线、左右叶片对称的造型。其不足之处是，树形变化不大，形态比较矫揉造作，落于窠臼。

图6-5-3 六台三托一顶式

② 自然式：自然式的叶片造型是在"传统式"的基础上发展而来，但亦不受传统造型技法的束缚，而根据各个树桩的特征进行造型处理，即以自然美作标准，造型灵活多变，丰富多彩，使其千姿百态，各具风韵。现代苏州盆景的造型，没有确定统一的模式和规则，而是着眼于树桩的形态和艺术效果。实际上就是叶片（包括"顶"）的多少及其位置以及如何控制树冠、树形，从而使自然美与艺术美融为一体。有仅留一个叶片的，叶片虽少，却亭亭如盖，并不觉得单调乏味；也有剪扎两片的，似雄鹰展翅，白鹤起舞；有剪至3～5片的，错落有致，交相映辉；都是完美妥帖，恰到好处。还有被誉为"盆景王"的雀梅古桩，叶片多达34片，但多而不乱，状若层云，重碧叠翠，葱郁蓬茂；更有一种疏枝散叶，连片也没有，仅疏疏几张叶子，散而不乱，点缀在几条树枝上。总之，自然式造型自然，多姿多态，不拘一格。

综观苏州盆景叶片的造型，无论传统式还是自然式，在造型艺术上有其共同特点，就是：造型优美、布置得当、形式多变、比例协调；叶片与叶片之间的关系是多而不觉繁，少而不嫌稀。

2. 树桩的攀扎、雕饰和修剪

苏州树木盆景的整个制作过程大致可分为挖掘、栽盆、养坯、选芽、养护、攀扎、修剪、养片、翻盆等步骤。在技法上,以扎为辅,以剪为主,粗扎细剪,剪扎并用。其中攀扎和修剪又是树桩造型的关键。

(1) 攀扎技法　苏州树木盆景传统用棕丝攀扎。其优点是棕丝与树皮颜色协调,攀扎后的桩景观赏价值不减。而棕丝攀扎难度较大,从攀扎的技巧可见功法高低,其主要环节要掌握攀棕的着力点,棕丝粗细,选择要适当。所以用棕丝攀扎树桩,要有一定的基本功。

苏州树木盆景棕丝攀扎常用的技法是"攀"、"吊"、"拉"、"扎"四法。"攀",是将直生或直斜状枝向下攀至水平状;"吊",是将下垂枝向上吊至水平状;"拉",是将水平状枝,按造型要求向左右移动;"扎",是将主干扎成直立状螺旋扭曲成"S"形;或将水平状直枝扎成"S"状平面。而每干每枝扎弯弧度。全弯,弧度以150°为佳;半弯,以小于90°为佳,全弯决不能等于或大于180°。每干每枝绑扎弯数不等,但一般以二弯半为多;大弯称一弯,小弯称半弯。不论弯数多少,每枝的第一个弯称半弯或小弯,第二个弯为一弯,第三个弯为二弯;一弯比二弯大,二弯比三弯大。主干造型,最上面的顶枝,必须是小弯(半弯),由下向上一弯比一弯小。苏州的古桩盆景,一般主干苍劲古朴,富具天然姿态,也无法弯曲,只需将枝条略加绑扎。这种方法,称半扎法。但也有用植物苗株加工培养的盆景。如瓜子黄杨、黑松、五针松等,其主干和枝条都要绑扎,称为全扎法。

因树木各品种间的生态习性各异,其攀扎技艺和修剪方法也不同。现将苏州树木盆景的攀扎方式介绍如下(图6-5-4)。

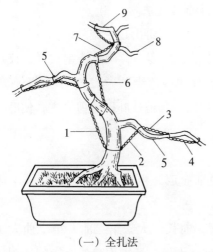
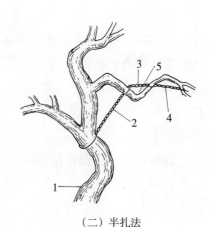

（一）全扎法　　　　　　　　　　　　　（二）半扎法

1. 主干第一曲　2. 半曲　3. 一曲　4. 二曲　5. 台　　　　1. 主干　2. 半曲　3. 一曲　4. 二曲　5. 台

6. 主干第二曲　7. 主干第三曲　8. 托　9. 顶

图6-5-4　树桩攀扎技法

① 全扎法：所用材料是树苗，从树干（主干）到树枝（叶片）要全部进行攀扎。苏州树木盆景叶片分"台"、"托"、"顶"三种。"台"指主干两边的叶片，"托"为主干后面的叶片，"顶"是主干顶端部的叶片。

全扎法攀扎顺序，先扎主干，后扎叶片。主干从下部向上扎，扎前必须先确定树桩的观赏面，盆景行家称"正面"。然后根据树桩的自然姿态，确定盆景的艺术造型。

全扎法的式样有蟠曲式、卧干式、悬崖式等。以蟠曲式为例，其特点是树干呈"S"形，盘旋向上。攀扎时树桩正面朝前，根据主干大小，选择适当粗细的棕丝，固定在主干最下部的适当部位上，最好是扎在节疤处，这样棕丝不易滑动。然后把棕丝左右绞几下，选择主干上部适当部位打结固定，用剪刀剪去多余的棕丝，便完成主干第一曲；第二曲、第三曲是攀扎的关键，第二曲下部位置一般在第一曲中间向上约五分之一处，把棕丝固定后，左右绞几下，选择主干上部适当部位打结固定，即完成第二曲；第三曲只要顺"S"形向上攀扎即可。一般三曲后就可结"顶"。用此法攀扎，立体感强，自然得体。主干攀扎完成后，即可攀扎树枝。树枝攀扎的去留，要根据造型姿态的角度而定，一般不宜多留。留得太多，今后叶片长大，会出现叶片之间距离过密和重叠现象，有碍造型。攀扎必须先扎主干下部的树枝，然后逐个扎上面的树枝，最后扎顶部树枝。在叶片攀扎时，先用棕丝把所扎树枝固定在稍低下的主干上，将棕丝左右绞几下，用右手轻轻把向上生的枝条弯下来，呈水平状或略低于水平状；然后，选择枝条适当部位，用棕丝固定成一小曲，为半曲；接着用棕丝穿过半曲，左右绞几下，在树枝上部适当部位打结固定成一曲；再按此法向前扎一曲，完成二曲半。顶部叶片，一般可照主干蟠曲扎法。

② 半扎法：苏州树木盆景多数以挖掘野桩为主。从荒野山丘挖掘的老桩，其主干已定型，不能作弯曲攀扎。对此类树桩，只要根据桩干的自然姿态，确定造型式样，仅对枝干进行攀扎，先扎半弯，再扎一弯，后扎第二弯，有"一弯半"、"二弯半"，少有"三弯半"。弯枝顶部略低于水平线。一般侧枝略作水平弯曲，其他枝叶以修剪为主，使叶片中部突起，丰富清秀。

③ 攀扎注意事项

a. 选丝要粗细适当，即选用棕丝应视枝干粗细而定，粗枝干用棕绳，细枝干用单根棕丝。

b. 枝干弯曲角度以不超过120°为宜。主干第一曲长度大于第二曲，第二曲大于第三曲，以此类推。枝条第一曲应大于第二曲，否则重心不稳，造型不自然，影响美观。叶片布局要有高低前后之分，富有层次、变化。

c. 攀扎树桩要掌握重心。树桩攀扎的重心呈垂直状或略前倾，称"得势"。后仰则失势。树桩攀扎一年后，应拆去攀扎丝，因时间过长会嵌入树皮中，影响正常生长发育。

（2）树干的雕饰　树桩干枝表面的雕饰，是为增强老态和富蕴自然景趣。一般使用朽腐、雕刻、靠贴三种方法。

① 朽腐法：常用方式有两种。一种是从山野挖得的野桩，经受长期人畜和自然因子的摧残，本身已是干皮斑驳，心木朽腐，具洞孔，似如枯干，只要略加人工修饰，经1～2年养护成景，即可供赏。另一种是根据民间相传"干十年、湿十年，干干湿湿几十年"的树材腐朽规律，不同树种，材质有硬、有松，有易腐、抗腐之分。选择某些易腐树种，如榆树、石榴、三角枫、紫藤等，按照预定的造景构思，先用刀刮去桩干局部表皮，并凿去一部分木质部。活木雕凿，常因树液自生分泌愈伤组织液，凝固伤口，抵御腐蚀，盆景术语称为"蜡封"。因此，雕凿后，应立即涂上腐生质（蘑菇菌或腐生菌基质），用草包裹遮蔽，然后将桩棵放置露天，经受四时气候之变迁，让风雨吹淋，快则2～3年，慢则3～5年，材质朽蚀斑驳。而留存枝片，得自然雨露润沐，焕发生机，干皮增生，卷长，则古态形成，即可供赏。也有切割树桩的部分木质部，在割口涂上饴糖，引诱蚂蚁或白蚁啃蚀作窠，则一二年即能将树桩蛀造出许多孔洞，似如枯干。

② 雕刻法：即完全用人工雕刻的办法，用凿子、刻刀、烙铁等，在树干表面，仿自然形态进行雕刻造型。雕刻时，雕刻的沟、槽、孔、洞要符合自然朽腐规律，尽量避免规则形状，并按照木质纹理的特点雕刻。在定型修剪的造型中，留下的较大锯口或剪口，可用刻刀雕刻成自然疤痕状；雕刻的木质可用烙铁烙烧，力求自然、合理。而烙烧树桩时，要注意避免烫灼树皮；烙烧的焦痕，也应与自然柔和，避免显现生硬。雕烙后，用砂纸磨擦、贴盖青苔等手法，消灭斧凿痕迹。

③ 靠贴法：是利用枯死或半枯死的树桩寄贴活棵、再造桩景的办法。具体做法是在枯死、半枯死树桩或根兜的背部适当部位，竖刻一道深沟，沟的深度与宽度，与将要嵌进去的细树干相吻合；然后将预定造景树木的细树干嵌进沟中，用绳绑扎固定，外层再包以苔藓湿草。2～3年后，向纵横伸长，挤紧枯桩的深沟，两者密合一体，仿佛天生。伪装紧密得体，可使观者难辨真假。苏州对采用此法制作的桩景，称为靠贴式。

（3）根的造型

① 提根法：树桩盆景的露根，是盆景制作中对根部的加工，无论用何种方法加工过的根部，都要露一部分根到盆土之外，才能提高盆景的观赏价值和欣赏情趣。造型根的出露，俗称"鸡爪根"或叫"提根"。常用的露根树种，一般以发根力强、长速快的落叶树种为主，如迎春、六月雪、紫薇、三角枫等。露根应分几次（即几年）进行，根据各树种的不同习性，每两次之间间隔的时间，有半年、一年乃至两年不等，一般采取的方法有深盆高栽壅土法、深盆平栽冲水法和圆筒砂培法三种。

a. 深盆高栽壅土法（图6-5-5）：先将树桩高栽盆中，在根部周围壅培馒头形土堆，高

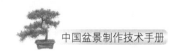

（一）第一年壅土栽培　　　（二）第三、第四年经3～4次扒土　　　（三）第七、第八年上盆

图6-5-5　深盆高栽壅土提根法

出盆面，壅蓄桩根不使外露。一年后，用小铁棒，自上而下一层层掏去表土；每掏一层后，间隔半年至一年再掏下一层；这样，将树根逐步露出土表，不致因突然出露而损害根表的柔嫩组织，能逐渐适应生长在越来越深的土层条件下，经2～3年后，结合翻盆，从深盆翻栽入浅盆，并逐步提高栽培高度；经2～3次翻盆后，桩根完全裸露，即可供赏。

　　b. 深盆平栽冲水法（图6-5-6）：将树桩先栽在盆中，栽深以桩根不露出盆面为度，栽后养护一段时期，待桩棵完全复活后，桩根便不断向盆底伸长。在每次浇水时，有意提高水壶浇水的落差，水冲根蔸处，将根部表层泥土逐渐冲走，则根桩逐渐显露，再通过翻盆，提高根部的栽培位置；周而复始，经2～3次翻盆后，根部完全裸露，形成露根，可供观赏。

（一）冲水前　　　　　（二）冲水　　　　（三）经2～3年冲水，5～6年后露根换盆

图6-5-6　深盆平栽冲水提根法

　　c. 圆筒沙培法（图6-5-7）：选40～50厘米深的圆筒，在筒的下部填上培养土约10厘米，然后把易发侧根、根伸长快的树种桩坯，栽入圆筒，再用河沙填满圆筒，并加强水分管理，待桩根在筒中生长伸入培养土土层内后，自上而下分3～5次逐步扒出河沙。每次扒

（一）圆筒沙培栽植

（二）经2～3年扒沙

（三）经4～5年扒沙

（四）上盆

图6-5-7　圆筒沙培提根法

沙间隔半年至一年。扒完河沙，去掉无底圆筒，桩根也就裸露土表，栽入浅盆，可供观赏。

② 盘根法：从小苗开始，培养根部弯曲奇态，使根群上方形成盘绕的曲根，盘根错节，特具佳趣。其法有三：

a. 人工盘扎：将小苗的几条长根挽缠在根蔸处，盘好后，栽盆培养，数年后，逐渐露土，状似龙蛇盘结，攀曲成趣。而根的攀扎弯曲，要求姿态自然屈曲，切忌规则、圆正。攀扎时，可有意勒伤部分根皮，增加根部露土部分的疤痕，使露根显得苍劲有力。

b. 石砾盘根：凡是耐瘠薄的树种，将其栽种在混有半数以上石砾的壤土中，经3～4年培养，根部长成弯弯曲曲之状，显现自然奇趣。露土后，交错盘结，自然耐赏。

c. 螺壳盘根：将小树栽在混满田螺壳的盆土中培养，螺壳内残存的有机物，吸引树根钻入壳内生长，经3年后，长成螺旋状弯曲的条条奇根。敲碎螺壳，露出曲根，具有独特的观赏意义。

③ 石附法：也是常用的桩根造型方法之一。一般选松质多孔、吸水性强的松软石料，作树根的生存体。先在石料上凿一些洞孔或透穿的穴眼。在较大的洞孔中填满肥土，将树桩的短根栽入洞穴中；长大的根，则栽入深部穴眼，深入石内土中；另外，将部分长根紧贴石表，呈抱石状。桩根附石后，将整个石块涂以调制的草泥，厚度以涂满树根、根不外露为度，经2～3年，根与石面贴合。用水冲掉草泥，附石之态，也就形成。

（4）修剪技法　苏州树木盆景的修剪，包括根、干、枝、叶、花、果六个方面。

① 修根：一是过于粗大的树根影响翻盆，需修剪。二是疏剪，剪除生长过密的根须。修根在翻盆时进行。

② 修干：修去影响树桩艺术造型的树干。多数是双干式或多干式中的等长树干、交叉树干或患病虫、枯死、影响美观的树干。一般在树桩整形时进行。

③ 修枝：一是在攀扎时剪去多余树枝，二是剪除徒长枝、平行枝、交叉枝及病虫枝等。修枝可在攀扎时进行，亦可在正常整形修剪时进行。

④ 修叶：主要是指修剪叶片（图6-5-8）。经绑扎后的枝条上不断萌发腋芽，幼芽长到3~5张叶片时，于小枝基部留1~2个芽叶，上下进行剪短，经多次修剪后，主枝上小枝不断增多，树叶逐渐形成片子，经2~3年叶片基本形成，可供观赏。叶片的修剪与树桩盆景的整体造型关系极大。另外，由于各种树木的生态习性不同，而其叶的修剪方法，也应随形应变。

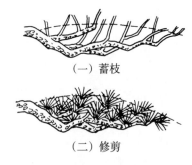

（一）蓄枝

（二）修剪

（三）成型

图6-5-8 枝片定型修剪示意

苏州树木盆景的叶片造型，大体成不规则片状，具有一定的厚度，叶片中部略高，呈馒头形，边缘则顺乎自然。但也有不成片状的叶片造型的。如石榴、梅、枸杞、南天竹、迎春等。这要根据它们的生态习性采取相应的修剪方法。

⑤ 修花：由于各种观花树种的生长习性不同，其修剪技法也各异。如杜鹃花应摘除残花；梅花、紫薇，花后应剪去梢部花枝。这种整形方法，除减少树桩营养消耗外，还可增加美观。

⑥ 修果：一是摘除病虫害果；二是去除无观赏价值的果实，如黄杨、雀梅、三角枫等的果实。对果的修摘，不但可提高观赏价值，而且能收到减少养分消耗、清除病虫的效果。

（六）岭南派盆景制作技艺

1. 选坯

选坯是制作岭南派树木盆景的开始，也就是决定作品的定向、前景，是创作作品的开始。选坯多在每年大寒后、清明前进行，因为这段时间是挖掘树桩的最好时期，成活率高。那时，有的是在山间村夫从深山郊野挖掘出来后，拿到集市摆卖的树坯（俗称落山树）中去挑选；有的是三五知己，带着工具到附近郊游踏青自己挖掘树坯；或到树坯专业户那里，根据各自喜好去挑选。如发现称心如意的树坯，千万不要忘乎所以，要注意如下几点。

（1）根据气候，挑选树种　种植岭南派树木盆景，季节气候十分讲究，因为，天气的温度、湿度等对树坯的生长有着决定性的关系，例如：大寒后适宜挖掘、种植雀梅、榆树、红果、山橘、罗汉松；到了3、4月间适宜挖掘、种植福建茶、九里香、水横枝、山格木等。适时种植的树桩成活率高，否则成活率甚低。

（2）坚定自己的创作意向后选坯　选坯时，必须根据作品的前途以及自己喜好的树种、造型去挑选。比如喜欢制作大树型，则挑选树桩矮壮、树干嶙峋、根系发达的坯头；喜欢直干型的，则挑选直而高的树坯；喜欢悬崖型的，则特别注意挑选桩头跌宕、弯曲自然的树坯，决不可牵强附会，否则弄巧成拙。重要的是，一件作品，从改坯开始到制作成功，要经过一段漫长的年月，付出不少辛勤汗水。从选坯直到制作成功、摆设欣赏，对作品都要一如既往，恒心不变，钟爱不移。反之，选坯时已是模棱两可，三心二意，牵强制作，这样，作品未到成功已是见异思迁，感到厌烦，挑选到再好的树坯也是白费。这样的事例，在初学者身上屡见不鲜，浪费了好的树坯。

（3）选择挖掘时间短的新鲜树坯　认准了树种，选定了气候，确定了创作意向，遇上好坯时，还要仔细挑选挖掘时间短的、新鲜的，也就是成活率高的树坯。一般情况下是细心观察根口的干湿程度，再看树干的光洁度来判断。最稳妥就是挑选带叶的树坯。挑选成活率高的树坯是制作岭南派树木盆景最关键但又最难掌握的技巧，必须向有经验者多学多问，通过自己反复实践，才能做到得心应手。

2. 定位

定位是具体制作的第一步，也就是关键的一步。手上得到了称心如意的树坯，要动手制作，必须要进行准确的定位。往往有不少制作高手，慧眼识珍宝，把一件看似平凡、无人问津的树坯，通过定位改坯，创作出极高水准的作品，但有一些人手中虽拥有好坯，却因定位不准，制作时胡乱锯截，终成废品。

定位，就是说要根据自己的创作思维，制作造型，树桩的长势，特别是树干的嶙峋坑稔，树纹树理的气度（俗称树气）是否清晰流畅壮观，桩头根系的长势是否有霸气（俗称靴霸），从而确定树桩的最佳观赏面（俗称"黄金点"），以此为基点决定整件树坯的树干高低、枝托分布、根系布局等的去与留。在处理根系时，切忌盲目随意，必须认真观察树干与根系的吸水联系（俗称水气），避免因断水而影响其成活率。

3. 截干蓄枝

这是制作岭南派树木盆景的最基本但又是最重要的创作手法（图6-6-1）。从改坯到作品最后形成，都必须围绕这种手法去进行。截干蓄枝技巧掌握程度的深浅，运用是否得当，是决定创作作品水平高低的关键。正所谓百年陶一锯，十年磨一剑，易学难精。一锯一截，一剪一枝并非三朝两日功夫可成，须经千锤百炼方可成功。

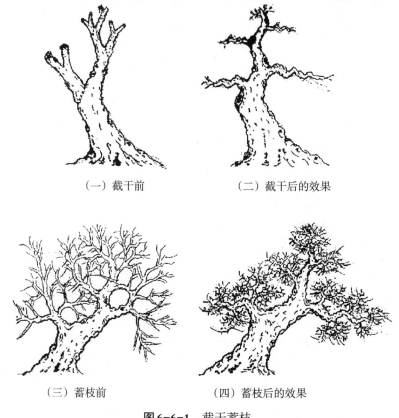

（一）截干前　　　　　　　（二）截干后的效果

（三）蓄枝前　　　　　　　（四）蓄枝后的效果

图6-6-1　截干蓄枝

（1）截干　简单地说，就是指把不符合造型及创作要求的树干树托锯掉或锯短，使树干树托按照创作设想的部位萌出新芽，作为树顶、树托的第二节；待到切定的新芽长到构思的粗细比例协调时，作为树干的顶部或树托的弯部；如此重复裁截，使树干或树托弯曲有序，按构思的方向延伸，从粗至细，根据比例缩龙成寸，创造自然树型的缩影。加上每截每段的切口经精心培育而逐步愈合，形成古树"马眼"状，显得十分苍劲古朴。截干后，必须注意立刻把切口封闭，以利切口愈合。

（2）蓄枝　简单地说，就是指在作品的树干、树托长到理想的雏形时，把长在树托上的多余的横枝反复不断地按构思的要求剪掉，如此交替地剪去再长，再长再剪，一曲一段地蓄养成型，或成鹿角枝，或鸡爪枝，或自然枝、跌枝、回头枝、大飘枝等。岭南派树木盆景的枝是作品神韵、野趣的体现。枝条互相争让呼应，顾盼传情，疏密有序，从作品中体现出"一枝一叶总关情"的神态和做到每枝每托独立成景，这就是一件成功的作品。

制作岭南派树木盆景，除以上方法外，根据制作需要，还可采用雕凿法、挑皮法、打皮法、打木砧法、带枝法、丁字枝嫁接法、直枝嫁接法、头根气根嫁接法等。通过上述的制作手段，利用创作技艺，填补树桩的缺陷，使作品做到尽善尽美。

（1）雕凿法　就是把树桩躯干不符合创作要求的多余部分或影响创作构思、影响作品造型的横托横枝在改坏时及时凿去，使其不会影响整件作品的美观协调。另外，就是在改坏整形，采用截干法修整树坯时，将锯后留下的伤口用木把铲刀，将伤口凿成稍稍的圆拱形状，而且要光滑清洁，然后涂上伤口愈合液（一般可用乳胶漆），再在面上用塑胶薄膜封盖，用绳索缚扎好，主要目的是避免伤口外露，防止树桩水分蒸发以及预防水透入伤口，影响愈合。伤口雕凿、包扎处理得当，愈合完整，日后包卷成"马眼"状，使树干显得格外古朴嶙峋，增加作品的美感。过去曾有作者故意凿伤树干，人为制造"马眼"，达到表现嶙峋古朴的目的；但无故伤树，影响生长，此法并不可取。

（2）挑皮法　就是把树干稍有凹陷部位、影响树体的完整，或觉得树干表皮某部位过于光滑、不够嶙峋，则采用挑皮的方法加以整形。在需要整形部位，顺着树纹，用利刀将皮层切开，轻轻地把皮层挑离木质，使整形部位皮层与木质稍稍分离，等生长到一定时候，被挑的伤口逐渐愈合，便会出现隆起现象，或出现由于隆起，造成表皮高低错落的坑稔状，使得树干突兀嶙峋，坑稔分明，十分古拙。但操作时必须十分小心，绝不能把皮层挑断。另外，挑皮只能在小部分位置进行，不宜大面积加工。否则，伤口无法愈合，致使树干毁烂，弄巧成拙，使作品树干报废，十分可惜。

（3）打皮法　与挑皮法的原理、作用差不多，即用人工使部分皮层脱离木质而愈合隆起，达到创作构思的效果。但打皮法要比挑皮法更为小心操作。适合用较硬木质制造的木锤进行敲打。敲打力度必须均衡有序。捶打时要准确有节奏，要分段有隔距地敲打，不宜一次性接连进行；如需打皮部位较长，则应分两次锤打，待第一次打皮部位伤口基本愈合，才对因隔距而未打部分进行捶打，以免伤口过长而影响愈合，造成树身毁烂。

（4）打木砧法　就是在创作的树桩某部凹陷过深，影响到整件作品的美观协调，用挑皮法及打皮法都不能达到目的，而树桩确有非常好的创作前景，那时就需要使用打木砧法。先用直口利刀在需进行加工的凹陷部位，顺皮层方向凿一深至木质部的裂口，然后用较硬木质造一个与裂口同等宽的木砧，厚度看树干凹陷部位需隆起的要求而定（但不宜过厚），顺着凿口的裂缝轻打进去，使表面皮层隆起，但绝不能把皮层逼断。打进的木砧末端露出部分需预留多少，要看凹陷隆平需要，并考虑树皮伤口愈合包卷能力而定。伤口要用薄膜包扎好，以防进水，影响伤口愈合，达到填平凹陷部位又不留人工斧凿痕迹的目的。

以上几种方法，是用人工填补树干的自然缺陷，但要使加工伤口愈合好，形成嶙峋结节、坑稔明快的树干树纹、苍老的"马眼"形状，达到填补缺陷、增加美感、相得益彰的目的。制作时，一要选择树桩生长旺盛的时候进行，充分考虑树干的承受能力和伤口愈合能力。另外，只适用于皮层较厚、愈伤性能较强的树种，如朴树、榆树、榕树、福建茶

等。若皮层较薄的树种，如红果、九里香等也可制作，但必须十分小心，否则难以成功。

岭南派树木盆景常用的嫁接方法有以下几种。

（1）丁字枝嫁接法（图6-6-2）　一件成功的岭南派树木盆景作品，不但是树干躯体雄伟轩昂，有气度，更重要的是枝托部位分布合理，疏密适宜，起到整件作品的平衡作用。往往挑选到十分满意的树干，但萌芽部位不一定理想；反过来说，即创作构思部位日后长不出枝托，成为整件作品的缺陷，这就须在缺陷处采用枝托嫁接方法，接上枝条，以求平衡。目前岭南派树木盆景制作技巧的枝托嫁接法虽有很多种，但比较理想的还是丁字枝嫁接法。

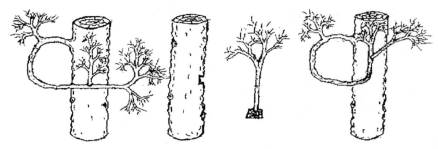

（一）横丁字枝嫁接法（二）接驳口（三）丁字枝切口（四）直丁字枝嫁接法

图6-6-2　丁字枝嫁接法

首先是选条，一般选用创作树桩本身生长旺盛、没有虫害的枝条，或其他同一树种生长旺盛的枝条（大小一般在直径5毫米左右），选其有横枝，即形成丁字部位进行嫁接。

然后用利刀在所需嫁接位置横开或直开一凹型（横嫁接按横开，直嫁接按直开），切口大小按嫁接的丁字枝条大小而定。同时将丁字枝需要嫁接处（横枝底部）切成与凹型坑槽大小的榫条型，大小以套进凹坑槽紧迫为宜，深浅度要根据接驳口与接枝相互皮层是否吻合为准，绝不能有间隙，相互分离。用绑扎或其他方法把它们相互紧紧固定，千万不能移位，以免影响丁字枝梢的成活和接口愈合。再用塑胶薄膜密封绑扎好，以防水分浸入。待生长到一定程度（3~4个月），相互皮层连接，接口开始愈合，即丁字枝可以脱离本身生长的树体，靠嫁接愈合后的树体供给生长养分，然后嫁接横枝，枝梢按前后次序分两端逐段剪去，不久伤口便会全部愈合。

丁字枝嫁接法的好处是嫁接成活率高。接口处能克服其他嫁接方法留下的接痕（俗称脐带）缺点，接驳得当，愈合到一定时候，便看不出人工斧凿的痕迹，增添了作品的大自然美感。借用此法，可创作出称心如意的佳作。

（2）带枝法　创作岭南派树木盆景，主要靠截干蓄枝的制作手法，但有时为了加快速度，在所需部位不用蓄枝填补某处空隙而采用带枝缚扎方法。但必须注意力度均衡，防止用力过度而造成断枝。较稳妥的方法就是将需带枝条采用欲弯欲扭，反复摇扭多次，使枝条木质松软后，就可以根据构思进行弯曲带枝缚扎。

（3）头根嫁接法 岭南派树木盆景，突出特点是刚劲雄伟，根基沉稳。以上特点均体现在作品树桩的头根布局。如果作品的头根布局不匀称，分布不合理，这件作品就失去雄壮沉稳的特点。好的树桩躯干，没有好的头根，实是一大遗憾。可采用头根嫁接法填补头根部位的缺陷，提高作品的自然美感。

挑选一株适合要求，与需要进行嫁接的树桩同一树种的壮健小树，清除其根部的泥土，把细根（俗称须根）剪掉，用利刀将靠接部位削至木质；然后，把需嫁接的头根部位的树桩头部泥土挖开清洁好，用利凿在嫁接位开一与靠接小树大小的嫁接槽，把准备嫁接的小树对准相互皮层嫁接进去（注意必须相互皮层对准吻合）；用铁钉或其他方法牢牢地固定钳紧，用塑胶薄膜密封包扎好接驳口，填好嫁接小树根系的泥土，浇足定根水。嫁接好后注意不要把嫁接小树的枝梢全部剪掉，要适当保留部分枝梢，以维持靠接小树的正常采光生长，提高嫁接伤口的愈合能力，须待到嫁接伤口愈合后才逐步剪除。头根嫁接得心应手，可增加作品的自然美态，提高作品的艺术效果。

4. 摘芽

摘芽有两种，一种是基本成型的树桩作品长到一定程度进行蓄枝裁剪后，重新萌发的新芽，要及时清除摘掉不适合创作构思要求的新芽，避免芽叶多而加重树桩的养分负担；避免过分密集，造成互相遮挡而影响作品的生机。第二种是栽种刚从山野或田间挖掘的树桩坯头，种植后所长出的新芽；这些嫩芽切莫急于摘掉，要待嫩芽长到一定程度，才能按创作构思需要摘芽。因为，第一，新挖掘的树坯由于挖掘时对根系进行了修剪，吸水能力有限，必然影响生长，此时，正需要树干长出芽叶，吸取阳光，加强光合作用，促使根系迅速增长，从而加速整株树桩的生长。第二，由于栽种的是坯头，如果过早地摘掉认为不需要的嫩芽，若遇上树坯生长较弱，或遇虫害侵蚀、风吹、人为损毁等多种原因，造成留下的嫩芽枯死（俗称缩芽），那时，原出芽部位不会再长出新芽，破坏了整个创作需要。所以，必须待到嫩芽已经生长旺盛，经过一段时间后，才可根据创作构思需要逐步摘去多余的芽枝，以防万一。

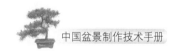

（七）海派盆景制作技艺

1. 造型前的准备工作

（1）工具材料的准备　造型前要准备好各种专用工具，比如：制作盆景用的手镐、起子、锥子、木工锯、各类剪刀、电动打磨机、小型电动手刨、刷子等用品。现在日本、德国、美国等先进国家对专用园艺工具（产品）的开发与利用，无论在品种上还是用途上，都已经走在了我们的前面，像日本产的专用枝剪刀，就有几十种之多。平口剪、弯口剪、枝剪等不胜枚举，这无疑会对创作过程的顺利进行，起到相当有用的帮助。

图6-7-1 树的各部分枝条，在风、光照、碰擦、僵持中显示的原生长姿态，为日后的进一步修整、造型等创作过程定下基调

（2）初步构图　一件成功的作品，吸收汇总了自然界各种树材的奇特之处，并在基本框架内常常显示出灵性。自然界大树古木的总体树冠构成了下大上小的不等边三角形关系，其下部枝条为了争夺阳光而横出生长，又受重力压制而逐步下垂；上部枝条处在受光面最足的范围，无遮挡阻碍而呈上仰之势；中部枝条处在两者之间，平曲或略仰，形成了不同枝条的伸展姿态（图6-7-1）。另外，树木生长到一定的高度，上部枝条及顶梢抗击自然的自我保护能力逐渐减弱，许多小枝的生长受到阻碍，于虬曲变化之中体现出刚柔折线，那伟岸的树身受风力吹拂，枝条在摇曳、碰撞、僵持中显得短小遒劲，这些都成为海派盆景立意构图的借鉴依据。

盆景作品的造型形式取决于实际的构图效果。合理的构图能把作者的创作意图与欲望用生动的形式表达出来。一般而言，待树材确定后，对于怎样的盆景题材，怎样的表现方式，都有一个大致的构图框架。无论面对的树材多么粗犷与野性，作者都会根据审美的需要，借鉴自然界变化万千的树木造型姿态，对所选树材加以艺术审核，或依据自己的生活实践、创作经验，选择最恰当的、最具美感的，又合乎自然生长规律的构图方法，用于具体形象的高度提炼与概括。当然，在实际操作中，随着树材的大小、平衡、疏密、藏露、开合、明暗等关系的不断应对变化，也会相应地调整抽象的形象思维，使构图趋于明朗。

盆景构图要在许多"个性"之中完成"共性"，就必须对树材的原始条件进行一番审视与评估。比如：树材的根、干、枝、顶作为一种个性现象，随意地结合在一起，往往体现不出整棵树形的共性，又不完全具备理想的构图模式。有些时候，它们的个性多被相互冲突、相互掩盖，而发挥不出树材的共性特点。重叠的树干、繁密的枝条纵横交错，杂乱无章，为了各自的生存相互排挤，这样的个性美也就会黯然失色（图6-7-2）；而重新构图，就是要使这些矛盾冲突得到更好的化解，使交错俯仰的线条，能井然有序地相互协调起来，把掩盖掉的个性美释放出来。

为了不使构图拘于形式，在仔细揣摩原始树材的过程中，也不能过分地强求原来的阴阳向背之分或单纯地依赖于外形轮廓，而忽略了对最佳角度的审视与选择，包括根、干、枝、顶梢的全盘考察与比较。要扬长避短，有所取舍，才能寻求一种比较折中的，既能表现树材的独立个性，又能把个性美巧妙地糅合在一起，具备共性美特征的新的构图形式。毕竟，盆景构图不是简单地、不加选择地照搬自然界的树材形式，而是根据创作

图6-7-2 野外采掘的原生态树种，虽然葱郁纷披、雄伟健壮，但其个性美常在相互冲突中被掩盖，图中树干重叠、枝条繁密、纵横交错、相互排挤

内容的需要，对材料的特性加以艺术提炼，才能达到创作要求。

（3）艺术疏剪 造型前的疏剪清理，本身是一种艺术处理手法，是为造型服务的，它不同于普通树木的修剪，只要求通风透光、重心平稳、生长良好；而是更多地利用原始树材的苍古、野性之美，去完善艺术构思过程。及时对纷繁的线条、凌乱的层面进行疏导、修剪，会使构图清晰明朗、主题凸现。修剪时，可根据主干的走势幅度，选择顺势发挥还是逆转行走，或对枝条的长度、展开的角度等距离位置感的判断，要精准确切，简练实用；否则，宁可多保留长枝或层片，留作备用。

对于一些干扰创作思维、妨碍造型节律的无用、障碍之枝或病枯、僵弱枝可酌情疏剪。一些野外挖掘的树材，其树冠内侧多枝条密生，交叉、徒长、残枝比比皆是，造成比例失调和生长紊乱，枝条上仰急促，枝片层次相互重叠，则更应疏剪。修剪时可由下往上，逐步修整梳理，必要时，可强势疏剪，只保留骨干枝条，作为盆景造型框架，抑或能收奇效。

2. 造型技巧

海派盆景的创作形式众多，且富于变化，在创作模式上也因人而异，显示出独特个

性。因此，创作的表现手法也多姿多彩，有喜欢表现质朴、浓厚、粗犷的，也有喜欢表现细腻、精巧与灵秀的，都能倾注不同的生活感受和情绪，通过手法，表现在作品的形式与内涵当中，使作品深刻、动人。

盆景作品不是以素材好坏决定优劣，而要审其艺术加工水平之高下来衡量艺术性之高低，如果能在创作活动中扬长避短、因势利导、善于发现加工对象的优势，又能顺乎自然之理，巧夺自然之功，这才是水平。

盆景造型是以树身的骨骼线作为内衬支架的，造型线条宜气势贯穿一气，要从沉着、严谨中求熟练、拓发展，逐步达到线条的生动、灵活、多变和统一的效果，而熟练的造型技巧就是能在创作过程中较好地处理"平衡、疏密、开合、藏露、曲直、动静、大小、夸张"等各种矛盾关系，使作品的形体美更加完善，也更耐人寻味（图6-7-3）。可见，技法的熟练运用对于造型来说，作用相当明显。当然，肆意生雕硬凿、东弯西扭、生搬硬套而违背自然规律，则是对自然美的扭曲，对艺术美的歪曲，此法不可取。

（1）各部位的整枝技巧　整枝技术与技巧的运用变化有关。对于枝干的穿插变化、曲折转换的内在声势，都应视树材的大小粗细、苍老柔嫩及根、干、枝相互间的位置比例等具体情况区别对待。

图6-7-3　原生态树材中所蕴含的"平衡、疏密、开合、藏露、曲直、动静"等自然性

① 根的作用：根能显示年份与力度。它不仅体现在观赏方面，还更多地被用来提示一种生命气息。盆景当中的根多裸露蟠曲，犹如鹰爪般牢牢攀附于土石空隙之中，汲取甘露，只为生存。根要藏露结合、内外并蓄。根的走势要明快不滞，形状则应取其圆润，要有"石罅引根非土力"的内在神韵。在提根或梳理时，要依顺主根系的走势合理分布次根，并尽量保持好主根，切忌用尖锐工具刨削或轻易地将根裹泥土抖松抖光，以免伤及根须。特别是苍老之根，因其木质化程度甚高，损伤后很难愈合，还会影响到根的呼吸循环系统，对树材的生长造成伤害。

② 主干的造型：主干的造型决定了盆景的形态与走势，造型时，多借鉴原始树材的一些特性，多顺势利用主干的走向，或依据大小粗细、苍老柔嫩的不同性状，能曲则曲，不曲则直。主干要透射出力感美，因为力感源于形，又依赖于势，这是规律。主干的造型要取"势"在先，而后在于它的曲直变化。主干的曲直变化要宛如游龙，或直或曲；要直中

有曲，曲中有直；要似直非直，似曲非曲；力求做到干的简略、圆润和婉转，以此表现老干弯曲遒劲的动态变化。

③ 枝、片造型：枝的造型曼妙多姿，有俯有仰，有深有远，疏密参差，顾盼生情，富于变化。大枝多直，小枝多曲，它的倾斜向下，转折屈伸与生长结构、前后穿插有关。干作为独立存在的主线条，它的走势引导了侧枝的虬曲变化。在造型时，枝杈的错综交叉要杂而有理，它的高耸曲折、俯仰、欹斜、横竖等外形，皆与主干相呼应或顿挫合宜，枝的起承转合，要有淋漓、畅快的艺术效果，并能让枝干舞动起来，塑造一种新的动态氛围。俗语说："枝宜繁、干宜简；枝宜动、干宜静；枝干须求圆、圆中宜有转、有圆必求转"，就是指在与主干的对比变化中，将"动静、刚柔、简繁"等关系表达出来。比如：

a. 临岸倒起之树，枝宜向上。这种题材的树，长时期浸淫在湖泊、水岸、荒滩之地。其根系多受水流洗礼和雨水冲刷，重心产生偏离而倾斜，后植物又受光合作用，枝片恢复向上自然挺立，重新确立新的生长重心。此形式多可以制作成临水式盆景或水景一隅的水旱盆景。

b. 崖顶高悬之树，枝宜倾斜而下。在高海拔上生长的野生树种，其主根系多攀附、扎根于悬崖峭壁的岩石缝隙中，长此以往的恶劣生存条件，练就了抗干扰的能力，即便整个树身倾斜失重，也能够生长依旧，尤其像天目松、黄山松、泰山松之类生长在绝壁险峻中的树材，适宜制作成半悬崖、悬崖之类的松树类盆景题材。

c. 矮而曲折之树，枝宜盘曲。有些野生树种在长时期大气压力的环境作用之下，或峰谷回旋的迅猛气流侵袭干扰中，树干逐渐矮壮盘古，躯干奇特蟠曲，姿势抑扬顿挫，形成奇妙无比的景观。此形式多用于柏树类盆景题材的创作，如曲干式盆景。

d. 古奇之树，枝宜怪异灵透。古时由于造园的需要，好多山地的奇特怪诞之树被移植到平原地带，用来点缀于豪宅名园之中，或选址绝佳的自然景地，开辟和建造活动场所。被移植的这些树木，姿态曼妙，灵气各异，古朴端庄，有常绿类的，也有落叶类的，尽显自然界之奇异景象。这些形式适宜制作成大型的落叶类树桩盆景，而且不受特定形式限制。

e. 苍老之树，宜多小枝横生。山野丛林或险滩沟壑之树，多生长于恶劣的自然环境中，为了求得生存，不断地与大自然相抗衡，而造就了避实就虚、奋发进取的生长规律，使得这种条件下的树材显得异常苍老，而多枝节横生。此形态树材是最好的盆景材料，制作余量大，范围广，适宜做各种式样的盆景形式。

f. 耸直之树，枝宜旁逸斜出。自然界的树木形态各异，而在平原上的落叶类树种多耸直秀挺，其枝片由于受地球引力、磁场等作用，在生长到一定阶段后受重力影响会自然下垂，旁逸斜出，这种形态高大挺拔，铿锵有力，显得进取、洒脱，非常适合制作直干式、高大型的树桩盆景。

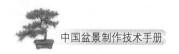
因此，枝的虬曲变化，皆从主干动态而出，要干、枝结合，气势统一，才能符合自然之理。

枝的结合可以成片，但枝片不宜过密，过密则繁。近的枝片要紧敛，远的枝片可散布。主侧片不一定讲究气势，但要与主干的动态造型相符，多取厚实。其余侧片应注意衬托，或协调上下、左右，或弥补缺憾，片与片之间的穿插组织和安排，要轻重结合，大小适宜，才能显示均衡。顶片要重叠有序，富有层次，在簇簇的变化当中，营造一种动静感和韵律感。

（2）绑扎技巧　金属丝的绑扎起固定作用，这种绑扎技巧虽有一定章法，但无捷径。

主干在绑扎时，选用适当型号的金属丝，斜向插入根背部的土壤里，缠绕时紧贴树干皮层，呈45°～60°夹角盘旋（图6-7-4），充分利用金属丝的柔性与张力，稍带手掌压力，按旋扭弯曲方向，一手上绕，一手紧跟后撤，防止金属丝的游动、松弹。对于一些弯曲角度大的主干，可先用麻壳、棕片等保护性材料包裹，以避免皮层扭伤或断裂。金属丝的缠绕方向要与包裹材料的所旋方向及干的扭曲同步（图6-7-5）。这样，在受力时可最大限度地发挥金属丝的握紧力度。对于更粗更硬的干的弯曲，除了利用弯干器外，还可在树干所要弯曲受力的交叉点施行纵向穿刺，使此处的部分木质部撕裂，干体松化柔软，便于造型弯曲（图6-7-6），但此方法应尽量避免。

另外，也可选取金属丝吊缚法，将枝干皮层受力处用竹片、布片、胶管等作保护，以免嵌入皮层而造成损伤（图6-7-7～图6-7-9）。

图6-7-4　金属丝在枝及梢处留出一段
作杠杆，便于造型，完成后回压剪除

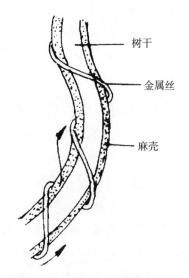

图6-7-5　包裹麻壳，缠绕金属丝，
枝干的旋扭方向，三者要一致

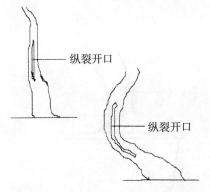

图6-7-6 纵裂开口要顺着弯曲方向的平行面进行，如果与弯曲的平面呈90°夹角，那弯曲时枝条就会造成折断

图6-7-7 吊缚加固定

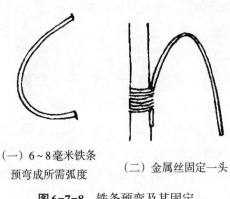

（一）6~8毫米铁条预弯成所需弧度　　（二）金属丝固定一头

图6-7-8 铁条预弯及其固定

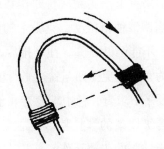

（一）将枝干弯到与铁条同弧度，吊缚固定

（二）剖面图，干部放一或二根铁条固定

图6-7-9 吊缚固定

主干弯曲时，应十指并用，尤其靠两手拇指运力旋扭，并且根据干的软硬特性，决定手腕、手掌的用力范围或弯曲角度的深浅，慢慢地、谨慎地朝设计中的弧度递送。对于嫁接成型的主干弯曲要十分注意接口的保护，稍不留神，就会导致愈合口的掰裂（图6-7-10、图6-7-11）。有些时候，干的弧度并不一定能弯曲到位，而要通过几次的提拉适应后，才能达到理想界限，这时，千万不可性急或用力过猛，一旦超过树干本身所承受的弹力限度，就会撕裂或折断。如果断裂三分之一以内，还可设法弥补，待干的断裂处作复位处理后，将材料固定起来，并尽可能不在原位弯曲用力。否则，枝干虽不至于枯萎死亡，但它的生长性能必定受到影响。

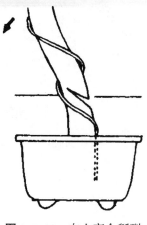

图6-7-10 向左弯会掰裂

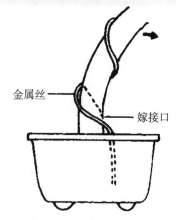

金属丝

嫁接口

图6-7-11 向右弯曲不易掰裂

如果主干确实无法弯曲作势或达不到理想要求，可以考虑将主干倾斜至某一动态，或者适当调整种植角度，克服干的僵直不足。造型时，主干的正面曲折要含蓄收腹，似迎合姿态，不能凸肚立胸，往外排斥，显得别扭做作。弯曲的角度从侧向正面看应与盆边呈30°夹角为宜，避免弧面与盆边平行的弊病，又可增加干的层次厚度（图6-7-12）。总之，干的造型要平中求奇，稳中求险，并于静稳之中传达动态韵律。

各级枝条的绑扎整形是造型成败的关键。枝的绑扎秩序要按"先主后侧、由下至上、由内至外"的步骤运作，前后左右的枝条要逐步改造，逐层辐射，逐渐完善。枝条的虬曲变化，不只在平面作用，还要考虑到高低起伏，即便如此，所采用的技术步骤也要及时地互为调整。这样，才能很快验证设想中的造型姿态。枝条的处理除了有意识地安排聚散疏密，还要考虑生理、生态的合理性和造型中所要担负的作用，既要造型的效果，又不会相互干扰、相互掩盖。侧枝的作用还在于调整重心或尺度；互生或对生的枝条，不要出现在同一平面上或同一直线中，要高低错落、参差不齐，显示出差异。

在实际操作中，常会因许多重叠枝或平行枝而无从下手。其实，处理重叠枝或平行枝的最好方法不在修剪截除，而在于如何调整它们间的相互关系。有时可以做上下左右的调整，有时可以变换出枝角度，有时通过弯曲度进行长短变化。

由于枝干的自然屈曲受生长因素、重力、引力等作用的影响很大（图6-7-13），主干凸弯处多是主侧枝的着生点，此部位阳光充足，长势茂盛，出枝有力，造型绑扎时，要多注意层次的衔接、疏密变化和相对平整度，构筑的枝片要起伏跌宕，充满活力，才能配合主干造势。主干的凹弯处多着生辅枝，因透光不足，长势显得瘦小单薄。因此，绑扎时要相对集结细小弱枝，多取厚实，而不能因过分的层次变化忽略了与主侧枝的协调顺从关系，这样会脱离群体，显得孤傲。

图6-7-12　侧看树干厚度

图6-7-13　枝干弯曲受多因素影响

　　枝条的定型不是靠一两次造型绑扎便能完成，对于细小枝条，因其生长速度快、木质化程度低，一旦拆除金属丝，生长便会失控。此时，必须用金属丝再次整形。整形时的操作方向应和原缠绕方向保持同步，但要避开原始的缚扎痕迹，让造型重新纳入人为控制的轨迹生长；待一定年限，枝条就会曲伸自如，达到创作造型的理想艺术境界。

3. 操作手艺

　　在造型中，为让树材具备某种自然野趣的品性与特征，常会利用某种工具对树材进行特殊的加工处理，或交换互用各种手艺如劈、凿、雕、刻、撕、磨、碰、蚀、染、灼等，来弥补神态上的缺憾。

　　（1）劈　用锋利的器具，劈斩多余部位的树干或对某一处进行创面修复与调整，此法易留下人工痕迹。

　　（2）凿　用木工凿对枝干等进行修饰，使原有平面凹凸起伏。

　　（3）雕　用刻刀仔细雕琢树材，使枝干古枯空灵，符合自然之理。

　　（4）刻　与雕的技法相同，刻下年轮印迹等特征。

　　（5）撕　用虎钳撕脱树皮及纤维组织，如丝状一样，使枝干苍劲有力，自然妥帖。

　　（6）磨　手工机械的打磨能使加工部位光滑婉转，并掩盖人工火气，使创面自然圆润，状若天成。

　　（7）碰　在表皮处用锤等钝器磕碰，进行人为刺激，造成树瘤疙瘩的奇特现象。

　　（8）蚀　用酸性物质处理加工的木质部位，可以防止此处老化腐蚀。

　　（9）染　用硫磺等化学合剂涂刷枯老枝干，使其古朴自然，以增强枝干的质感和色彩。

　　（10）灼　用热量对树材的某一部位进行烘烤或吹拂，来模仿火烧霉生造成的古貌，使

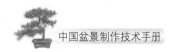

之变得自然古朴，极具野趣。

以上仅是一些特殊的加工手艺，真正要获得一盆好的作品，必须通过合理的构思、熟练的造型技法来完善形态和韵味，如此，创作才会成功。

4. 创作实例

（1）造型改制经过（图6-7-14）

树种：五针松。

创作时间：2000年1月。

规格：改制前：122×65×95（厘米）；改制后：98×72×77（厘米）。

树龄：约50年。

① 造型前树型

a. 枝片上仰反弹严重，杂乱无序，构图不清晰，左右枝片平衡无重点。

图6-7-14　五针松改制过程(施国平作)

b. 主干与顶片呈90°直角，主干僵直无活力，呆板不自然，动势感不强烈。

c. 顶片肥大厚重，无层次，比例失衡，与其他侧枝无连贯，各自为政。

d. 树体的垂直高度与主侧枝长度相等，主题表现内容不明显。

e. 前后层次重叠，缺乏纵深感，透视效果不明显。

② 拟改变的构图模式

a. 降低主干的垂直高度，突出主侧枝片的飘逸度。

b. 截去右下方2根粗枝，使其空档拉开，下部视线进一步开阔。

c. 主干向左倾斜15°～20°，完成主侧片的动态走势。

d. 枝片稠密芸生，层次梳理均衡，与大侧枝相呼应。

e. 各个枝片的前后层次伸缩自如，加强构图的进深感。

③ 构图依据

a. 盆景主体向左倾斜，可以改变原有的主干僵直状态，加大主侧片的飘逸程度，使枝、干曲直相间，充满新的活力，通过主侧片的走势，加深主题的表现内容。

b. 降低顶片的高度，改变了原有的方形构图，新的构图以横向形态方向去扩展。

c. 截去右下方2根平衡枝条，留出空隙，可以改变顶片的原有高度（顶片下压至小于90°的状态），又可以减轻右方的重量，使左右分量相对均衡。

（2）创作实例　造型改制的经过（图6-7-15）。

① 原树形姿态

② 上部层次

③ 顶片分布改造

④ 改造后全景

图6-7-15　五针松改制经过

树种：五针松。

树龄：40余年。

规格：改制前：90×77×70（厘米）；改制后：65×59×56（厘米）。

创作时间：2001年3月。

① 造型前形态特征：此五针松形态分上下两部分，略近似于斜干式盆景，虽历年修剪、摘芽，但整体仍显毛糙，树形过于庞大，使得主干之苍老、有力的特点被完全掩盖，干与枝片的衔接等比例严重失衡。

② 造型目的：拟重新构图，压缩整棵树形规格，设法使其轻灵、精干、洒脱。

③ 改造部位

a. 顶片硕大，似伞状蓬生，有头重脚轻的感觉。

b. 层次凌乱，无虚实、高低、前后之分。

c. 缩小蓬径与树干的比例差异，突出树干的苍老之态。

d. 改变主干的呆板之态，表现最佳的弯曲效果。

盆景不同于盆栽，在充分表现艺术形象的同时，被赋予特殊的生命气质。因此，它的种植要求，不仅要符合植物的生长延续性，还要兼具艺术观赏性。

5. 树木盆景的种植与点缀

（1）种植位置（图6-7-16～图6-7-20） 桩体的种植，关键在于盆中位置的安排落实。盆景的种植位置主要是指盆内的造型姿态、角度、深浅以及构成的空间关系是否符合整体美要求。

对于静态的、动势不大的桩景，处在盆的中心位置，能使四周的空间产生均衡，有平中求稳、高大雄伟、永固坚定的感觉。对于动势强烈的桩景，其种植位置应偏两侧，而不宜置于中心部位，否则会有失重感觉。动态造型的盆景，为了打破画面的平衡，而使种植位置偏离中心区域，有险中求稳的艺术效果。

图6-7-16　盆景树枝分布合理

多干栽种于一盆的，则在盆的三分之二处确定最佳栽种位置，即主体树干，其余各树多寡参差，务必使左右、前后、上下呼应连贯，成一个整体，并不断验证各种变化对比关系，使其交换更自然得体。

（2）种植方法

① 种植前可先放入预备的空盆内作效果比较，以此确立平面与立面的空间关系是否与

错　　　　　　　　　对

（一）树顶中间部与盆中间部相对为标准种植　　　（二）树与盆不平衡，似有头重脚轻之感

图6-7-17　盆栽位置

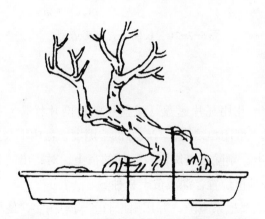

图6-7-18　金属丝扎缚，防止树木松动

（一）细小无　　　（二）粗壮有　　　（三）粗壮有神，动势足　　　（四）细小无
　动势，缺神　　　　神，动势足　　　　　　　　　　　　　　　　动势，缺神

图6-7-19　树的动态

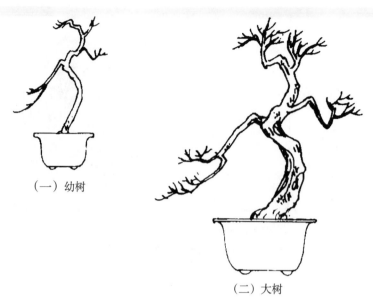

（一）幼树

（二）大树

图6-7-20　长期培育完美造型

盆协调。

② 将盆底内侧的排水孔用瓦片遮盖（浅盆用塑料网片代替），然后放入一层粗质土壤，再撒上细土，这样的土壤团粒结构，有较好的空隙度，盆内不会造成积水或排水不畅。

③ 将桩体从盆中脱出，剔除根裹周围及底部的宿土，对露出的老根、枯根、断根等细密根系适当疏剪，然后按种植位置，深浅覆土栽种。

④ 覆土时，要完全填塞根系空隙，并用扁形竹签均匀掏实，使根土紧密结合，不至于松动塌陷。

⑤ 如遇到有碍长根、硬根等不便截除又无法种植到位时，可以将此类根系切成楔形，便可弯曲调节。

⑥ 合栽型盆景的种植应根据主次的依附关系，先确立主体位置，然后再视配比效果，依次排列种植。另外，主体位置的地形较高，两组地形部有一个低谷，用于地势变化和曲折延伸，这样的种植主次分割相当明显。

（3）点缀

① 山石点缀：树木盆景常在盆内点缀"人物、山石、竹草"等物，能使景观生动多变，构图完善，更具山野情趣。

"山无松不奇、树无石不松"。盆景就是利用树石间动静、虚实的对比关系，衬托出"松的苍劲、竹的洒脱、梅的高洁"。山石的配置要依造型格式、动态节奏而变化，石种要统一，纹理要一致，体态、色泽要与桩景格调相吻合；如置数石，则大小间或有之，还须顾盼左右，形成联络，切忌怪异绝伦、体量庞大、过于秀美的石种，不然会与主体格式相互冲突，甚至涵盖主景，形如孤芳自赏，这种结局也就无法再现茂林的空旷野趣和自然中的严谨规律。

山石的点缀起补虚补拙的作用。盆内桩景往往不是完美无缺的，有的受造型格式限制，有的受材料影响，难免露出破绽，比如有的树干倚斜失衡，需要以石支撑，有的地势显得平坦，可用石筑就起伏高低，有的树木旁留有太多空地，显得孤立无援，可在空旷处配以山石，以求声势等。

② 摆件点缀：盆景创作中，摆件的点缀又可以深化主题效果，完善构图弥补缺陷。如果合适地配上人物、走兽等摆件，巧妙地呼应主题内容，以小衬大，就能起对比、透视作用。比如在巍然挺拔、意境深幽的大树底下，设置人物对弈的摆件，可使画面产生静谧、安闲的田园意境，所表现的题材也随内容的增添而变化；在林中一隅设置飞禽走兽，则使原野的场景处于动静对比当中，更加生动活泼，富有朝气。摆件是受题材的启示来丰富画面的，有了摆件的点缀和衬托，可以吸引观者的视线，也可以产生遐想，以此扩大表现范围。

摆件的点缀自然能生成许多情趣，但也要与作品本身的神态韵味、格调相一致，不能随意选放。它的比例是否合理、运用是否得法、表现是否到位，都会对主题构成影响。因此，要精心设计，考虑周详，才能得心应手，真正起到点缀的作用。

（八）浙派盆景制作技艺

1. 造型时间

盆景是以有生命的植物为对象进行造型制作，必须受时间、季节的限制，按植物的生长规律办事。树木盆景的造型时间一般以植物的休眠期为最好。以五针松为例，当11月份老叶开始变黄脱落，即说明休眠期开始，直到翌年3月份新芽开始萌动，即为休眠期结束。其他落叶树的休眠期也以落叶和萌芽为准。在休眠期内树木盆景的造型可以包括强度较大的手术而不易影响局部枝、干的死亡，但严重的断裂损伤者除外。因休眠期是植物体处在最低生命活动状态中。如是小盆景制作或柏类盆景的制作，在造型强度不是很大、不影响树木输导系统正常运作的情况下，也可以全年造型，如有遮阳、保湿、降温的条件，那就比较稳妥。

2. 造型方法

浙江的树木盆景造型，松柏类树木盆景以吊扎为主，修剪、摘芽等为辅的方法；而对

杂木类盆景,采用以修剪为主的方法。对观花观果类盆景采用吊扎和修剪结合的方法。

(1)吊扎法 是利用素材原有枝条或经培养成长起来的新枝条、用金属丝进行攀扎拉吊的造型方法。它适用于松柏类及部分杂木。

吊扎法有两层意思:"吊",是拉吊定位、改变主干、枝条的伸展方向;"扎",是用金属丝按一定的方式在主干、枝条上缠绕,然后按作者意图,调整伸长方向和矫正姿态。一般说如"扎"不见效,可用拉吊来完成,两者在操作时起互补作用。

金属丝的使用方法:根据干、枝的粗细,选用不同型号的金属丝。如一根金属丝不够有力量,可用两根一起缠绕,但两根必须紧紧相依呈平行状态旋转。使用时先将金属丝的一端固定好,插入根边的土中或固定在适当位置的枝干上,或将一根金属丝两端分别缠绕在两根枝条上。金属丝缠绕方向要和枝、干需要调整的方向一致,并和枝、干呈45°角,紧贴枝、干均匀向前推进;然后慢慢调整枝、干的伸长方向,让它在适当位置上固定下来,同时对枝、干的伸展姿态作适当的弯曲矫正(图6-8-1)。

金属丝的使用,切忌金属丝的粗细型号和枝、干不相适合,造成两者不能紧贴或易擦伤树皮。忌金属丝的缠绕时松时紧、时疏时密;忌两根或两根以上金属丝在同一处交叉通过,形似五花大绑,颇不美观(图6-8-2)。

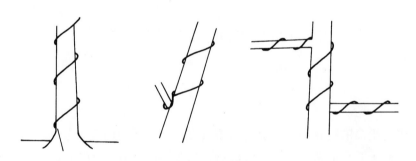

图6-8-1 金属丝的固定

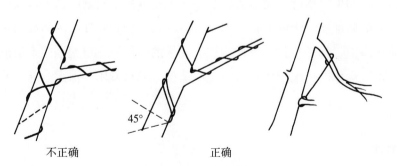

不正确　　　　　　　　正确

图6-8-2 金属丝的缠绕和拉吊

（2）修剪法　浙江的杂木盆景修剪法，是岭南盆景"蓄枝截干"技法的引用演变。它的造型全过程，基本上是锯截、修剪成型。浙江南部地区有着和岭南相近似的"优生优长"的天然气候，植物有快速生长的能力。所以浙江对杂木盆景的造型采用修剪法是有其天时地利的优越条件。近半个世纪来的杂木盆景造型实践也证明了这一点。

浙江杂木的枝条处理，当多余的枝尽数剪去后，保留的一根枝条留两个或两个以上芽位作截短处理，重新萌发新枝，从中选取两根，使呈"丫"形。就此反复进行截短、取舍，树冠也就不断向外伸延扩展，最后完成作品。

3. 艺术造型

如果说根、干、枝三者是构成树木的骨架结构，那么，树木的花、果、叶则可以喻为血肉肌肤（图6-8-3）。造型大体上是针对骨架而言，养护则主要是针对花、果、叶。树木盆景的造型，就是将素材的根、干、枝的骨架结构按照盆景艺术美的规律，进行重新组合安排，同时采用科学的园艺技术措施，使其叶茂、干壮、花艳、果硕，努力使之成为各部位能够配合默契、完整协调、姿态优美、意境深远的有生命的盆景艺术作品。

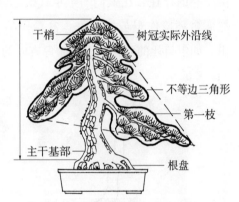

图6-8-3　树木盆景各部位名称及树冠轮廓线

树木盆景的加工制作程序概括起来大致如下：观赏面的选择；盆景形式的决定；神枝、舍利干制作（树冠以下部位）；主干的处理；枝条的处理；冠部神枝的处理；根部的处理；全面审视、寻找盆树最大程度的完善；选盆上盆。

现将程序中要点作如下阐述。

（1）观赏面的选择　步移景异，树木盆景的观赏面，应是各个观赏角度中选择出来的具有最佳观赏效果的一个面。它的要求有：

第一，从根盘经主干基部到干梢，它的线条变化不论是直是曲，只要这个角度被认为是最符合、最恰当地体现作品特点，不一定变化多就是好；而且，观赏正面应避免有伤痕出现，除应有的舍利干外。

第二，除直干外，其他形式的盆景树木的顶梢部分，要有向前倾斜的姿态。

第三，主干基部，第一枝以下的主干部分，应略有收腹状向后突出，以形成前有空间，后有深度，让树冠前下方出现一个大空间（图6-8-4）。

如果素材不具备这些条件，制作时也得尽可能地予以调整、矫正，达到较为理想状态

为止。只有这样，才能使作品和观赏者之间产生一种亲切、和谐的美感。

（2）盆景形式的决定　当找到观赏面后，还要寻找观赏面的最佳角度，也就是说盆景采用什么形式，如直干式或斜干式、卧干式等，向左斜还是向右斜，斜多少度为最适宜。因盆景素材初次上盆的目的是求其成活，对观赏面的角度一般不是很准确。当角度调整好后，即将其固定下来。这种角度调整，力求根、根盘、主干的线条的流向更为优美流畅，主干和枝条有更佳的配合，然后按照某一盆景形式的规律进行造型，才能最大限度地发挥素材特点。

（3）神枝、舍利干制作　神枝、舍利干在自然界老树上俗称枯枝、枯干（图6-8-5）。由于它的存在，让人们产生年代久远之感，也使人们感受到它有巨大的内涵力量来和大自然恶劣环境作艰苦的抗争。盆景作品有神枝、舍利干的表现，可给作品增添艺术对比效果，如生与死的对比，以及颜色方面的对比，这就大大丰富了盆景树木的内涵。

图6-8-4　从侧面看主干线条的表现

图6-8-5　柏树的神枝、舍利干表现

　　神枝、舍利干的制作，对树木盆景的造型来说非常重要。目前对它的制作正在掀起热潮，纷纷进口或仿制制作工具，邀请盆景大师作技艺表演。

　　柏类树木由于树种特性不同，成为最适宜于神枝、舍利干的表现。所以柏树盆景如果没有神枝、舍利干的存在，恐怕也是不可想象的，将是一种缺陷，一种遗憾。而对其他树种，如松树、杂木来说，应该谨慎使用，如不是因主干基部有某种缺陷或遗留有断枝的话，一般还是尽量不要将好皮撕烂，因为不少树种的树皮极为美观，如松树的树皮呈鳞片状凸起，且越厚越美。它是松树的主要特征之一，也是松树盆景的主要欣赏内容之一。又如黄杨，其肤色黄白细润，似玉如骨极具个性。所以我们不能为了制作舍利干而破坏了盆景树木的个性和植株的完整性，那是不可取的。

盆景树木的枝条或主干的局部枯死，而后变为坚韧不拔的白骨化姿态，这种情况如出现在主干的顶梢或枝条上，称为神枝；如出现在主干的其他部位，称为舍利干。

神枝、舍利干的制作，是树木盆景追求自然神韵、体现古树的年龄和风采的有效办法。

自然界树木出现枯枝、枯干的原因主要是树木的老化、环境的恶劣、病虫害的侵袭等。树木盆景上的神枝、舍利干有天然的，但大多数是以天然为依据，进行人工制作的。

欲制作神枝、舍利干的盆景素材，要有盆养一年以上且生长茂盛、健康的要求。它的制作成功与否，取决于实际操作之前，根据素材的具体情况，认真做好如下几点。

第一，素材上的天然神枝是否都符合构图需要，要认真考虑取舍。神枝的出现，如处理得好（包括人工制作），既增强了树势，也加强了枯荣对比，又能使画面虚实相生，疏密协调，活泼空灵，情趣顿生。

舍利干的雕刻一般都在主干基部，有增加主干块面、纹理以及色彩方面的变化，增强了树木所包含的深远意蕴。

神枝、舍利干的制作不是时尚。在一棵盆景树上到底要不要，或要多少，还是由素材自己来说话，即由素材的具体情况和构图的需要来决定，因材施艺最为实际。比如柏树盆景，自身的结构可以说是龙飞凤舞，只要条件允许，多几根神枝，恐怕也是合乎情理；但如是松树盆景就要谨慎。

第二，准确地划定"水线"的运行线路，不可作违反规律、脱离实际的随意乱划。"水线"是盆景树木的生命线，事关生死存亡。"水线"的运行线路的确定，应按以下情况进行综合考虑：一般当树木主干向上伸长时，表面会出现凹凸变化，特别是柏树，当主干在回旋扭转伸长时，变化更为突出，通常以凸出部分作为"水线"而被保留下来，但它必须是活的。凹进去的部分为舍利干最为适宜。

"水线"应避免留在主干正面中部或背部，最理想的位置应在主干的左右两侧略向前的位置。"水线"部分以后的发展会加粗，会使主干变宽，对盆景树木的发展有利（图6-8-6）。

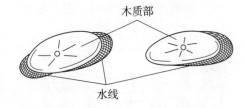

图6-8-6　"水线"理想位置

如主干线条缺乏流畅，要将碍眼部分雕刻成舍利干。舍利干的纹理沟壑线条的变化和深浅变化十分复杂，作者必须对天然舍利干作认真细致的研究，然后才能熟能生巧。

总之，神枝、舍利干的制作，不可人工过度，痕迹明显，应不露做手，呈宛若天开、自然逼真，才不至于有病态表现。

舍利干的制作程序：

第一步，寻找观赏面，调整角度，确定盆景形式。

第二步，划定"水线"及其流向。

第三步，彩绘作品初稿，包括神枝、枝片的安排及舍利干的部位。

第四步，先用电动工具，将舍利干部位作粗略的加工，去掉皮层及木质部表层；后用电动小凿头开沟挖洞或用手工工具雕刻拉丝。

第五步，用砂纸或喷砂使纹理自然逼真。

第六步，树冠的造型，包括神枝的安排与处理。

第七步，涂刷防腐剂、石灰硫磺合剂等。

（4）主干的处理　主干是树木能挺立于大自然的中心支柱，也是树木输导系统的通道。它是盆景树木重要的观赏部位。不论树木在自然界呈什么姿态站立着，但其主干的高和粗应有一定的视觉习惯认识。一般说主干应比枝条长，但因树木的立地环境或盆景形式不同，有时也有枝条比主干长的可能。但主干比枝条粗是可以肯定的。树木有乔、灌木之分。乔木有明显主干，灌木没有明显主干。但灌木还是要按乔木的要求选择主干进行处理，如雀梅等；也有仍然保持灌木丛的生态原貌进行处理的，如丛生的海棠类盆景。

不论什么树种，不论其生长姿态如何，从自然树木到盆景树木，都要有一个用变形、夸张手法使之达到缩龙成寸、小中见大的艺术化过程。盆景树木不论是高瘦的文人树或矮壮形常规盆景，其主干都还是有一个共同的特征，就是主干自基部开始向上伸展，应是由粗到细、逐渐缩小的变化。缩小速度快的成为矮壮形常规盆景树木，缩小速度慢的成为文人树式的盆景。这种变化特点，既是盆景树木主干的共同特征，也是对主干选择的第一要求。

其次，不论是直干或曲干，都要求其主干线条的伸张自然流畅，忌生硬僵滞。对那些既不符合自然规律，也不符合艺术规律的素材，如没有树木主干特征的块状或象形的怪异树桩，就不是理想的素材（图6-8-7）。

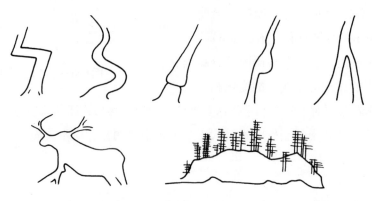

图6-8-7　各种主干线条不流畅和异形怪桩示意图

第三，遇到一本多干的素材，除注意以上两点外，还要注意丛林式盆景对主干的处理要求。如注意处理高低、大小、前后、疏密、聚散、藏露、顾盼及节奏、韵律等关系（图6-8-8）。

图6-8-8　一本多干或连根式的主干处理

主干的处理，存在取舍、调整、矫正三方面内容。

① 主干的取舍：主干的处理一般都采用截短的办法。主干自它的基部到顶梢都在不断地变化发展着。如主干由粗到细的变化、曲直变化、树皮的老嫩变化、枝条在主干上的间隔距离变化及部分树皮剥落、伤疤、节痕等，凡认为主干上部哪一段变化最少，表现最平凡，就在那一段上的适当位置将其截断。如果主干上部截去后，保留的部分高度不够，则要选择最高位置的某一枝条来代替主干的顶梢。如是杂木则可蓄顶枝以代之，从而体现主干高度和其基部直径的适当比例，有完整协调之美（图6-8-9）。

② 主干的调整和矫正：大中型松柏类盆景的主干处理除截短外，也使用简单的机械，帮助克服和处理好素材的某些不协调的缺陷。如将直干通过机械作用，能够变为曲干（图6-8-10），太长的能够缩短，相距太大的能够拉近等。

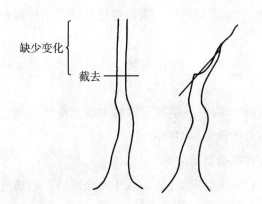

图6-8-9　主干截短与蓄顶枝以代干梢

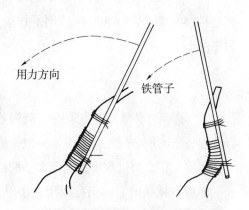

图6-8-10　利用机械原理,使较粗主干改变伸展方向

盆景素材的人工繁殖和培养成材，应改变其按培育绿化苗木的方法来进行。这对我国解决盆景素材来源来说，是一场创新。人工繁殖的盆景素材，要从小按树种特征给以艺术调养，如柏类素材，从年幼时开始按柏树柔美的线条性质，进行弯曲定型，然后培养成大、中型盆景素材。

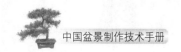

如松树小苗，利用移栽的办法，使主干改变生长方向，达到松类盆景素材的主干能直中寓曲，或截去干梢，采用以枝代干的方法，改变主干的伸长方向和伸展姿态等。

制作中、小型树木盆景的主干处理，除有具备天然的优美姿态外，一般都需要作适当的弯曲变化，以体现苍劲虬曲的风貌。制作时有必要先用麻皮等将主干缠绕好，然后用金属丝吊扎，以防止主干在强力改变伸展姿态时出现断裂现象。

在对主干进行曲线处理时，其曲线的节奏速度变化，应由下而上逐渐加快，即下部宽疏、上部加密，并力避做规律式发展，也力避做过多的简单重复，有一两个弯曲变化就够了（图6-8-11）。

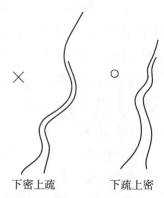

下密上疏　　下疏上密

图6-8-11　主干的曲线处理

野生杂木树桩的主干处理和人工培养的素材截然不同。它比较粗大、苍老，而且它的外形变化也十分丰富，给人以很强的年代感；有时它的变化有超越一般常见规律，给人以新鲜的喜悦。这就是野生树桩的最大特点。在造型制作时，必须扬长避短，将其优点或好处突出，对与其苍劲姿态不相协调的部分予以截短或删除，然后转入养坯阶段，在蓄养枝干的过程中，使其逐渐完美。

（5）枝条的处理　树木盆景的枝条处理，因树种而异，也因地区而异。就浙江来说，如松柏类及部分常绿阔叶树采用吊扎法，对其他杂木类如榔榆、雀梅等还是以采用修剪法为主。

枝条处理包括三方面内容：枝条的取舍，枝条伸展方向的调整，及枝条伸展姿态的矫正。

① 枝条的取舍：没有取舍，就没有造型艺术。取舍问题贯穿着树木盆景造型的全过程，但枝条的取舍问题尤为突出。取舍的方法不外于删剪和缩剪两种。

删剪：在造型过程中，遇到多余的枝条，宜将其全部剪去。

缩剪：枝条的后部仍可以用，予以保留；枝条的前部因过长，属于多余部分，必须剪去，称缩剪。

和枝条取舍有关的问题，大体上有：第一枝在主干上的位置及其处理；枝条的疏密；枝条的长短和粗细；枝条上下左右的关系；树冠的组成与树冠外轮廓线的描画；空间美的表现等。

第一枝是组成树冠的主要枝条。它的出枝位置，一般宜在主干的三分之一或三分之二部位。因这个数接近黄金分割定律，最符合人们的视觉习惯，是最好的选择（图6-8-12）。

依据树木的形态特征，第一枝应是组成树冠最低位置的枝条，所以它应该是最长的，也是最粗的枝条。所以第一枝是最大的枝条，应由许多小枝条（侧枝）组成，故对它的造型制作应该做到片中有片，力避民间习惯的做法，一根枝条组成一个片。这样才能把枝条做得活泼、生动、真实，把枝条做活（图6-8-13）。

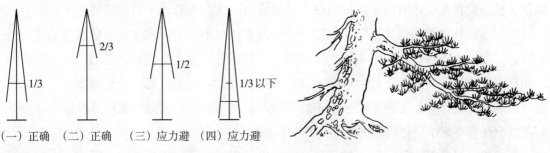

（一）正确　（二）正确　（三）应力避　（四）应力避

图6-8-12　第一枝在主干上伸出位置示意　　　　　**图6-8-13**　大枝条中的片表现

一棵很标准、规范的树木，它的主干总是比枝条粗。所以第一枝的粗度不宜和主干等粗，更不宜粗于主干，以免本末倒置，缺乏协调之美。最为理想的比例关系是，枝条的粗，应是它在主干出枝点处直径的四分之一左右。这是国外的说法，可以作为参考。

第一枝应是全树最长的枝条，究竟多少长最恰当？这决定于作品画面是"直幅"或是"横幅"。一般说，作品画面是"直幅"，那第一枝的长度应大大短于主干的高度；如果作品画面是"横幅"，第一枝的长度，就有可能超过主干的高度。如果作品画面是方形的，第一枝的长度，只能与其出枝点以上的主干高度相近。这只能是个大概比数，不可能有明确的比例数据（图6-8-14）。

第一枝为全树中最重要的枝条，由于它地位的重要，故在制作时必须通过取舍手段将它突出，让它跟上部的枝条有较大的间隔距离，这就是突出主枝。

枝条之间的间隔距离，大体上应是最下部的枝条间隔距离最大；越向上发展，枝条的间隔距离也越小。更应注意的是，在接近顶梢时，上下枝条的间隔距离千万不可放宽，以避免出现"露脖子"现象（图6-8-15）。

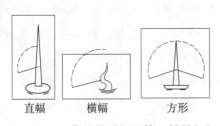

直幅　　横幅　　方形

图6-8-14　作品的画幅和第一枝的长短

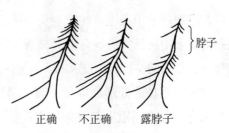

正确　　不正确　　露脖子

图6-8-15　枝条的间隔距离

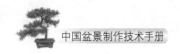

一般说，第一枝是最粗最长的枝条，依次向上发展应是逐渐缩短变细。但就树冠的平面构图来看，不能理解成主干两侧枝条是依次作相应整齐的缩短，而应相互间有适当的进退收放的变化。

树冠是由主干上下、前后、左右许多枝条和叶子组成。若从平面看，顶梢和左右两侧的最长枝条的顶端连成直线，那树冠很自然地成为一个三角形。不同的树种或因树木生长环境不同，或称盆景的形式不同，树冠三角形的形状也不同。而我国认为最理想的是一个不等边三角形。不等边三角形表现了盆景树木的动态美，它动势强烈，姿态活跃；而等边三角形表现得比较安稳、庄严、和平，呈一种静态美。实际的树冠外沿轮廓线，并不是直线条组成的三角形，而是随着两侧枝条的长短与疏密的不同，树冠的实际外沿线应是一条有起伏、有节奏旋律变化的自由曲线（图6-8-16）。

也因树冠呈不等边三角形、枝条的疏密间隔变化、上下前后枝条的长短变化，以及枝条和主干的关系等，在盆景的构图上出现了大小不等的各种空间。空间给画面增加了虚实变化，使作品不至于过分闭塞，显得有些空灵、活泼、真实。所以说空间不空，空间有美（图6-8-17）。

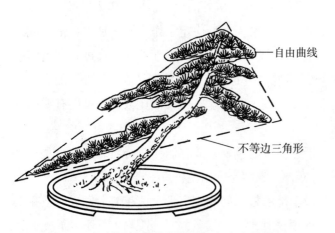

图6-8-16　树冠的外轮廓线是一条自由曲线

图6-8-17　空间的分布

在造型过程中还应该注意避免一些不符合盆景艺术美的枝条，称为"忌枝"，也就是在枝条的取舍中提到的应该删剪的枝条（图6-8-18）。它们是：轮生枝，对称枝，直立枝，内向枝，近距离的平行枝，交叉枝，正前枝，正后枝，切干枝，腹枝等。

对这些忌枝的处理原则是：对下部枝条的处理应从严掌握；对上部枝条的处理，可以适当从宽，以求树冠上部枝条丰满茂盛。如松类树木的枝条，大体上都是轮生的。造型时第一枝一般都仅用一根枝条，往上可以用两根，最多可以用三根枝条。

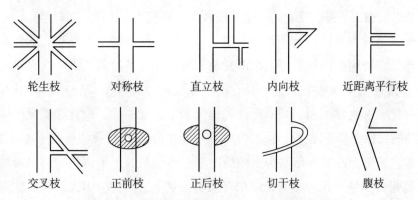

轮生枝　　对称枝　　直立枝　　内向枝　　近距离平行枝

交叉枝　　正前枝　　正后枝　　切干枝　　腹枝

图6-8-18 松树盆景造型中应该避免的几种枝条

对这些忌枝的处理，一般是采取删剪的办法，但也有部分枝条可以采用调整伸展方向后继续使用，如直立枝、内向枝、近距离平行枝、交叉枝等。

② 枝条伸展方向的调整：不论是人工培育或山采盆景素材，其枝条大都是不符合盆景造型的要求。所以在造型时，除去舍去的部分枝条外，对留取的枝条还要进行伸展方向的调整。调整有两方面内容：第一，为枝条的上下调整；第二，为枝条的前后调整。

观察自然界树木枝条的生长方向，可因树种的不同、树龄的不同、生长环境的不同而有许多变化。但归纳起来，有四种不同类型：上伸式，平展式，下垂式，放射式（图6-8-19）。

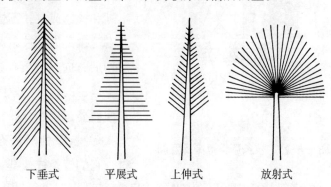

下垂式　　平展式　　上伸式　　放射式

图6-8-19 自然界树木枝条的几种类型

为求一棵盆景树木上的所有枝条有一种较为统一的美感，一般说一棵盆景树木的枝条，只宜采用一种枝条类型，对此必须认真掌握，以体现自然美和艺术美的和谐统一。

对松树盆景枝条的上下调整处理，在浙江一般都采用下垂式或平展式，而上伸式、放射式是绝对不用的。根据老年松树的特点和该素材的具体情况，采用下垂式或平展式与枝条在主干上的出枝点有关。如出枝点高，枝条宜下垂；如出枝点低，枝条宜平展。更明确地说，以直干为例，浙江松树盆景造型，枝条伸出和主干之间所成的角度，应在45°～90°（图6-8-20）。

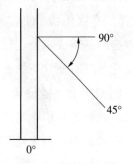

图6-8-20 枝条自主干伸出后即成锐角下垂，在45°～90°

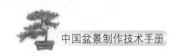

平展式枝条显得安稳、平静、庄重，下垂式的枝条显得较为有力度，有气势。

关于松树盆景造型的枝条上下调整处理，浙江是一种类型。上海和江苏各地也略有不同。值得一提的是岭南的山松造型，跟浙江及上海、江苏各地截然不同。它对山松的枝条处理离不开"蓄枝截干"的方法，于是它的枝条走向显得"复杂"一点，但不是杂乱无章，而是有秩序、有规律可循。如同浙江各地的杂木盆景一样，没有必要像松树盆景那样严格按照枝条的几种类型处理，允许它"杂"一点，因为这和树种特点及地区风格有关。

浙江杂木盆景造型在以修剪法为主的情况下，对枝条的上下调整如台州黄岩采用上伸式，金华、温州对四种形式的枝条处理都有采用，只不过因材、因人而异；杭州、宁绍一带，则以平展式为多。

枝条的前后调整也应有个范围，一般宜在一个水平面上作角度不大的调整，以求枝条的伸展有自然舒展、朴素大方之美。

在枝条调整时，枝条的上下调整和前后调整是一次完成，而不像作分解动作，完成一方调整后再完成另一方调整。

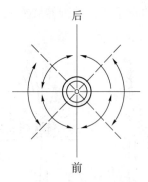

图6-8-21　枝条调整范围示意图

树木枝条的伸展方向，在没有受到障碍和阻力作用时，是不会改变方向的，而现在一些作者却为追求树冠的丰满和快速成型，不惜违反自然规律，将枝条随意地上下左右乱拉乱借。枝条调整范围示意图，就充分说明，枝条的伸展方向是需要作适当调整的，但调整是有一定限度、一定范围的。它的原则是枝条的伸展要符合自然规律，力求伸展姿态自然舒展、朴素大方（图6-8-21）。

③ 枝条伸展姿态的矫正：自然状态的盆景树木素材，它的枝条往往都是过于生硬、没有变化、没有虬曲苍劲的老树特征，所以造型时必须对其枝条姿态进行矫正。要知道老树枝条的姿态如何？必须经常观察山野间老树的枝条，同时还要了解其中的道理。

"直取其劲、曲取其妍"、"刚柔相济"、"曲直相容"是盆景树木（也包括干和根）伸展姿态的基本要求。也就是说，一根枝条姿态的变化，应有刚柔曲直的同时存在，才显得有变化、有对比、有力量。我们对这种理想的枝条变化进行分解，包括直线、圆弧线以及由它们相交出来的硬角、软角等。而直线、圆弧线又可分为长、短、粗、细不等的各种线段。我们要将以上各种性质不同的线段，在自然舒展、协调适中的前提下，有机地组织在一根枝条中，使之略呈不规则的变化发展。离开了这一前提而出现的枝条变化，将很难符合盆景艺术的要求。因此在矫正姿态的过程中，时有出现部分规则线条，应该注意尽量避免。

图6-8-22中（一）、（二）两种枝条姿态，在形式上是有所变化，但变化得过于单调、重复，缺乏有幅度变化的跳跃；在内容上也不能做到"曲直相容、刚柔相济"。（三）、（四）两种枝条姿态，从形式到内容都过于单一，没有变化。

如图所示，波浪式线条在吊扎造型中容易出现；锯齿式线条在修剪造型中容易出现，直线式、弧线式线条在枝条太粗、不易矫正的情况下容易出现。在用"吊扎法"造型时如要出现硬角，一般只能借用于"修剪"（图6-8-23）。

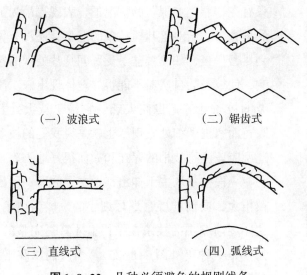

（一）波浪式　　　　　（二）锯齿式

（三）直线式　　　　　（四）弧线式

图6-8-22　几种必须避免的规则线条

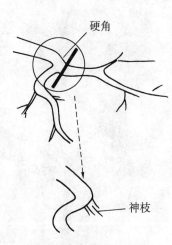

图6-8-23　借助于修剪，使枝条出现硬角

所以要求盆景作者"吊扎"、"修剪"两手都要会。

一根枝条附有许多侧枝，经过造型制作，便形成了片子；在一个片子里要求主枝、分枝脉络清楚，有一主枝贯穿始终。片子的大小和形状，视枝条的具体情况及其上下、左右枝条之间的关系而定。片子不宜太薄，也不宜太厚，以适中清爽为好。如第一枝等较大枝条，宜处理成一枝多片，常称"片中有片"、"枝中有枝"。片子的组成，不能太严谨，要破除民间工艺盆景对片子的观念和理解。片子要松散些，自然些。只有这样才能使枝条很好地体现自然美和真实美（图6-8-24）。

一根枝条从何处开始长有分枝和绿叶？也是一个重要问题。一般说下部枝条在近主干部位的枝梗，露得要

图6-8-24　下部枝条的针叶处理（针叶集中在枝条的前部，全部的针叶上密下疏）

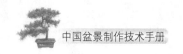

多些、长些，才显得树态苍老些。如绿叶茂盛、枝条裸露得少了，则显苍劲不足。具体裸露多少要视情况灵活掌握。

对落叶树的欣赏，应该说以落叶后到翌年萌芽前为最佳观赏期。它以欣赏枝条为主，时称"寒枝"。"寒枝"是冬季不带叶子的树木枝条。这时，枝条的曲折变化、抑扬顿挫的神韵节奏，很完美地展示出来，故人们又颇有情趣地称之为"裸枝"，可见枝条的美，在树木盆景造型中是十分重要的，而且枝条的美也只有在"寒"、"裸"的情况下，表现得最为淋漓尽致。我们对落叶树枝条的造型，还没有做到尽善尽美，如北派盆景受民间扎片处理的影响，使枝条的自然美不能很好地体现出来。南派的枝条处理，也使人感到它精于从大处着眼，而忽视了细处表现，也就是说我们的枝条造型应该注意枝梢的存在和如何很好地去表现它。一根枝条从主干伸出，近主干的那一段比较粗大，向前伸展，那最细小的一段为枝梢。这样逐渐缩小的枝条在结构上才算是完整的。完整是一种美（图6-8-25），当人们以和平、美好的心态来欣赏盆景时，完整美恐怕是最为可贵的!

图6-8-25　树木盆景枝条结构

（6）根部的处理　根是树木赖以生存之本。对树木盆景来说，根是重要的观赏部位。树不见根便似插木，对盆景艺术来说就是缺乏完整性。所以这个"根本"问题，向来是盆景造型的重要问题。

根的处理，在国外常使用"根盘"两字，来形容根的群体性，从根的群体结构来谈根的处理，就能够抓住要领、抓住根本，好似一棵树有了一个理想的根盘，就能牢牢地、稳稳地扎根生长一样。

根盘是树木本身的基础结构。它的主要作用是稳固地支撑整棵树木，并有吸收和储存水分、营养的功能，所以它必须为四方有根的根盘，让根能呈放射状，平整地、牢牢地抓住地面。

一个理想的根盘，必须具备下述几点。

第一，它必须四方有根，而且在根盘的左右两侧略前、略后都要有较为强大的根群，才有安稳、牢固之感。

第二，根自根盘伸出，要有一两级分枝，才见得苍劲而有年代感；并要求根的伸展姿态有变化和流畅感，避免生硬、重叠、交叉等忌根。根盘紧密贴着土面，所以根自根盘伸出的位置高低要较平整，不可有高低相差，才有扎土的力量感。

第三，根盘必须带土隆起于土面，接受阳光照射，以求根皮层的老化，以与主干皮层相统一。

根的造型必须通过取舍、调整、矫正等手段，才能使自然状况的根达到上述理想的根盘结构。如过分盘曲的根通过金属丝的缠绕，使其略直；过分生硬僵直的要让它略呈不规律的弯曲，交叉重叠的根要调整方向或删剪之；有上下高低差距的根，为求出根的平整，也必须修剪之。

要使带土隆起、半裸露于土表的根能和主干基部有一种势的统一和力量的延伸感，要有一气呵成、自然流畅的感觉。

由于树木盆景的形式不同，对根的要求也不一样。

斜干式、悬崖式盆景，根的分布往往因主干的倾斜，应该在相反方向长有几根粗根，使树势取得均衡。直干式盆景宜根盘四周长有粗根。按一般情况，一侧有大枝，另一侧亦宜有大根，才显得树木安稳而有力量。

提根式盆景树木，主要是欣赏根线条的美，故制作时有意识运用夸张手法，将根高高举露，这是一种特殊的处理方法。

丛林式盆景则又是另一种作法，不能让所有树木的根裸露作划一处理，它必须有藏有露。为主的树木、近的树木要露；远的树、背后的树可以适当地藏在前树的背后或少露，这样才显得有变化、有对比。

附：松树盆景的"高干垂枝"

在大自然中，"高干垂枝"是松树生长的自然规律，这一特殊性应被认为是具有普遍意义，是一种规律性的表现；而其他所有异乎寻常的姿态，如主干过分虬曲，主干的俯卧、悬崖倒挂的各式姿态及出枝贴地而生的姿态等，都应被视为是特殊环境中的特殊树形。

松树盆景造型中，"高干垂枝"的提法，较之五针松盆景的"高干合栽"来得更概括、更简洁、更明确。它从干与枝两个主要方面阐明了各种松树盆景的姿态特征，因而更能体现松树的高贵品质和浩然正气。

"高干合栽"是针对五针松盆景造型而论的。它十分符合五针松盆景素材那主干高瘦、树身光滑、缺少变化的特点，故采用"高干合栽"的提法实属最合理、最有效的方法，对今后五针松盆景造型仍有实际的指导意义。

图6-8-26 树种：五针松（胡乐国作品）

"高干垂枝"的造型要诀，适用于各类松树的盆景造型。如天目松（黄山松）自古备受推崇。它树皮鳞片龟裂深厚、变化多，枝条柔软，针叶细弱，且可控性强，其特点很适宜作垂枝处理。有人说，日本五针松在原生状态下，其枝条的伸展方向呈上伸式，然我辈均未曾见过。作为盆景用的五针松枝条处理和其他各类松树盆景一样，枝条均为人为下垂的，以表现其老树姿态。

凡自然界松树枝条的伸展，均有普遍规律，年轻的松树枝条呈上伸式，随着树龄增高，枝条逐渐变为下垂式，所以"垂枝"的处理方式适宜于各类松树盆景的造型。

"高干垂枝"适宜于各种形式的松树盆景造型，如独干式或多干式（合栽式），也可以是直干式、斜式干、曲干式等。所谓"高干"是指干上出枝的位置高，一般要求在主干高的二分之一以上，但以干高的三分之二左右为最佳选择，忌在干的二分之一处左右出枝。所谓"垂枝"，是指枝条的下垂，视干的高瘦或矮壮情况，决定垂枝角度的大小，如高瘦型可近于垂直下跌，主干矮壮者，枝没有可下垂的空间，可以近于水平，作小角度下垂。然主干高耸者容易入画。

垂枝不一定是指一棵树上所有枝条都作同一角度下垂，而应让下部那主要枝条作大角度下垂，其他上部枝条作适当配合、协调处理。

在"一方水土养一方树木"的基础上，再提"一方水土养一方盆景"，相信是十分正确的。这里所提的两个"水土"，上一个是指自然科学方面的，下一个是指文化艺术方面的。

"一方水土养一方盆景"是指中国盆景在源远流长、底蕴深厚的中国文化中孕育、发展、壮大起来。

我们已经知道松树和松树盆景的文化渊源及其在盆景中的地位。那么，往后中国（松树）盆景的发展、创新，也必须要在中国传统文化中寻找感觉、吸取灵感。例如，中国山水画和盆景，它们都是源于自然、高于自然的艺术创造，它们有着许多内在的联系，有着共同的追求（诗情画意）。松树盆景的"高干垂枝"源于自然，也同于画理，这就是中国文化哺育着中国松树盆景的发展、创新道理之所在。

（九）湖北动势盆景制作技艺

1. 动势盆景造型的美学原理

动势盆景认为：宇宙万物都处在生生不息的运动之中。运动是绝对的，静止是相对的；变化是绝对的，统一是相对的。故动势盆景造型的美学原理是："动势与均衡，两者矛盾的变化统一"。它像在平衡木上表演一样，一方面要将平淡无奇之姿力求变化，动出千姿百态。然而动极则不安，故另一方面又必须"动中求静，力求均衡"，使动力与重心两者矛盾求得和谐统一。然而过于平衡则又由动趋静，导致平稳，少表现力。于是又静中求动了……如此反复交替，周而复始，相互制约，相互依存，使这种运动形式升华，创造出多种形式美感。

形式结构美告诉我们：对称、平衡、整齐、和谐是矛盾倾向于稳定状态，它强调统一要求。而运动、变化、奇突、对比是矛盾倾向于激化的状态，它产生一种对抗性的效果。在动势盆景造型中，这两种状态的矛盾都要充分运用。但要始终把"动"放在矛盾的主导方面，"立足于动"，然后"动静结合，反复交替"，变化万千。

动势盆景旨在求"动"，而展现于"势"，故其造型要始终把"取势"、"得势"放在首位。要把握整体效果，正确处理好整体与局部的关系，大体与细部的关系。既能展现气势、神韵，给人一见生情，触目惊心，又经久耐看。这是因为它把自然之神与作者之神融为一体，把"向背"、"弛张"作为布势纲领，这对任何动势造型将起到提纲挈领作用。风动式绝不是"一边倒"。而是树的内因与风的外因相结合所形成的运动规律。即开始受风—受风高潮—受风尾声等过程。它正形成一种"斜置的不等边三角形"。把握和运用了动势盆景的形式感，一切动势盆景的造型就能触类旁通、迎刃而解了。如正置等腰三角形，处于绝对对称、平衡状态，虽有整饰、庄重之感，对树木盆景而言，难免平板单调而少变化。故必须静中求动，力求支点两边之物象的不等形而等量的均衡效果；于是力求重心偏移，造成轻与重、聚与散、疏与密、弛与张、藏与露等一系列矛盾对比关系，然后视其重轻（指构图上的轻重），多方调整，使其协调统一，形成不等形而等量的正置不等边三角形，寓变化于统一。但这正置的不等边三角形仍摆脱不了静止的均衡效果，动感不强。只有以风动式的形式感，将正置的不等边三角形转向"向势"倾斜，就全局皆动了（图6-9-1～图6-9-3）。抓住它就能把握多种形式的动势造型。"见机取势"正是在这些美学原理指导下进行的（图6-9-4）。

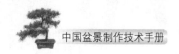

图6-9-1　规则式造型

以对称形式美为基础，外形呈正置
等腰三角形，有节奏感，立足于
"静"；具有整饰壮观、庄重肃穆之
美，平板而少变化

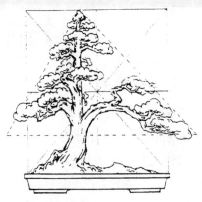

图6-9-2　自然式造型

以均衡形式美为基础，力求外形不等形而
等量。呈正置不等边三角形，立足于"静
中求动，动中求静"，寓变化于统一；有
节奏感和韵律感，具有活泼舒展、自然清
新，富于变化之美，但仍处于静态

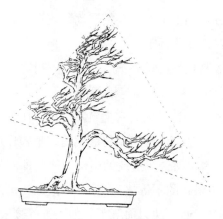

图6-9-3　动势(风动式)造型

立足于动，展现出动势与均衡矛盾的统
一；使外形呈斜置不等边三角形；既有节
奏、韵律感，更富动律感，具有雄劲、流
动、强烈、奋发、壮观之美

图6-9-4　树干取势布局

同一树桩，向背、弛张藏露、
疏密等是可见机取势、相互转
换的

2. 动势盆景造型的基本过程解析

第一阶段：由整体到局部。静中求动，平中求奇，稳中求险地打破支点（画面的中
心）两边的平衡状态，宏观上出现动感。在形感上力求变化，造成虚与实、轻与重、疏与

密、聚与散、动与静、险与稳、弛与张、藏与露、长与短、大与小、远与近等系列矛盾对比效果，使矛盾趋于激化状态。

第二阶段：由局部到整体。动中求静、乱中求整、险中求稳地严格把握视觉形象上的轻重关系（诸如树比山重；石比树重；配件比树、石重；人比动物重；动物比建筑物重。在淡色底上，深色比淡色重；在深色底上，淡色比深色重。粗线比细线重；倾斜线比平稳线、竖线重。体积大比体积小重。斜置比正置重，倒置更重。鲜艳色比灰暗色重。近物比远物重。离支点距离远之物比距支点近之物重），求得和谐统一，使画面出现"以动为魂、虚实相宜、轻重相衡、疏密相间、聚散合理、动静结合、险稳相依、弛张互用、藏露有法、长短相较、大小相比、远近相适"的艺术效果（图6-9-2～图6-9-3）。

3. 动势盆景造型要领

动势盆景的基础造型要遵循"从有法到无法"、"从无我到有我"的认识过程和实践过程，提倡"有法无式"，不作繁琐规定，因材、因势制宜，交叉综合运用。

（1）单体树木盆景造型法

① 树干取势布局法："树分四歧，有短有长；势取向背，亦弛亦张。"

主干势取向背：向势舒展，背势缩敛。分枝布于四方：收尖结顶，注意穿插。向势力求长枝：强化动势，协调轻重。背势蓄枝转向：欲进先退，欲缩先伸。前枝用于遮掩：丰富层次、斜曲有向。后枝陪衬得体：多位造型，四面景观。分枝布局有序：弛张互用，疏密相兼。切忌左右开弓：平板单调，虚实小分（图6-9-1）。

［注］树的选芽、定枝，宜分四歧。不仅要有左枝、右枝，还要力求前枝和后枝，乃至结顶。不言四枝而言四歧者，系指有穿插之意。盆景蓄枝不可能全尽人意，如有残缺，可借右枝为前枝，将左枝转为后枝……以显穿插变化之美，收整体动态之效。蓄枝力求有短有长，突破对称格局，方显动感。势取向背，乃至"动"之源，提纲挈领之笔，全树走向（包括背势蓄枝转向，前枝斜曲有向）皆由此出。弛张乃强化布势关键。剑拔弩张，有的放矢，变化多端。后枝陪衬得体须得固定视线，定位造型（一般视平线定在自根部起，树高三分之一处）。然后调节前后枝之高下。背面亦然，方能多面景观。不宜采用居高临下造型法，否则不能全面展现树的动势感（图6-9-3～图6-9-5）。

② 蓄枝造型法："一枝见波折，两枝分短长，三枝讲聚散，有露也有藏。"

图6-9-5 直干造型在于分枝平垂，力求俯枝

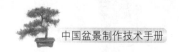

各部蓄枝，见机取势。一至三枝，使用不一。结顶为三（一长两短），向势长枝，也可为二（一短一长）。其余为一，视其部位也可为二，层次活泼，过渡自然。枝干造型可波可折、粗扎细剪、逆扎顺剪、背扎向剪、两侧扎带结合，均走向"向势"。

两枝造型，宜分短长（上短下长、外短内长、背短向长、逆短顺长）。

三枝并存，聚散有序（背势枝短，向势枝长；二短枝聚，一长枝散，聚枝偏高，长枝稍低）。

分枝布局，有露有藏，露透虚灵，藏显幽深（图6-9-6）。

[注] 树木蓄枝，视其栽培时间、长势和造型要求而定，第一年坯桩定芽后，创造良好环境，任其放长，待长至60厘米以上，开始用金属丝曲枝（曲枝长度为自枝基部至梢五叶左右即可）。枝梢暂勿剪去，并扶向上方位任其生长。（湖北气候）约五月下旬至六月上旬开始第二次造型（造型前间施薄肥1~2次；强剪多余树枝，一般仅留3~5片叶，个别长枝留5~7片叶；剪去叶片；喷雾，置于荫处1~2日，逐步移至向阳处正常管理；选芽和定芽；新芽、新枝的全面调整）。长至八月上旬（立秋前后）用上法进行第三次造型。视其长势条件，也可不摘叶只曲枝，直至冬季大修剪。切莫先行强剪而后曲枝，导致死伤。动势盆景蓄枝短截，不宜过短，致使力度不够。蓄枝宜优先扶植下枝，全面顾及中上枝，严格控制顶枝。向势长枝，是蓄枝造型重点所在，切勿一次到位，致使软弱无力，力求步步为营，渐变有序。枝的造型，关系到叶的分布，要注意到各层次之间过渡关系，多层次的艺术效果。动势盆景不仅是"有叶观叶，无叶观骨"、"脱衣换锦"，而力求同时"既观叶又观骨"，具有"既有节奏感更富于韵律感"之美。因此要求在选定分枝时，各层次之间距离切不可太密，导致各层无发展前途，死板一块。

③ 整体造型法："主干苍劲、根理健壮、树分四歧，分歧平垂、几见波折，收尖渐

图6-9-6 斜曲干造型在于几见波折

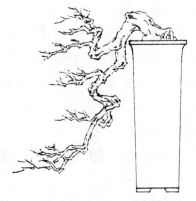

图6-9-7 悬崖造型在于"挂而不卧"和"三曲有法"

变，结顶自然，层次活泼、动势飞扬，以形传意，神采天然"（图6-9-3、图6-9-5～图6-9-7）。

枝干造型，壮美为佳，不求枯古，但求苍劲；收尖渐变，不落锥形模式；结顶自然，不结成"大屋顶"而富于变化；层次活泼多变，过渡自然；既有节奏，更富韵律；动势飞扬旨在表达主题；形随意定，不拘一格，以达到"自然的神韵，活泼的节奏，飞扬的动势，写意的效果"的美的艺术境界。

［注］盆景造型的特定艺术手法是"缩龙成寸、小中见大"，只有主干苍劲、根理突出、分枝平垂、收尖结顶，方能使咫尺之树有参天之姿。它是树木造型共性基础，动势盆景亦然。然动势盆景整体造型，关键在于主题思想的表达，在于"立意"、"抒情"和"传神"。所谓"诗情"就是主题思想的表达艺术化；所谓"画意"，也是主题思想通过塑造视觉形象的表现；而不仅限于借用古诗以言情，模仿"笔意"求画意。因此，整体造型的关键所在首先是要视其是否具有"自然的神韵和写意的效果"，然后再视其加工技艺美、艺术结构美和装饰美是否恰如其分地表达了"自然的神韵和写意的效果"。

④ 各式造型法：

直干类：直干高耸，分枝平垂，力求俯枝，平中求奇（图6-9-5）。

斜曲类：斜曲多姿，几见波折，动势飞扬，力求均衡（图6-9-6）。

悬崖类：悬崖险峻，挂而不卧，三曲有法，险稳结合（图6-9-7）。

丛林类：丛林多景，虚实相宜，争让顾盼，协调统一（图6-9-8）。

图6-9-8 丛林布势在于虚实相宜、争让不紊和顾盼有情

关于"枝的波折、穿插、走向"，"多层次"、"过渡枝"以及"既观叶又观骨"等方面都可在图中去剖析、探讨

［图6-9-2～图6-9-8：反映出动势盆景造型的基本过程，静中动。在形感上求变化，造成虚与实、轻与重、疏与密、聚与散、动与静、险与稳、弛与张、藏与露、长与短、大与小、远与近等矛盾对比，然后动中求静地把握视觉形象的轻重关系，求得和谐统一、聚散合理（图6-9-2、图6-9-3、图6-9-5、图6-9-6、图6-9-8）、动静结合、险稳相依（图6-9-2、图6-9-3、图6-9-7）、弛张互用、藏露有法（图6-9-2～图6-9-3、图6-9-5～图6-9-6）等艺术效果］

［注］动势盆景提倡"有法无式"，见机取势，则千姿百态，皆由此出。"照本宣科"、"郑人卖履"则束手束脚，枯寂呆板。归纳单体树木造型不外乎三类：一为与地面垂直之直干类；二为介乎水平面和直立面之间的斜曲类；三为超越水平面向下悬垂的悬崖类。理解此法，即可触类旁通了。至若丛林布景，必须狠抓虚实、照应、疏密、聚散，以求和谐统一、聚散合理。

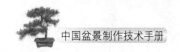

（2）山石造型法

① 整体造型法："因材制宜，按形分类，石质相同、石色相近、石纹相似、脉理相通，加工自然、坡脚完整、布局合理、组合多变，寓意深刻，动势飞扬，树石并茂，神韵天成。"

［注］动势盆景的山石造型立足于心动、石动，走树石结合、组合多变之路。

② 各式造型法：

a. 峰状石：高耸雄伟，山势环抱，参差错落，平中求奇。

b. 岩状石：险峻幽深，钟乳悬垂，藏露有法，动静结合。

c. 岭状石：甲远清逸，去来自然，奔驰有势，聚散合理。

d. 石状石：体态玲珑，瘦、透、漏、皱，奇丑不陋，险稳相依。

e. 组合石：多景广设，多式组合，三景一体，三远并用，以峰为主，"十味调和"，乱中求整，组合多变。

（3）树石相依，组合多变法

"树植石上、石绕树旁，以石为盆、树石相依，以石为界，水陆两分，多式组合，三景一体，组合多变，协调统一。"

［注］石因树活，树因石灵，树使石生，石为树存，按意布景，互补生情，浑然一体，相互依存。树离石则"空中楼阁"，"孤崎无依"；石离树则"鹤去楼空"，"枯寂空存"。树石相依，各有侧重，按意布景，变化万千。如《群峰竞秀》，石多于树，近景，树植景盆；中景，树植石上；远景，以苔代树。《风在吼》则树石并重，以景盆植树为单体造型，然后组合多变。

（十）泉州榕树盆景制作技艺

福建泉州属亚热带地区，四季如春，古称"温陵"。

榕树是泉州的乡土树种，高大、伟岸、枝繁叶茂，是众多古寺庙、公园及村庄的标志性大树；遮天蔽日的大树冠，又是盛夏避暑休闲的好地方（图6-10-1、图6-10-2）。

闽南语"榕"与"情"谐音，故而人们都十分喜爱创作榕树盆景。泉州榕树盆景《凤舞》（图6-10-3），1985年曾荣获首届中国盆景评比展览特等奖，1999年又荣获昆明世界园艺博览会大奖。

1. 榕树盆景类型

泉州榕树盆景主要有以下三大类型。

图6-10-1　泉州开元寺八百多年的大榕树

图6-10-2　泉州笋江公园的大榕树

图6-10-3　榕树盆景《凤舞》

图6-10-4　榕树盆景《美的旋律》

（1）块根（俗称地瓜榕，韩国人称人参榕）　造型奇特，象形盆景居多，以野生山采为稀贵。代表作如谢继书创作的《美的旋律》（图6-10-4）。

（2）根榕（气根榕）　巧妙地利用榕树生长过程易生气根的原理，以人工培植的根代干（树茎）的榕树盆景。线条流畅、柔软、优美、生长速度快，如谢继书创作的《玉屏呈翠》（图6-10-5），1997年曾荣获第四届亚太地区盆景赏石会议暨展览会银奖、1999年又荣获昆明世界园艺博览会银奖。

（3）野生山采老树桩　泉州属丘陵地带，榕树生长易形成根盘大、树杈多的现象；再加上人伐火烧，造就鬼斧神工的天然素材，老气横秋，饶富古趣，蟠虬起伏，野趣十足，如何华国创作的《欢聚一堂》（图6-10-6）。

图 6-10-5　榕树盆景《玉屏呈翠》

图 6-10-6　榕树盆景《欢聚一堂》

2. 榕树盆景的栽培与造型

栽培技术与造型艺术，是一种相辅相成、缺一不可的辩证关系。选好树坯是盆景制作首要条件，一个好的山采盆景坯桩得之不易，往往要百里挑一，有时甚至要花费较多的资金；而在盆景人心目中，注重"物缘"。即使有一个好坯却忽略了栽培，忽略了管理，希望将来创作成精品佳作是绝对不可能的。只有养好坯，使之健康成长，方能充分发挥造型技艺。但是再好的栽培管理都需要在盆景造型艺术思维指导下，完成改坯、定向、养条、布冠等工艺，才能事半功倍。栽培第一、造型第二，这是盆景人长期积累的经验。榕树盆景的栽培与造型过程中，应注意以下几点。

（1）块根、根榕及山采野生树桩栽培　榕树属桑科，常绿大乔木，喜温怕冷，好大肥水，易生长，这是三大类型的共性。

但是应注意以下几点。

① 盆栽的块根，过量的肥水极易造成根腐烂或干腐（尤其是一些生长环境不好的地方，如长期摆放室内或光照、通风不足的地方）。

② 根榕的优点在于线条柔美、流畅，但如果不注意肥水控制，会发胖、变形。如《凤舞》、《蟠龙》若经常施以大肥大水，肯定会"返老还童"，破坏它们饶富古趣的年代感。

③ 野生下山坯，在 3~4 年时间内，可以养在大盆内，施以大肥大水，但忌栽在地里，若栽在地里，易造成根条不均长，会形成个别水线不发达。在养坯过程中，还应注意到，虽可任其生长，也应根据其生长状况，控制不同的肥水，方能保持原有的坯桩古拙、苍劲的质感。

（2）土壤、水肥管理及除虫防病

① 土壤管理：榕树喜通透性较好的土壤，可用40%的煤渣与60%的火烧土混合搅拌均

匀作为基质，利于根系生长，避免土壤板结。

② 合理施肥：农家有机肥为上品，可用杂鱼、大豆饼、人粪尿混合发酵，腐熟半年后使用。肥效高，无副作用，使土壤保持良好结构，利于植物生长。目前，国内外一些肥料厂生产的多元素有机肥，也十分适合榕树生长。

③ 浇水：浇水看似简单，其实也不易，盆景人有一句行话，叫"浇水须学三年"，形象地说明了浇水的重要性。浇水一定要浇透，忌浇半截水。同时，要视不同季节、不同气候变化而选择不同的浇水方式。夏天天气热，榕树生长快，要每天早晚各浇一次，且注意浇叶面水；冬天树木停止生长，可中午浇水，若晚上浇水，太阳一落山，气温下降，易冻伤叶片根条。

④ 除虫、防病：春天雨水多、气温逐步上升，榕树易得白粉病，应注意除菌，一般可用"多菌灵"、"托布津"、"三唑酮"、"乙酸铜"之类除菌即可；夏天，是虫害易发时期，应定期喷洒"敌百虫"、"敌敌畏"、"乐果"等药剂。

⑤ 盆栽成型的榕树盆景，每间隔3～4年，应翻盆换土剪根一次，时间选在清明后较好。换土是为了确保土壤营养充分，剪根是剪掉盆底老根、病根，促进新根生长。

3. 榕树盆景造型艺术

既要掌握好盆景造型艺术的共性，又要认识好榕树盆景造型艺术的个性，方能创作出精品榕树盆景。

（1）造型艺术的共性　盆景造型艺术，就是以作者观察自然树相的心得，加上作者的艺术修养，对培养一定时间的树桩决定其树型。常见树型式有斜干式（图6-10-7）、直干式（图6-10-8），还有卧干式、多干式、悬崖式等。确定树型后再确定正面（观赏面），调整树势，再掌握时机，加之剪枝、雕刻、剪扎等技法，巧妙利用空间艺术，合理处理疏密及枝

图6-10-7　斜干式榕树盆景

图6-10-8　直干式榕树盆景

条布局，创作出既能保有自然树相，又能体现作者本身个性的盆景作品，最终达到"虽由人为，宛若天成，源于自然，高于自然"的境界。

（2）造型艺术的个性　榕树盆景的造型艺术，同样具备其他树种的共性，但它在整形布冠上却有别于松柏类（采用金属丝剪扎调枝，成型见效快）。如果榕树盆景的枝条也采用此法，就呈现不出榕树枝杈变化有序、苍劲有力、蜿蜒向上、宛如游龙的美感。

同样，榕树盆景的枝杈若全部采用蓄枝截干手法，一味追求寸枝三弯，枝干伸展不开，同样不能很好地体现大自然榕树高大挺拔、雍容大度的自然美。

泉州榕树盆景的造型技艺，既有岭南的"蓄枝截干"，又有江南的"剪扎辅成"。这充分体现了泉州的多元化历史积淀和泉州人的包容心态。

要做好榕树盆景的造型，首先必须经过多年（起码3～4年）的养坯过程。因为大多数山采老树桩，坯头形态各异，枝条繁杂，横七竖八，大小各一；只能通过取舍，去繁存简。可用的自然枝条不多，大多数的坯头只具备树头和树干部分条件，不足之处，只能通过耐心培养，使其新生出符合作者需要的枝条。在养条的同时，树桩本身也从野生转化到家养，其特点是生长迅速、枝繁叶茂、野气罢除、野趣仍存。当枝条比例达到一定粗度，即可采用蓄枝截干手法，调整出枝条变化方向，增加枝条的力度感，达到整体树相造型雍容大度、厚重朴拙的感觉（须培养3～4年）。随后进行鹿角枝和鸡爪枝的细化，使之成型；再经过多年的摘叶、摘心蕊，即可达到成熟状态。一盆好的作品必须经过15～20年的精心培养，方可功德圆满。必须指出的是，这种严谨的艺术创作手法，只适用精品榕树盆景，而对商品化榕树盆景则另当别论。

（3）创作精品榕树盆景　一是要了解榕树的树型；二是要培养美感；三是要掌握好结构，注意合理安排盆景的疏密关系，创造出空间美（犹如中国画的留白）、露骨美；四是要掌握季节时机，及时调整树势，特别要处理好树的结顶变化（结顶的好与差往往关系到一件作品的成败）；创作精品榕树盆景，必须要有足够的年限方能完成，这就是"年功"。

（十一）徐州果树盆景制作技艺

果树盆景是以园艺栽培的果树为素材，按照盆景艺术的手法进行艺术造型和精心培养，在盆中集中典型地再现大自然果树神貌的艺术品。嫁接不仅作为繁殖方法，更是一种造型手段。通过嫁接，可使主干和骨干枝随弯就斜，辅以整枝修剪，按立意进行造型，并按照果树的技术要求，进行栽培管理，使果树盆景正常生长，开花结果，既供观赏又可食用，成为园艺栽培与盆景艺术相结合的艺术品。

1. 树种

果树盆景的树种，主要以北方落叶果树为主，如苹果、梨、山楂、桃、李等。多采用浅盆栽植，单株或合株，树形不拘一格，树体多姿多态。强调主干是盆景的脊梁，重视支干的搭配，力求接近自然，注意果实的摆布，强化美的感受。

选用梨、苹果、山楂和桃为主要树种的原因是：耐修剪，能控制花芽的形成和结果部位；果实丰硕，色泽艳丽；品种繁多；挂果期长，特晚熟种可挂果到春节以后，花果连绵，经冬不落，取材方便。

2. 技法

（1）选材　为了能使果树在盆中开花结果，必须合理地选择果树的品种（接穗）及其砧木（底本），以及它们之间的组合形式。因为绝大多数的果树，都必须通过嫁接的手段组成新个体，才能保持品种的优良结果特性。

① 砧木

a. 苹果砧木：最为复杂，有矮化砧木类，乔化砧木类。矮化砧木又可分半矮化、矮化和极矮化三个等级。

矮化砧木类：现有的矮化砧木，能使嫁接在其上的品种树体生长量小，结果早，产果多。

EM4：半矮化砧木，根系良好，粗根比较发达，根干上有瘤状气生根突起。EM4与金帅、小国光、富士苹果嫁接亲和性好，有良好的盆栽表现。

EM7：半矮化砧木，适应性强，嫁接在EM7砧木上的苹果品种，生长都正常，结果良好，更适合作秦冠苹果的砧木。

EM26：极矮化砧木，嫁接在其上的各苹果品种，枝条粗壮，树体紧凑，结果早，与金矮生和红玉苹果嫁接都有良好的表现。

MM106：生长健壮，有发达的瘤状凸，易扦插生根，枝的韧性好，易于造型。与多数苹果品种嫁接亲和性好，结果早而整齐。MM106砧木生长强壮，在组配盆树时，宜选用生长势偏弱的苹果品种或矮生类型的苹果品种，如红富士、金矮生、秦冠等苹果品种。

乔化砧木类：有很多种，如八棱海棠、泰山海棠、烟台沙果、湖北海棠、山定子等类群。

选用各类乔化砧木制作果树盆景时，不一定都有理想的表现。但制作高档果树盆景时，必须选用乔化砧木中的优良单株，利用它们的发达根系，才能悬根露爪，而且能有较长的寿命。所有矮化砧木的根系则不具备提根的条件，且寿命也短。

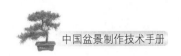

选用乔砧制作盆景，约有60%以上的植株都能在盆中正常结果。但一部分延迟结果或大小年结果严重，少数单株结果不好或结果的年限很晚。如果利用矮生类型与乔砧组配时，多数组合都可以取得良好效果。

b. 梨砧木：种类不多，主要是利用乔化砧木。梨虽然有几种矮化砧木，但是由于嫁接口的亲合性不佳，不适于制作梨树盆景之用。梨树盆景常用的砧木有：

杜梨（棠梨）：乔木，有不同类型，抗旱，耐寒，抗盐碱，是制作梨树盆景的主要砧木，有较广的野生分布，与多数梨的品种亲和性好。是鸭梨、窝窝梨的盆景最佳组合。

豆梨（山梨）：小乔木，根系发达，抗旱，耐涝。有几个类型，是制作盆景的重要砧木，亦可作为西洋梨的砧木，如红巴梨、日面红、熏梨、长把梨、今村秋等，有好的表现。

另外，秋子梨、沙梨的野生种亦可用作梨盆景的砧木。

c. 山楂砧木：主要是利用山楂本砧的分蘖苗进行繁殖，另外还可以用野山楂作砧木，在我国有17种，乔灌木均有，分布甚广。山楂砧木对环境的适应性强，耐严寒和高温。

山楂砧木与现栽培品种都有良好亲合性。盆景组合常用的如大金星、红绵球、豫北红、小金星、大货等。上述十余种野生山楂，大都可用作山楂盆景的砧木，一般嫁接后第二年即能结果。

d. 桃砧木：常用的有两种，即毛桃和山毛桃。毛桃抗寒，耐干旱，抗湿，根系发达，与多数品种桃嫁接亲合性强。山毛桃抗寒、抗旱，但不耐湿。

另外，寿星桃、麻叶樱桃、榆叶梅亦可用作桃树盆景砧木。在制约树冠旺长、提早结果方面，具有一定的矮化效益。

② 适于盆景选用的果树品种：果树品种极为繁多，梨品种千余个，苹果品种数千个，山楂和桃亦有很多品种。由于结果的成熟期、坐果的难易、果实的色彩等因素，不是所有品种都适于作果树盆景的。

现介绍适于盆景的部分果树品种如下。

梨品种：长把梨、鸭梨、雪花梨、窝窝梨、大香水梨、熏梨等。

苹果品种：新国光、青香蕉、青光、新红星、瓦里、陆奥、秀水、金矮生、红富士，及其短枝型品种等。

海棠品种：秋海棠、八棱海棠、大棱麦海棠、冬红果、石榴海棠等。

山楂品种：大金星、红绵球、敞口、大货、粉口、豫北红等。

桃品种：黄肉桃、中华冬桃、雪桃等。

（2）嫁接　在园艺上，为了保持果树品种的优良性状，长期以来都是采取嫁接方法繁育果树的。果树盆景则通过优选砧（根、桩）穗（果）组合，应用大枝综合嫁接技术手法，使果树在盆中快速成型，并提早结果（图6-11-1）。

（一）将砧木桩修根后上盆，培养一二年稳根后嫁接

（二）先将多余的乱枝剪除，依据树型的设计，选留生长健壮、位置适宜的枝作砧木

（三）从果园选取接穗，严格要求用粗壮、无病虫害的一至三年生枝条，以求提早结果

（四）砧木和枝组（接穗）临时配合示意

（五）接穗的三个削面（自左至右）：大斜面为2.5~3厘米，小斜面为2~2.5厘米；形成层调整点0.5厘米

（六）接第一枝组

（七）接第二枝组

（八）接第三枝组，切接口时注意切口的先端不要超过枝条的中心线，这样结合紧密，成活快

（九）剪掉刀口上部枝段

（十）插接第三枝组（依此可以一次接更多枝组）

（十一）塑布绑扎，嫁接完成

图6-11-1 果树盆景快速成型嫁接法

嫁接时的温度、湿度、光照、嫁接时间等外部条件，嫁接的技术熟练程度，以及对不同树种所采用的嫁接方法，都是影响嫁接成活的因素。

① 砧木及接穗的来源

A. 砧木来源

a. 利用果园更新换代的树桩改造：由于果树新品种的不断出现，果园更新换代淘汰的果树，可以收集利用，制作果树盆景。经过重修剪培养后进行嫁接，一般在四五年间即可形成良好的果树盆景。

b. 山野掘取：我国野生果树资源极其丰富，特别是山楂、梨、桃、柿的野生砧木分布更广。苹果的野生砧木分布极少，但野生梨砧、山楂砧、桃砧往往能收集到理想的大桩，经过嫁接改造，在三五年内即可形成具有一定艺术价值的果树盆景。

c. 幼苗培育：果树盆景砧木，幼苗培养，可用种子繁殖和插条繁殖，缺点是花费时间较长。想培养具有桩形的砧木，在地栽情况下也需五至七年时间。桃砧生长较快，亦要三

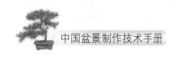

四年。

B. 接穗的来源：各种果树盆景的接穗，可在果园的大树上选择。根据所需的果树品种，以盛果期大树向阳面中上部枝条最为理想。

② 嫁接时期的选择：应考虑砧木和接穗自身贮藏养分的多少，植物的蒸腾量及树液流动的温度等因素。依据上述要求，果树盆景快速成型嫁接时间，应选在早春或晚秋蒸腾量小、温度适宜、昼夜温差较大、树体贮藏养分充足时进行。

一般果树盆景的嫁接，春季宜在2月中下旬至4月上旬最好。在满足砧木和接穗对低温要求的前提下，尽量以提早嫁接来延长嫁接成活后植株的生长期，这对于翌年的花芽成型，提早结果，都具有良好的作用。提早嫁接必须利用温室或塑料大棚的保温条件，才能取得好的效果。秋季嫁接的理想时间，应选在9月上旬最好，这时是果树的积累贮藏期，有利接口愈合。

③ 砧木和接穗的低温处理：不同种类的果树和不同果树的品种，休眠期间对低温的感受量，都有各自的要求，如果不能满足其解除休眠所需的低温时数，则嫁接成活后一般表现生育不良。利用孕花枝嫁接时，也往往引起败育。常绿果树无明显的休眠期，所以对低温的要求，不像落叶果树那样明显。所以必须强调，果树盆景提早嫁接时，必须首先满足砧木和接穗对低温的要求。

一般北方落叶果树的生物学零度，多在6～10℃，所以盆中砧木和接穗能接触5℃以下低温，40～60天时间（不同树种的休眠深度不同）即可满足其对低温量的要求，使其解除休眠，才可用来嫁接果树盆景。

④ 嫁接的种类和方法：果树的嫁接方法有多种，但果树盆景的嫁接，主要要求其成型快，结果早，同时具有一定艺术效果。果树盆景快速成型综合嫁接法有如下几种。

A. 斜劈切接法：是制作果树盆景的主要嫁接方法。特点是：选用已结果的枝组作接穗，可任意选择砧木上的部位嫁接，可以随弯就斜，不受砧木形态限制，运用自如地根据需要在嫁接过程中造型，使果树盆景成为自然生长与嫁接艺术相结合的产物。此法嫁接速度快，砧穗刀口结合严密，愈合快，成活率高。

a. 接穗的选择和切削：果树盆景快速成型，是利用大的结果枝组嫁接，这就要求接穗具备一定的形态条件，即有一些小分枝和一定的弯曲度。这样的接穗，须到已结果的大树上，选择生长健壮、节间较短、叶（花）芽饱满的二三年生枝。一般选树冠南向果枝，嫁接时再复选，修剪调整（图6-11-2），使接穗紧凑，按照嫁接部位的配合和要求，调整接穗的形态和大小。

削接穗和切砧木必须用切接刀（图6-11-3），以使切口密切接合。先在枝组下芽的侧上方约1厘米处下刀（夹角约20°），削一个小斜面，长度为2～2.5厘米，削面要紧靠芽的一

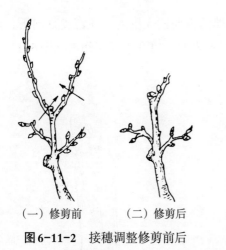

（一）修剪前　　（二）修剪后

图6-11-2　接穗调整修剪前后

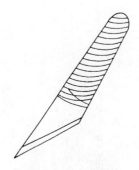

图6-11-3　切接刀

侧，然后把接穗反转180°角，再在芽的另一侧上方1.5厘米处下刀，削一个大斜面，长度为2.5～3厘米。然后再把削有两个斜面的接穗转90°角，把两个削面所夹的芽正对上方，把接穗的尖端斜削去约0.5厘米，露出形成层，叫作形成层调整点。以便向砧木切口中插接穗时，可以清楚地看见砧、穗形成层接合的情况。

留刀口芽是为了利用芽的生命活力，加速愈合和提高成活率。

b. 砧木的要求和切砧木：经过地下养桩或上盆培养的砧木，砧木的生长势必须旺盛，应在3厘米以上，可作生命旺盛指标，适作果树盆景快速成型的砧木。

在砧木的一至四年生枝上，都可以选择接口，进行嫁接。切接口时，切刀与砧木呈20°～25°的夹角切入砧木，切入深度为砧木直径的三分之一至五分之二，面深稍长于接穗的大斜面（图6-11-4）。

切入太深或太浅，砧、穗的紧密合力都小。插入接穗时，稍留一点半月形的伤口面，用于愈合后封闭伤口。插入接穗时在形成层调整点处，可以清楚地看到砧、穗形成层结合的情况（图6-11-5）。插好接穗后，即可用塑料布条绑扎固定，多缠几次，借塑料布的弹性回缩，把砧、穗紧固在一起。

B. 绿枝嫁接法：是果树盆景制作的辅助方法，绿枝嫁接的时期，多用在六七月的夏季高温期间。绿枝嫁接是利用当年生半木质化的新枝作接穗，除去刀口斜面，可留三四芽，接后一般10天即可萌发，当年形成二三个新枝。

a. 接穗切削：选半木质化新枝，长5～7厘米，摘去叶片，枝段上端保留三四个芽，在第四芽的下部起，削一舌形长面，然后把舌面两侧的皮稍削去一些，使露出形成层，舌面的长度为2.5～3.5厘米（图6-11-6）。

b. 砧木切削：选砧桩上当年生或二年生适合嫁接的部位，剪掉上部，用刀从剪口处向

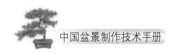

下切开皮，深达木质部，挑开皮层即可把接穗的舌面插入皮内，注意皮部向下，用手保护砧木皮层，使斜面木质部完全结合，稍留半月形木质，以利于封闭伤口（图6-11-7）。嫁接口用塑料布条固定。

图6-11-4　砧木的斜面切口

图6-11-5　砧木、接穗形成层结合点

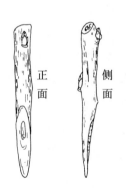

正面　侧面

图6-11-6　接穗切削示意

半月口

图6-11-7　砧木切削

⑤ 嫁接后的管理

A. 调节温湿度：果树盆景的快速成型嫁接，一般提早一个多月的时间，由于外温尚低，所以盆树都放在温室或塑料大棚内，可以控制和调节温湿度。一般把温度调节在20～25℃，夜间也应在10℃以上，这对多数果树都是比较适宜的。空气的相对湿度，前期应在90%以上，以防接穗失水而影响成活率。一般经20天至一个月，待接穗萌动后，空气相对湿度可以降到70%左右。如果是室外自然条件下嫁接，则嫁接的时间要比在室内晚，待气温接近果树萌动所要求的温度时嫁接。

B. 抹砧芽：果树嫁接后，由于砧木先于接穗萌动，另外，嫁接时剪去了砧木地上部分枝条，使砧木的养分更为集中，所以，砧木上的芽迅速生长，特别是接穗附近的砧芽，如不及时清除，将影响接穗的萌发。必须定期检查，及时抹掉。有些砧木的芽萌发力甚强，一般要进行二三次。

C. 授粉：对于快速成型、希望当年结果的盆景，在盆树开花期进行人工授粉是十分必要的。可同时用不同品种多接几盆，待嫁接的不同品种花开放时，可用毛笔蘸花粉互相传粉，授粉的时间以上午10时前最好，要反复进行多次。

（3）造型与修剪　要依据成花自然规律和开花结果的特性，再按照盆景艺术的创作要求进行造型。

① 造型原则：果树盆景是以观赏果实为主要目的，兼收观花、观枝、观叶的效果。因此，果树盆景必须保持一定量的绿色面，最低限度的叶果比，才能再生花芽。

作为结果树，树的生长势又必须保持在一定强度的情况下，才能每年分化出花芽来，正常开花结果。所以，果树盆景只能依据其成花的自然规律和开花结果的特性，进行合理的适合果树生理特性的修剪造型；而不能为造型任意削弱树势。因为不到一定生长势的弱树，是不能正常结果的。

果树结果，一般是在盆中果树生长势中庸或偏旺的状态下，才能正常开花结果。生长太旺或生长太弱的树，都不易结果。所以，果树盆景不能像其他树木盆景一样处理。

② 造型：果树盆景的造型和艺术加工，主要用在主侧等骨干枝上，可通过嫁接、攀扎、扭曲，形成多姿多态的树形。作为果树桩景，主干至为重要，主干是果树盆景的脊梁，主干的高低，多姿形态，直接影响着盆景的艺术效果。

果树盆景的造型基本形式，如一般盆景一样，有以下几种。

A. 垂枝式：适于稍高些的主干，宜选用细枝易下垂类型的果树品种，经适度的人为加工，树冠的枝皆可下垂，具有垂柳之飘逸、迎风摇曳特色。选用果树品种有：红鸡冠和富士苹果，鸭梨和小黄梨。

B. 直干式：主干直立明显，不弯不曲，层次分布有序，树冠是不等边三角形，端庄雄伟，生机盎然，攀成层形果树结构，具有果园大树之风貌。

C. 悬崖式：树干虬曲下垂，倒挂出盆口，似悬崖峭壁石隙间的古木苍柏，几经日月风雨的雕琢，是人们喜爱的形式。唯较难控制生长的平衡和养护。

D. 双干式：一本双干或两本合栽于一盆，树干微曲有变，双干一高一低。双干式盆景易于协调，是采用较多的形式。

③ 修剪

A. 修剪的作用

a. 调节盆树与环境的关系：为使盆树能充分利用光能，树体结构必须合理，稀疏的枝干，矮小的树冠，清晰的层次，有利于通风和透光，以提高光合作用的效率，这就要通过

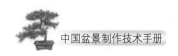

修剪，为盆树创造一个好的微气候条件。

b. 调节树体的生长发育和营养状况：果树的结果和生长是一对基本矛盾，即生长发育和结果之间的养分竞争。修剪可以改变枝条的极性和方位，使枝条之间生长平衡，疏密适度，能分化出分布均匀的花芽，在需要的部位上开花结果。

果树地上部分与根系是相互依存相互制约的，两者保持着动态平衡，任何一方的增强或减弱，都会影响另一方的强弱。合理的修剪地上部和根系，也是使果树能在盆中矮化的辅助手段之一。

所以，树上花果的数量，应与营养器官的数量相适应，必须通过疏剪花芽和疏果，来完成树体营养的调节和再分配。

c. 控制结果的部位和数量：果树盆景，除桩型、树枝和树态、配盆和几架外，更重要的就是结果的多少和在什么位置上结果。一般果树都是在枝的先端开花结果，年年向外移动，在树冠的外围结果。而作为盆景，则要求树上的果实内外都有，定量结果，以内为主，分布均匀，年年有花有果，不能放任自然结果，只能用修剪技术去完成它。

d. 调节叶果的比例：在果树盆景的管理上，为了控制果树大小年结果现象的发生，要求有一个恰当的叶果比例。以苹果为例，盆中果树每个果实平均要有40片叶左右，才能保持连年结果。为了使盆树上的叶果能合理分配，可用修剪的方法来调节。

B. 修剪的时期和方法：果树的修剪分为两个时期：休眠期修剪（冬季11月至翌年2月中旬修剪）和生长期修剪（5~8月份修剪）。

a. 冬季修剪和生长期修剪：冬季修剪的好处是树叶全落，树冠层次清晰，修剪方便，利于造型。休眠期的养分贮藏充足，剪去部分枝芽后可使养分集中，有利于翌年的开花坐果和新梢生长。果树在萌芽期剪去枝的先端，可破坏先端优势，减少了生长素类的含量，能提高枝条的萌芽率，使新梢的数量增多，树冠丰满紧凑，这在幼期的盆树上是经常采用的。

夏季修剪的量宜轻，运用得好，能促使花芽的分化和形成，以及果实的增长。一般生长期修剪因时间早，二次梢生长则旺盛。如苹果、梨等可以连续对二次梢摘心，桃有时经过3次夏剪，才可控制年生长期间的旺长。

所以，一般对落叶果树盆景的修剪，都是在休眠之后、严冬之前进行；另外，往往还需进行一次开花前的复剪。

生长期的修剪，只是在冬季修剪的基础上进行的辅助修剪，以控制盆树按照冬季修剪的意图生长。对于常绿果树的修剪，大都是在严冬以后、春梢萌动之前进行。

b. 修剪量：是指根据树冠的大小、年龄和生长势的强弱，剪去器官的多少，即剪掉枝条的百分比。

一般对于生长正常的盆中果树修剪得越重，则促进生长的作用越大。轻度的修剪则有利于生殖生长，使果树向开花结果的方面转化。长期轻修剪会使树体转弱，结果部位外移。

所以，果树盆景的修剪强调适度，适度的修剪既能促使枝梢的生长，又能及时停止生长。果树在年生长中期以后，由于枝叶量扩大，碳水化合物积累增多，有利生殖生长。一般都是对幼旺树轻剪缓放，对老弱树和弱枝进行较重的剪截，以达到强旺树能缓和生长、向生殖生长方向转化，并促进弱树弱枝加强营养生长的作用。

c. 修剪的方法：有短截、疏剪、缓放、舒枝、摘心等手法。又因为不同树种和品种，有开花结果习性上的差别，把果树盆景分为三种类型修剪：轻剪缓放的树种，如苹果、石榴、木瓜等；重剪短截的树种，如桃、葡萄、中华猕猴桃等；介于以上两者之间的树种，如梨、李、柿、山楂等。

（4）管理

① 盆钵：盆的色泽以浅色为好，因为多数果实的色彩艳红而且多变，浅色的盆盎与果实能形成较大的反差。

以制盆的原材料来分：可以分为素烧盆、塑料盆、紫砂盆、陶盆、瓷盆诸类。实践证明，在果树盆景中，不论选用什么材料制作的盆盎，只要能因盆用土、浇水和施肥，管理得当，都可以使盆树正常生长发育，开花结果。

② 盆土：各种果树对土壤的通气条件要求各异，柑橘对缺氧不敏感，而桃树的根系对缺氧反应最敏感。对土壤的反应要求也因树种而异，柑橘要求酸性土壤，苹果、桃、李多喜中性土壤，葡萄则可生长在微碱性土壤中。

果树盆景的盆土，不能直接利用各种自然土壤，必须利用几种土壤材料来配制。第一，基本要求有较多的孔隙度，使土壤中能有较多的空气存在；第二，土壤必须疏松，不易板结，所以往往加入一定比例的腐殖土；第三，要求盆土既能排水，又能保持水肥，所以必须加较大比例的重黏土；第四，加入少量的腐熟肥料，作为盆土的基肥。现介绍两种盆土配比。

A. 风化黏土40%，工业炉渣40%，厩肥10%，稻壳灰10%；

B. 腐叶土40%，黏土40%，厩肥10%，草木灰10%。

盆土配好后，一般要经过消毒再使用，目的是消灭土壤中的病虫源及一些杂草的种子。对盆土的消毒可用0.1%福尔马林液均匀喷洒，然后堆起，以塑膜封闭24小时，即可达到熏蒸消毒的作用。然后揭去塑膜，再翻开晾晒48小时，使福尔马林完全挥发后再使用。

③ 施肥

A. 特点：果树每年都有大量的落叶，修剪枝条和采收果实而带走大量营养物质。所以果树盆景比一般树木盆景和花卉需要更高的施肥水平。果树的生长和养分分配都有自身的

规律，一般养分首先满足生命活动最旺盛器官的需要。落叶果树的根系，在萌芽前已开始生长，因此早春施肥应在根系开始生长之前施下，才能更好地发挥肥效，以补充树体内因萌芽和开花所消耗的贮存养分，这对于当年的新梢生长、花芽分化都有重要作用。在果实膨大之前可提高钾肥的比例，磷肥的需要量不大，一般不专施磷肥，盆土及施肥中的配合磷已能满足盆中果树的需要。

盆中果树根系的生长高峰与新梢的生长高峰，是相互交错生长的，在五六月份新梢生长的旺期，氮肥供应要节制，一般不专施氮素肥料，以抑制新梢的加长生长。9月份开始要控制氮素肥料的施用，防止秋梢的发生和旺盛的生长。

B. 方法：盆中果树主要依赖液体肥料，常用饼肥水。通常根据季节、气候特点、果树的不同生育期进行施肥。

a. 催芽肥：果树萌芽前，一般在2月下旬至3月上旬，给盆中果树施一两次速效性的液体氮素肥料，浓度可在（150～100）：1，每盆浇肥水1千克左右，以补充树体花期养分的大量消耗。

b. 幼果肥：在盆中果树的盛花期和盛花期后两周之内，为使肥效能尽快发挥作用，常用根外追肥的方法，可用0.3%的尿素或磷酸二氢钾喷两次，每次间隔7～10天，对于提高坐果率，改变树体氮素含量，促使翌年花芽形成，具有良好的效果。

c. 常用肥：果树盆景盆钵较小，土容量少，所以花期后，每隔7～10天，浇一次饼肥水（常用量为150：1）。如果盆土的碱性较强，可改变盆土的反应，防止果树秋梢黄化。

d. 控制肥水：在高温多雨的夏季，应减少肥水的施用，主要指含氮素肥料，可改用含磷、钾之类肥料，以控制旺长。同时注意垫盆排水，防止水涝烂根。

e. 积累贮藏肥：入秋之后进入短日照季节，昼夜温差加大，盆中果树呼吸消耗减少，是果树积累贮藏的良好时期。这时要加强肥水管理，可每周施肥水一次，充实树体贮藏养分，这对于花芽分化，安全越冬，及翌春的开花坐果，都具有重要的作用，肥料以豆饼水最好。

④ 浇水：要根据盆中果树在一年中各个物候期对水分的要求和气候特点等情况确定浇水量；果树新梢迅速生长期和果实加速膨大期，果树需水较多；在高温夏季，每天都应浇透水一两次；特别对浅盆往往要放在水中浸盆。浇半透水会使盆树产生生理失水而发生叶烧。经常供水不足，树冠下部叶片易于黄化早落。

盆中果树年生长后期，由于气温渐低，果树的蒸腾蒸发量减少，应减少用水量。

果树盆景多用浅盆，理想的供水办法是渗灌和滴灌。渗灌是从盆底靠毛细管作用把水分引升到盆土中去的，不会使盆土板结，更不会出现浇半截水的情况。

滴灌是水一滴滴慢慢渗入盆土中的，虽然水量小，但因是连续不断，能及时补充蒸腾所消耗的水分，使盆土不致过湿，这就保证了盆土的透气性，有利根系活动。

（十二）柏树丝雕制作技艺

柏树是常绿、长寿树种，我国分布较广，变种较多，树姿也不尽相同，有的高大，有的匍地，叶形更是多种多样。

由于柏树的自然特性比较符合盆景艺术追求的境界而受到人们的喜爱，它以生命力顽强、四季翠绿、浑厚庄重、苍古雄奇、韵味十足的优良风格，成为盆景用材的主要树种之一，在中国盆景艺术中占据了特有的地位，经久不衰。

1. 柏树盆景研究与丝雕手法

柏树盆景在创作过程中，常进行合理的夸张，以体现"苍古意境"。

柏树的"枯面景观"，盆景界习惯地称之为"舍利干，神枝"。"舍利"一词出自佛教文化，由国外传入。"意译'白骨'"。早期被日本盆景界吸收于盆景艺术中，主要依据柏树的特色来表现和衬托"精炼之至"的意境。我国在数百年前就有对盆景创作的"夸张"意识，但范围有限，远没有现在大起大落的展示水平。自国外柏树盆景的创作信息由多种渠道传入我国后，给我国的盆景领域带来了一定的影响，对柏树盆景的研究和创作起了推动作用。"舍利干"所体现的实质含义：一是"舍利干"的形成和存在，是体现岁月年华的表现，是沧桑的写照，在作品中合理地突出这一点，能恰如其分地展示作品的涵义。二是"舍利干"的景观本身存在着许多美的文化意识，有许多的内容值得欣赏和沉思，在创作时，可以充分发挥作者追求美的理念，增加艺术效果，并使其成功，从而使创作者在精神上获得满足。

柏树盆景夸张的体现，主要是在"舍利干"的创作景观，其夸张的范围和深度比较丰富。丰富不代表固有，丰富只能说明变化。如果采用无限的、教条似的夸张，就会失去创作的中心目的，偏离我们所要得到的艺术效果。

柏树木质的天然特性提供了创作"舍利干"的天地，使用不同的工具仅仅是一种手段，关键是创作的效果如何，是否有变化，气质的表现力如何，像不像柏树的枯干。依据树材的条件，枯面面积的大小与绿色部分的比例关系是否体现了一定的个性，整个作品的内在表现是否成功，这些问题都有待于思考和总结。

柏树"舍利干"采用"丝雕"的手法，是由台湾的盆景艺术家创立，"丝雕"一词由郑诚恭先生首提。早期日本盆景界在创作柏树盆景时，主要是采用机械工具来完成"舍利干"的雕刻，为了达到夸张的效果，他们付出了极大的努力，并取得了成功，由此诞生了

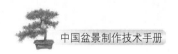

许多知名的艺术大师，其艺术的感染力影响了整个盆景艺术界。随着时代的发展，文化意识的提高，发现用机械工具创作的"舍利干"有其局限性，机械痕迹较重，自然性方面也欠缺。为了完善和提高创作"舍利干"的手法，出现了"丝雕"的雕刻手法，这种方法较好于机械手法，并使柏树枯面的景观更富有变化，更细，更自然，把"舍利干"创作的水平提高到了一个新天地。

"丝雕"的手法实质就是使用专用勾刀撕拽柏树的丝路使之变化，以达到所需的艺术效果，又称"手撕法"。但在创作柏树盆景的过程中，全部采用"手撕法"是不可能的，必须要与机械工具相结合才能完成。

柏树"丝雕"的构思，应依据柏树材料自身的纹路变化而定，因为每株柏树的纹路是不一样的，如直干式的树坯，其既有直上直下的，也有略带弧线成小弯曲变化的，甚至有的是云龙缠柱似的。在同一株树中，局部的纹路变化也是多种多样的，所以在创作过程中，要顺其纹路的变化而构思，一切从实际出发，这样创作的效果就较自然，变化的夸张手法就能达到好的效果。具体丝雕变化的操作，要依据自然界柏树枯面的变化之景并贯穿于创作的思维之中，在实践中，逐步提高丝雕的层次，并总结经验，以达到熟练而富有成效的水平。

如果强行地切断纹路，一味地按照主观想象去雕刻，虽会有立体感，但容易造成自然性失真，较为呆板和粗糙，况且难度也不小。同时会使局部木质开裂，时间久后，断裂处的木质会部分脱落，影响观赏的效果。在使用机械工具雕刻时，一定要顺其纹路变化而实施雕刻，否则会影响后期工序以及造成整个创作的失败。力争克服"扒了皮，拉了槽"就算是大功告成的现象，"舍利干"是一种艺术，是一种文化，不可轻视。

在柏树盆景的创作中，应依据材料的不同，造型定位的不同，对待不同形态的树材，"应材而置"，使树形多样化，风格多样化。

在"舍利干"的创作时，不可疏忽绿色部分的研究，如侧枝条的走向及运动的形式，条点的选择，叶片的处理效果，内结构的合理性等，都是相当重要。要提倡盆景艺术的整体性和统一性，不可人为地有意或无意将它们分隔开来，注重"舍利"的分布及表现效果，同时更应提倡绿色部分个性的表现。

柏树由于自身和大自然的共同作用所致，产生枯面、枯枝现象，只要还有生命存在，那么会产生所供养生命的活的"凸"型皮层现象，也是柏树个性的重要的特征之一。皮层线路现象，其变化无穷，如同木纹变化一样，令人叫绝。目前盆景界将供给水肥的皮层俗称之为"水线"、"水路"，名称不同，所反映的自然现象是一样的，不管用什么称呼来反映这种现象，同样给我们在创作过程中增加了新的艺术要求。

皮层线路的设计涉及曲直、出奇、沉闷、灵气等方面的艺术反映，而且这种现象是同

"舍利干"的艺术效果紧密地联系在一起，其综合展示力在总的艺术效果中占据了相当重要的地位。所以在柏树盆景的创作过程中，一定要全面审视材料的条件，作出皮路、舍利干、绿色部分的整体构思，这三者缺一不可。皮层线路的运动方向原则上要按其木纹的变化而设计，它的宽窄之分也应据树材的整体条件进行考虑，该宽的要宽，该细的就细，根据侧枝条的选择决定把条点与皮层线路联系起来，以保证绿色部分的正常生长。所以供养水肥的皮层造型艺术性值得我们注意，从根部到顶部都应仔细检查是否合理、美观、健康，以达较好的艺术效果。

我们在赞美古柏的魅力时，在思考创作艺术的定位时，审美观是重要的。需要自然，但不能采用纯自然主义，要寻找和创造艺术精彩画面，就要正确地吸收和观察自然，找出艺术的价值所在，不能如愿地达到这一目的，就不可能充实提高艺术水平。"我们将不好的东西除去，那么剩下的就是好的了，美的东西就多了"，这句话是很有哲理的，希望能从中"悟"出一点道理。

2. 柏树盆景丝雕创作技艺

柏树盆景的创作方法和程序，盆景界还没有统一的标准，各人的技法不尽相同，所使用的工具也不一致。有的采用机械工具进行"开坯下料，雕刻打磨"，但多数已对丝雕手法予以赞同。实践证明，"丝雕"手法的优越性是符合自然演变规律的。

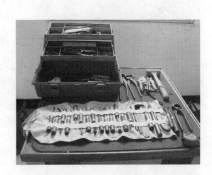

图6-12-1 创作工具

（1）创作柏树盆景的工具（部分） 见图6-12-1。

（2）正面 经挑选的刺柏树材，主干直径约30厘米，高度185厘米，主体树干为枯干，正面无"水路"和侧枝，顶部附干直径9厘米，但条点太高，中部以下左侧枝直径4厘米左右，其余为繁杂枝；根部条件较好（图6-12-2）。

（3）背面 背面中部有侧枝两条（图6-12-3）。

（4）设计图 经仔细观察，在现有的树材条件下，构思造型设计效果图（图6-12-4）。

（5）造型 造型定位基本明确后，将不需要的枝条剪去。裁剪时，原则上不要将基部以上全部剪去，适当留一段，以备它用（图6-12-5）。

（6）原坯形态 天然枯干（局部），虽自然但不美

图6-12-2 正面

图6-12-3 背面

（一）

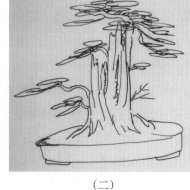

（二）

图6-12-4 设计图

图6-12-5 造型

图6-12-6 原坯形态

观（图6-12-6）。

（7）应材施艺　结合柏树盆景自身条件构思创作"舍利干"的景貌，以体现柏树文化的特征效果，力求达到"沧桑与奋斗"的精神。

创作"舍利干"时，要顺其木质部的丝路变化而逐一深化，创作过程俗称为"丝雕"。进行"丝雕"先从梢端锯口面开始，由上而下，用大号钩刀进行操作，先剔除少许的表面层木质部。"丝雕"基本含有两种方式，一是机械工具使用较多，手工辅之；二则相反。本文主要体现手工创作（图6-12-7）。

（8）开坯　丝雕"舍利干"开坯时的状况（图6-12-8）。

（9）矮化　主枯干矮化后的状况（图6-12-9）。

图6-12-7 应材施艺

图6-12-8 开坯

（10）丝雕"舍利干"（图6-12-10）

① 随着不断地深入，需边思考边操作，变换不同的丝雕钩刀，力求达到变化、自然的效果。图6-12-10（一）为丝雕"舍利干"的细节部分。

② 主枯干丝雕"舍利干"后的实景，从图中可以感到"舍利干"的变化趋向大气，不繁琐，而且流畅和自然，既有变化又交代明了，与原始概貌已完全不同。

③ 作者在进行最后的细雕处理。作品完成后，要再次审查"舍利干"部位，大局决定后，细节很重要。

（11）根部处理 由于造型艺术的需要，根部的处理不能完全用钩刀进行"丝拽"，所以要结合电磨来解决。在使用电动工具时，力求按其自身的丝路进行雕作，尽量要与手工丝雕相协调，富有一致感（图6-12-11）。

图6-12-9 矮化

（12）表面处理 使用小型电磨工具配以微小钢丝刷进行"舍利干"表面的清理工作，以达到表面层干净利落，纹路清晰，否则今后使用"石硫合剂"后，表面层会显示粗乱，极不美观。自然产生、自然消失的纹理现象就不可能显示出来。因此，在创作时，力争达到丝纹的变化要干净明了。"舍利干"的美感说到底是由不同的线条来体现的（图6-12-12）。

（一）

（二）

（三）

图 6-12-10　丝雕"舍利干"步骤

图6-12-11　根部处理

图6-12-12　表面处理

（13）绿色体造型　创作"舍利"工作暂时完成后，再进行绿色体的造型，为了方便顶部的剪扎，必须先将附干拉弯，让出上部空间，拉附干时的状况可见图6-12-13。

（14）主梢干处理　主梢干的侧枝较多，但条点太高，而且附干也太直，根据造型，需作大力度的处理。但此干径有9厘米左右，直接拉弯有难度，因此须将其附干内的木质除去，减少阻力。第一步——顺其纹路开槽，宽度可控制在1.2厘米左右，槽缝不宜过宽（图6-12-14）。

① 附干内腹木质抽空后的状况。

② 将细橡皮条逐一填入附干内（顺其附干的上下方向）。

③ 适量加一些铝条与橡皮条混合填实，

图6-12-13　绿色体造型

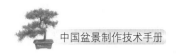
密度适中，完成后用宽布带紧紧地缠绕绑紧。

（15）弯曲部处理　在弯曲部绑扎加力棒，以便操作时使用。用"花篮"螺丝，配合进行旋转运动态势，在操作时，力求均衡运行，不可野蛮操作（图6-12-15）。

（16）侧枝处理　稍粗一些的侧枝条若需弯曲时可用白布带或其他材料将其绑扎，再缠绕铝条，侧枝条作下垂态势时，弯曲的角度要小，弧度不要过大，但较粗的枝条若要一次性达到这种要求就较难了，可分数次调整。柏树盆景的造型，枝条采用"长条性"为多，主要突出柏树的洒脱浑厚之感（图6-12-16）。

（17）初步造型后的状况　基本上达到了原先设计的效果，随着今后的养护管理和深化提高，其效果定会比目前更加成熟和完美（图6-12-17）。

（一）

（二）

（三）

图6-12-14　主梢干处理

图 6-12-15　弯曲部处理

图 6-12-16　侧枝处理

图 6-12-17　初步造型后的状况

七 山水盆景制作技艺

　　山水盆景是利用自然界风化有形、体态适可、能改动组合的"荒岩野石"作为山水盆景制作材料，它在制作中除了参考真山实水，还参照中国山水绘画章法，在构图布局上借鉴中国山水画理论来佐证山水盆景的创作与研究。

　　山水盆景是技术与艺术的糅合，是具象与抽象、现实与幻想的结合。它以石为创作主体，采用同一石种，注意颜色、纹理的一致，经过认真选料、周密构思、巧妙施艺，将心目中储存美好的大自然明山秀水、怪岩奇石浓缩到咫尺山水盆内，具体反映出真实山水的生动效果；再在石上栽种比例合宜、疏密得体、遒劲苍翠的小树桩，滋满绿苔、点缀亭台屋宇，水中舫有船筏，盆下配红木几座，一盆"景、盆、几"三位一体的、实实在在、具有独到艺术效果的山水风景展现在面前（图7-1-1）。

（一）软石山水盆景制作技艺

图7-1-1　景盆几三位体

　　软石在地质学上是无用之物，称不上为"石"，是山岩经漫长的化学、物理、生物等作用重新"卤化"组合形成的"石头"。软石质酥不致密，不用强硬手段便可琢成形态，适宜盆景的普及，往往硬石无法表达的形态、皴法，可以在软石加工中淋漓尽致表现出来，成为山水盆景中重要材料。软石虽然平淡无奇，品种也不如硬石丰富，又易风化损坏，但材料来源广泛，尤适合盆景初学者制作，还是精雕出精品的理想材料。另外，软石比硬石轻、易搬动，吸收水分及保持水分好，利于植物生长发育。

　　软石选材一般不受外形条件制约，但对体量、质地要求严格，大小适合盆内空间需要，表理质地均匀、无破损裂痕，作近山细腻型的精雕细刻是最理想的。若质地粗犷者可大刀阔斧随意发挥，奇异造型任凭想象加工。

　　软石造型手段靠手法及工具之间的相互配合，虽然加工方便，但要塑造好形态则较难。材料原始之态不可能给人什么启示，在混沌之中开劈出山的来龙去脉，神情气势实属不易，完全凭想象和认真仔细的加工及日积月累的技法技巧。想在前、做在后、边想边做、边做边改，是软石成功手段。在实际操作中不可能作任何位置上的调动及体量上的增添，它是一个缓慢的"减法"过程。事先可以有一个粗略的构想，具体要在实施技法中去完善。制作中可以先轮廓后细部、先实后虚、先直后曲、先密后疏、先简后繁、逐步具体……脑子中要有丰富想象，预见到效果，有把握准形态的手段及临危不乱的心态，方能加工好手中软石的形态。

1. 常见石种

（1）六射珊瑚　俗名海母石、海浮石、珊瑚石等，为珊瑚礁石一种，是海洋生物形成的"石头"。六射珊瑚是由它的骨骼遗体聚积生成，珊瑚虫是生长在热带、亚热带海洋中的一种腔肠动物。它体态很小，喜欢群居，繁殖很快。珊瑚虫死亡后新的珊瑚虫又迅速生长、不断交替、越聚越大，由于受外力作用成块状随浪涛冲漂到海滩，所以外形成不规则球状，打捞出水沥干后选作山水盆景上乘材料。珊瑚虫品种很多，唯有六射珊瑚洁白细嫩、体态大（聚积体量大成大块状，别的珊瑚成树杈状、板状等）、质地均匀、硬度低（1.5级），适宜山水盆景的精刻细镂，尤宜近山精细风格的刻划，而且可以染色增添景观变化。该石有盐碱性，造型后放淡水中浸泡，淡化后方可栽种植物。另外，选料时注意有否隐裂及硬度的近似（两块以上）。产福建、广东、广西沿海及东南海域诸岛处。

（2）沸浮石　俗名浮石、江水沫子、泡沫石等，是火山喷出物一种。喷出时内部充满了二氧化碳等气体，内部形成了大小密集气孔。浮石成分为二氧化硅、钾、钠等，形成多孔、疏松结构，比重小于1，不论大料碎屑全能浮在水面而得名。该石在火山周围，由于内部多孔、质轻，含水易冰裂风化，一般成不规则球状，体态大的很少见，选材时注意有否隐裂及注意颜色的近似（两块以上）。产东北吉林、黑龙江火山区。

（3）灰华（泉华）　别名沙积石、上水石等，产石灰岩地层。由于碳酸钙地层受雨水中二氧化碳的淋蚀作用，水流带走了石灰物质，到能孕育地段，水分蒸发，含碳酸钙物质逐步沉淀下来，年深月久成一定厚度的"灰华"。灰华再经化学、生物等作用，充填了泥沙、植物的根、茎、叶等外来物体，逐渐形成了管、洞、孔等诸多变化，加上含沙杂质的多少、矿物质成分的差异，形成色彩、质地的变化，选材时务必注意统一。

其中芦管石是灰华中一个理想品种，粗的称竹管石、细的称麦管石、中的称芦管石，统称"管石"。管石有明管与暗管之分，明的表面有管或内外都有管，暗管表面无明显特征，要清除泥沙后方显露出来。管石的管状分布有的较顺，有的乱无规律。如果没有内外明显管状构造，质地又较均匀者称沙积石。同时也有质量上软硬、颜色上深浅等区别。其中白沙积，质硬而均匀，适宜各式造型，为沙积石中理想品种。

（4）含铁硅华　俗称鸡骨石，石灰质地层的矿物被雨水淋蚀后留下硅质的"东西"，主要成分为二氧化硅。代表性的鸡骨石以色、纹状如鸡骨髓而得名。发育好的很轻而且脆，表里一致易雕琢，并能浮于水面；发育不好者很重，表里不一，内部缺少松脆空隙，质很硬。鸡骨石适宜表现奇特形态。该石除了红褐色还有白色、灰色、土黄色等，结构纹理状如国画山水中的乱柴皴，构成不规则网格，薄而脆，有粗格与细格之分；因为是硅质所以不易风化。产安徽、河北、山西等地。

（5）玄武岩浮石　也称硬浮石，主要成分为二氧化硅，是火山岩浆冷凝时挥发性气体逸散后形成的岩石，里面有大小不一密集小气孔，发育好的能飘浮水面、质硬而脆，适宜近山怪岩造型。色有黑、暗绿、棕红等。产吉林长白山、黑龙江德都、云南腾冲等火山地区。

2. 造型

软石造型既然可以人为雕琢加工，那么它的变化也是极其丰富、千姿百态，任凭发挥，在此介绍几种通常做法，举一反三供参考。

造型有"近景"与"远景"之分。近景是一种夸张、变态的特定，需经作者大胆而富有浪漫的想象，用部分来表现全局的裁剪写景手法。

以下是几种近景中采用的构图形式。

（1）悬崖式　描写悬崖峭壁的神奇惊险（图7-1-2）。将自然界中某一局部引人之处，用盆景手法加以裁剪、提炼、概括，在盆中形成一幅生动、活泼、奇特的造型，象征威武不屈、逆境中奋发的精神气质。

（2）像形式　抽象反映人文典故，飞禽走兽，以自然为准，在偶然中产生为妙，在似像非像之间（图7-1-3）。作者摄取了自然界的象形山石及传统文化中的人文典故，经过形

图7-1-2　悬崖式

图7-1-3　象形式

象思维和逻辑思维集中概括，通过对事物产生的爱，进行夸张、变形、典型化等改造加工，最后成为一盆似是非是的造型作品。像形式盆景以天然硬石为妙，若软石塑造，不要有意识去雕成一个什么形态，而是在偶然中产生方有妙趣，要在似像非像之间。在刻画的形态中能有一个较明显的猜测部位，也可以整个形态似是非是，让人回味，千万不要将头、胸、腹、足（尾）一一表达出来，此为象形式忌讳所在，要以含蓄为妙。

平时对山石要有一种特殊的敏感，从平淡中发现它潜在的形象，只稍加改动一下角度姿势，小动一下手术即成为耐人回味的形象。平时还要留心于人物典故的收集，只有了解熟悉，一旦发现便可"引经据典"，借题发挥。象形式盆景一定要掌握好夸张、抽象、变形的手法，抓住表现对象坐、站、卧，或动或静的一刹那，让其生动传神地凝固在盆内，增添山水盆景的趣味性与知识性。

（3）怪石式　该形式也称自由式，造型没有以上两种"框框"的限制，可自由驰骋、发挥想象，如园林名石、私家藏石、绘画雅石等，只要外形舒展大气、形神生动便可借鉴塑造、造型组景（图7-1-4）。

综观悬崖式、象形式、怪石式，盆景的整个造型不是单纯表现一个"形"，而是通过形来表现景，体现神，叙述意，作品中要有全面的观赏内容，不然缺少了盆景特有的"韵"味了。

另一类是远景，远景是写实与写意的结合，反映整个远山全貌的造型，但不具体针对何处的山、何方的水，是全景式构图。它分山峦形与立峰形。山峦形作为远景中的"深远与平远"，特点"山要低排"，山头浑圆、秀丽、文静，以江南山水风光为题材。立峰形属中景，在远与近之间，比远山高，比近山低，造型特点"挺拔、雄伟、壮阔"，常以黄山、桂林山水等作蓝本加以创造发挥。

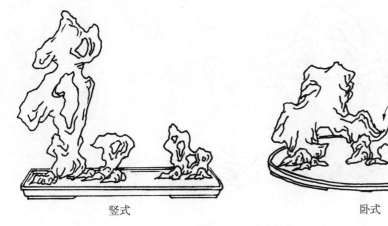

竖式　　　　　　　　　　　　　　　　卧式

山腰要瘦

图7-1-4　怪石式

$$
远山
\begin{cases}
精细型 \\
\\
粗放型
\end{cases}
\begin{cases}
山峦型 \\
\\
立峰型
\end{cases}
\begin{cases}
开阔式（图7-1-5～图7-1-6）\\
连片式（图7-1-7～图7-1-8）\\
传统式（图7-1-9～图7-1-11）\\
峡谷式（图7-1-12～图7-1-13）\\
群峰式（图7-1-14～图7-1-15）
\end{cases}
$$

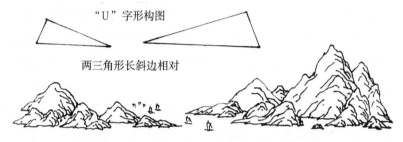

图7-1-5　精细型开阔式（远山、山峦型）

图7-1-6　斧劈石开阔式（倾斜型、斜纹）

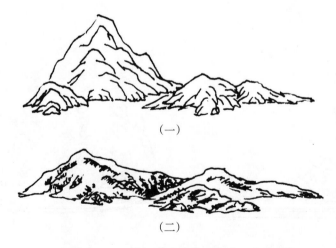

（一）

（二）

图7-1-7　精细型连片式（远山、山峦型）

图7-1-8　连片式

图7-1-9　传统式

图7-1-10　斧劈石传统式"L"字形结构

图7-1-11　卵石山水盆景（粗放型、传统式）

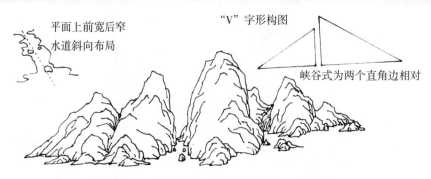

平面上前宽后窄
水道斜向布局

"V"字形构图

峡谷式为两个直角边相对

图7-1-12 精细型 峡谷式（远山、山峦型）

图7-1-13 斧劈石 峡谷式 "V"字形结构图

图7-1-14 群峰式（一）

图7-1-15 群峰式（二）

远景的造型可分为以上几种类型，这些类型不是一成不变的形式，可以相互穿插、灵活应用、创造发挥。为了介绍、交流方便，这里归纳成上述格式，仅供参考。制作中的借鉴不能为形而形，不能被形式锁住手脚，灵活变化出于匠心。

粗放型不是指盆内一组山石的简单、随意，而是指盆内山石上有无纹理皴法，在制作山峦形、立峰形造型中全可采用。山观其"势"而不观其"质"，象征南方植被覆盖较厚的山峦，看不见山岩的脉络纹理变化，只见山表被郁郁葱葱的林木遮盖。远见轮廓的变化，或像雨雾之中朦胧山影，国画中的泼墨山水等，见其神不见其质（硬石中卵石盆景等神似）（图7-1-11）。这种造型只注重外形起伏节奏、前后层次、虚实开合、山脚的回抱曲折，并无山岩摺皱纹理的加工、表达。观其柔中藏刚的力度美、布局章法的构图美、滋蔓青苔的生命健康美（硬石的色、纹、质感美），用此弥补山石缺少皱纹的"缺陷"。

精细型是着重脉络纹理的加工及欣赏，它也适用于山峦与立峰形造型中，山观其势又观其质。软石加工中脉络纹理的加工要精到、清晰、刚健，在布局中山峰聚散开合、回环曲折、气势磅礴，如长城山脉等，表现植被覆盖少、冲刷大的山貌（硬石中英石等作品，观其势又观其质的相似效果）。

① 开阔式：在构图学上属"U"字形构图，采用的手法是两个不等边三角形的长斜边相对，盆中央出现一个宽广的空间，显出画面"水阔天低"、一览无余的境界。为了使画面中心有个"虚"的空间，用两条较缓的山坡斜线相对，更使构图明确，统一于广阔宁静之中。当然水面的"辽阔"给人遐想，还缺少回味，因此在山的各种布局处理中要做足、做好文章，尤其山脚部位更要精心设计，使静止的山在山脚活泼、丰富回抱曲折中"缭绕流动"、"拍石击岸"，使广阔的水温柔地拥吻着延伸到水中的一切。远处水平线给人安宁静穆之感，再用片片白帆打破平静画面，有扬帆千里的壮阔诗意，如太湖风光有心旷神怡画风（图7-1-5～图7-1-6）。

② 峡谷式：两面悬崖中间夹水道称峡，主要表现的是水道的"险恶"。采用两岸森严峭壁的夹峙，加深水道的纵深险阻感，是造型中所追求、探索的方面。为了显示峭壁的惊险，要大胆运用夸张手法，主峰安排在画面中心处，显得高伟挺拔，相对适当位置设立配峰，形成一个"门户"，配峰遥相呼应，虽有主次、大小，但要协调呼应，显示出两岸峭壁的雄伟。

为了做好水的文章，显示水的"险恶"，除了画面中间形成一个"门户"，突出了峡、框出了水，在盆内斜向构图中加深了峡的进出深度，水道的布置前宽后窄，形成透视的效果，更增添了纵深感，再在水中点缀礁石，有静中有动、静中有声的意韵。

在布置峡谷时，水中乱石不可多、山脚曲折不宜大，不然会给人浅溪、小沟之感，缺少力度美。也不可平铺直叙，既无险阻感，又显平淡单调，应该给人"江河出峡，一泻千

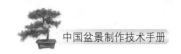

里"、奔腾澎湃的雄姿感。因此，山与水合适的对比、舒坦的曲线、布局的巧妙给人"峡江之水穿山而过"，有迂回冲刷、横冲直撞、惊心动魄气势，加上白帆似隐似现，更增加了生动气氛。此种造型属二个直角三角形直角边相对的构图形式，称"V"字形构图（图7-1-12~图7-1-13）。

③ 群峰式：用于长盆（长卷山水），取材桂林、黄山、石林等多峰式题材。该式特点群峰竞秀、气势壮阔、热情奔放。它不像江南山水的峦坡可缓慢舒展，来求得构图上的均衡。因此，要用许多个"山"组合在盆内，形成群峰争奇的局面，各组形体之间的相互适应、均衡、轻重、强弱等要和谐与关联。画面首先要有一个相对高大雄伟的主体——主峰，其他众多山峰围绕主峰变化，组与组之间若即若离，相互顾盼呼应，各组之间的大小、高低、前后、左右间的变化全要用心设计、巧妙安排，整个布局让人感到多一不可、少一不行，将内中拆开随便组合，又可成为一幅不错的画面。要在构图布局中充满"梦幻"般的境界。

群峰式造型主峰可居中，亦可偏向某一侧。不论主峰处于何方位置，左右布局的分量要有侧重，即近主峰一侧重，另一侧要轻，达到画面的均衡与舒适。如果构图中出现对称、平衡会使人乏味，不易打动观者停留静观，起不到引起种种联想的效果。构图中注意了轻重缓急，既有兴奋的部分，又有安静的因素。高耸的山峰，群山的斗艳，水面的缭绕，在相互对比中显出的美；缺少起伏节奏、缺少盆内的各种对比，也就难以抓住观众的心，无法产生共鸣（图7-1-14~图7-1-15）。

④ 连片式：它的造型和群峰式、峰峦式的区别在于没有组合的分隔，而是整个山脚紧靠连成一体，利用山峰之间的起伏开合、高低节奏、前后层次、聚散疏密，加上山脚曲直回抱、迤逦陡缓，构成虚实疏密等对比变化关系。该式情调高亢、节奏丰富。制作时考虑日后搬移方便，在水泥胶合时有意识地在布局薄弱处或主峰体态大的范围，分成若干个组，用纸隔开，水泥干硬后可以拆成几组，合拢又成一个完整造型，一点也不影响整体构图效果。

3. 制作

布局时主峰可居中，但要注意左右画幅间的对比，要造成分量上的轻重缓急，因为它没有可移动的配峰来调节盆内的均衡关系，构图中的轻重缓急只能在整体布局中解决，制作时要格外认真对待（图7-1-7~图7-1-8）。

传统式：也称一大一小或一大二小式，也有称常规式，是最常见的一种构图形式。其特点明显，在盆的一侧为高耸的主峰，另一侧是呼应陪衬的配峰，或中间为另一组配峰，有时成为最低的一组，使画面有一个起伏节奏。涉笔成趣，轻灵活泼，以小衬大，以简衬繁，是该式布局特点。此种构图归属于L字形构图，突出的主峰作为竖的部位，平铺的山脚、配峰成横的关系，一竖一横、一上一下、一重一轻相互对比，互相衬托。主峰可用悬崖峭壁、奇峰怪石，也可用一般性的立峰或山峦。配峰可"远山"，可近似主峰格调的造型；为了突出主体，配峰可适当简洁一点，做到有对比，也协调呼应、紧凑和谐（图7-1-9～图7-1-11）。

以上介绍的构图形式是布局上的差别，下面借三种软石，根据石料特点各取一款造型作一具体形态介绍。

（1）远山"精细型" 用六射珊瑚的制作要求（也可用细腻的白砂积石、沸浮石）。

① 选材：选质均匀、细嫩、较轻者、无破裂声、有远山横向扩展条件以及必备的高度、厚度条件者（图7-1-16）。六射珊瑚虽"嫩"而不易风化，是因为珊瑚虫"骨骼"遗体是"骨质"之故，但山脚、坡滩薄弱处要防止撞坏、冻裂。加工时先将污染发黑表面薄薄劈除，露出洁白内身，检查有否隐患，如裂伤、新老交替痕、嵌裹贝类等。仔细观察，认真测算，充分利用好材料并横向画线锯开（图7-1-16），将被锯面进一步磨平；要求原始轮廓线控制在不等边三角形中，不等边三角形构图有稳中求动的效果，能给人以文静、沉着、含蓄、庄重的感觉。将锯（磨）平

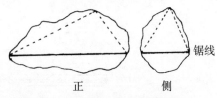

图7-1-16 材料原始轮廓控制在正、侧（底）的不等边三角形中为远山基本条件

的材料放在比例框内（也称设计框），是用纸按照盆内径尺寸裁制，在框内设计山体与水面的各种比例关系。比例框比原盆内径尺寸略小一些，因为加工布局中经平面尺寸的收缩，移入标准盆内就自由宽敞了。

② 加工：远山是下丰形造型（图7-1-17），即一个正放的不等边三角形，底截面应该是不等边三角形中的最大斜边，在这基础向上呈三角形关系，锯截落料时要考虑这个因素，不然图像不生动或出现兜脚（图7-1-18），达不到外形要求，影响了进展及审美效果。

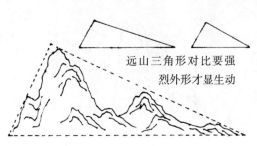

远山三角形对比要强烈外形才显生动

图7-1-17 远山下丰形（正三角形）上小下大

图7-1-18 兜脚

软石加工必须先轮廓后细部。轮廓尺寸要求：主峰高度尽可能利用材料原始高度，也不宜太高，不然山的前后层次无法体现，远山侧面也应该有一个逐渐缓和的坡。如材料低矮也不能小于盆身厚度的5倍（图7-1-19），不然出现在盆内缺少压阵的趋势。材料宽度为左右间关系，一般接近盆长的二分之一处（超过更好），对盆内构图空间不足处可用配峰、远山、小岛等补充，使虚实之间对比协调呼应；当然软石不同硬石，材料以完整为好。材料厚为前后关系，控制在盆宽的三分之二左右（图7-1-20～图7-1-21），加工成形后不超过盆宽的三分之二处，至于局部接近或超越无关紧要，只需山脚曲线活泼流畅、盆前有适可虚的空间，画面有回旋透气余地即可。轮廓基本上做到前低后高（立面），前窄后阔（平面），这样基本上前后层次由低向高清晰明了，腰、脚由前到后曲折变化尽收眼底（图7-1-22～图7-1-23），没有视线上阻碍，为下一步施工打好基础，实际是将轮廓线控制在正立

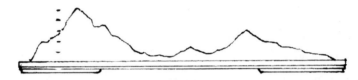

图7-1-19　远山利用材料高度，最低不能小于盆身厚度5倍，或等于盆宽

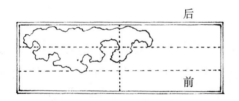

图7-1-20　远山底脚不超过盆宽三分之二处，底脚曲线在"S"形变化中凹弯上小内大成倒"八"字式

主峰为实的主体，配峰为实的陪衬，主峰下水面为虚的陪衬，配峰下水面为虚的主体

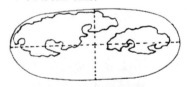

图7-1-21　主峰山脚长超过盆宽二分之一,配峰山脚长小于盆宽

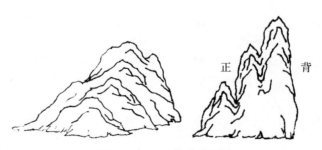

图7-1-22　山体前低后高

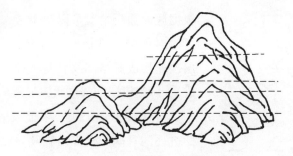

图7-1-23　任何一条等高线全要有大弯小曲

面、侧立面、底平面的三个不同不等边三角形框界中。

加工轮廓目的，是控制下一步形态的塑造，为创造一个活泼生动的画面创造条件，为精雕细刻打下伏笔。三角形轮廓完成后，第一步是在底面三角形中设计曲线变化，底面曲线不要设计在同一直线或同一弧线上，整个曲线处在"S"形变化中（图7-1-20）。

依据底面设计曲线劈出弯曲变化，沿曲线逐步向上、向腰部、山峰处加工，保证每条等高线同样劈出曲线变化，因为只有底面的曲折对比才会产生立面上山体的凸凹伸缩，才可分割出若干山峰及饱满层次（图7-1-23）。底面所形成的曲线实际是由山的前后、左右投影变化造成，为了便于说明底面上如何形成曲线变化，凹进去的称凹弯，凸出来的称凸弯（统称大弯）。凹弯的形成是由二座山或三座山构成左右、前后位置关系，左右两山在前，中间一山在后，平面上呈"U"形变化，立面上形成"谷"，也就形成了上下之间大曲线变化，加上描写流水冲刷切割形成的脉络变化，便有了小曲内容。凹弯加脉络（阴线）是构图中虚、藏的内容。凸弯及山体中凸隆面（两条脉络中间凸出面）为实、露的内容（图7-1-24）。知道了大弯为山底投影、小曲是山风化脉络，有了平面上的弯曲才可以控制立面上各山峰的层次曲线及脉络的加工要求和如何变化；反之，立面上山体有了前后、左右的各种变化，才能形成底脚由大弯变小曲的变化，加工时上下间关系是相辅相成的。底面的凹弯尽可能做到口小腔大（倒八字式），产生的效果含蓄、小中见大，起藏景的作用（图7-1-25）。靠凸弯变化才会形成凹弯的口小腔大的效果，两者互起作用、相辅相成、阴柔阳刚，不论大小弯曲都要有主次、大小、深浅的各种对比变化。

第二步，沿凹弯向上至山的上部逐步切割成凹槽（浅的山谷），作两山之间的分隔，呈深脉山谷之状。

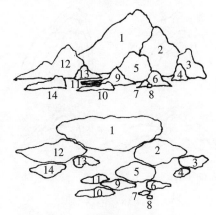

图7-1-24　正面布局形成上下、大小、前后、左右规律性变化。背面图为每座石的投影，山有前后左右，造成了平面上下凹凸曲线，回环曲折

181

平面

底脚曲线口小
腔大，为小中
见大手法

立面

图7-1-25

图7-1-26 浅凹深凹为山谷、深
脉、凸为层次、厚度

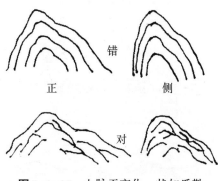

错

正 侧

对

图7-1-27 山脉无变化，状如瓜勒
状、指棒状，机械呆板

根据底面曲折情况可以初步考虑山上部的分割，这样可以对逐个山进行加工造型、分出层次、疏理纹脉。层次是形成脉络凹纹必要条件（流水历年冲刷切割形成），脉络可以加强层次，显示出山的力度，使山的分割更清楚。加工时做到"凹深凸浅"（图7-1-26），即凹进去的是两山交界及脉纹，要尽量深入加工，才能显示出凸的厚实饱满，深凹处似藏泉流瀑给人遐想。凸要浅是指每个分割层面（一座山的层次厚度）要薄，这样在有限的材料厚度中分割出尽可能多的层次，假设一座山只分两层，则前后只有两个层次，如能分出四五层，则这座山前后有四五个层次，既显山的饱满，又显活泼生动。当然这四五个层次面不能一字排开，也不可相似厚度，凸出处有厚薄之分，凹陷处有深浅曲折之变。所谓浅，分割不能过薄（分割层次过多），不然会"有形失势"。而可分不分则显笨拙不灵巧。加工层次、脉络变化要活泼自然，不要加工成"瓜勒"、"指条状"（图7-1-27）。除了山峰、底脚曲线要分出主次外，脉络纹理也要有主次之分（点、线、面全要有主次对比变化）。加工脉络状如人之筋腱、凹凸曲折，它是千万年来日月风霜、雨雪雷电、流水冲刷切割形成的岁月刻痕、精神力度体现。我们可以观察河岸、土堆突遭暴雨冲刷造成的痕迹变化，加工时要有弯有直、有浅有深、有宽有窄、有长有短、有枝有节、有藏有露……靠手腕、镐法去创造。有了脉络活泼丰富的变化，才能使形态饱满有力、显神出势，不论局部还是总体层次都会富有变化。最后将钳工锯条断成尖头斜口，用尖端锯齿将重要脉络处拉刻加深，区别于盆景手镐的刻痕，使脉纹主次对比更趋明显、强烈。

　　远山的配峰（客山）根据主峰（主山）格式决定，大小对比能起到均衡画面。在具体制作时主峰、客峰是同步、交替，同时完成的。不可先将主峰全部完成再去制作客峰，这样完成的作品很难在格调上吻合。应该主次交叉完成，如此加工不因为时间很久，给人感觉仍有"一气呵成"般。客峰底脚宽度不要超越主峰底脚宽度（底脚宽度的主次对比，图7-1-21）。尤为布展中更要注意这些微妙的对比关系，"实"的主体为主峰、陪衬为客峰，而"虚"的主体在客峰范围水域（或前或后），陪衬则在主峰下的水域。整体山形完成后用碎砂轮片的薄斜面将凹处各脉络轻轻磨过，把所有凸出体态面也轻磨除"火气"，使作品加工面、纹脉线条更加柔和流畅、趋于成熟老气。不可不磨或磨擦过甚，否则会留下更深匠气。

精细型在山水盆景得到重视，是因为此加工技法适用多种造型。每一盆作品的完成无论化作多少大小山峰、多少方坡滩礁岛必须达到纹理、颜色、质地、性格的四个统一。

六射珊瑚有盐碱性，管壁中充满海水盐分，不利于植物生长，加工时水屑飞溅，即使晒干后还是含盐碱。为减少山石内盐碱含量，可以从山的底面向内掏空（图7-1-28），只存一个"躯壳"种植口安排在不影响造型及结构强度的地方，如北背、两山交界、深凹脉络等隐避处，再在水位线上开几个排水孔（盆内储水面以上），以利通透空气及排水；然后用水泥将大大小小山底全部抹上同色水泥，可以增强薄弱处的耐磨及强度和重量，不使细微山石注水后飘移，大型山石底部还得用铁丝加固以增托底面强度。待水泥干硬后放入淡水中漂养除盐。必要时可染色。海母石本身洁白如雪，如若每盆作品全是白色珊瑚，则感觉颜色单调，我们可以设计符合主题要求的色彩，如高山积雪、残雪、霞彩、青绿山水等。着色要淡雅、薄而透明，没有火气、层次丰富、色随山势有变化，一般上淡下浓、凸淡凹浓、要分多次染色，由淡渐浓，不可平涂了事，这样会缺少色彩层次感（近似色的浓浓深浅变化）。颜料用丙烯，可亲水，干后不怕风吹雨淋、日晒。

种植时将土从种植口倒入（图7-1-28），注意种植比例及聚散疏密、色彩变化等种植配置艺术，再配以合适的摆件成画龙点睛之妙，移入盆内，山清水秀、生机勃勃，给人赏心悦目、舒神安逸的快感。对于小型、微型山水盆景，无处种植及缺少相匹配的微小苍劲树桩，可以通过点苔、铺贴小草弥补（也有用人工做假的小树替代）。

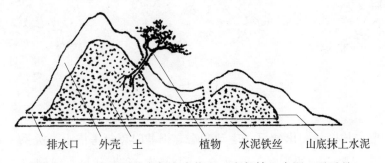

排水口　外壳　土　　　植物　水泥铁丝　山底抹上水泥

图7-1-28　海母石从底部向内掏空、底部抹上水泥，承重处放入铁丝增强牢度，种植口加土种树，水位线上开排水口

（2）近山怪石式　采用沙积石制作方法。

① 选材：除了白沙积石质地较为均匀外，一般沙积石较粗放，洞孔不规则、软硬不均匀，根据这些特性适宜制作近景特写题材，尤以奇峰怪石造型更能体现出该石性格。

沙积石内外变化较大。选管状组景的全要觅相似管状的材料，求得构图中石表纹理的一致。如觉得一部分有管而另一部分没有管，此时宁可大改小，留下可观赏的管，淘汰没有管的地方，不要勉强凑在一起，主次不明、纹理紊乱，而使作品大为逊色。若用天然管贴在无管处，重新塑出好形态也可试用。

如遇到是暗管（表面没有里面有）或内部有丰富"骨骼"变化的，首先把表面孔隙中夹杂的泥屑等杂物剔除、冲净，待露出"庐山真面目"后再根据具体情况进行设计、加工。不了解石内情况，盲目动手，该留不留、该除不除，甚至把相互联系很有形态的管除掉，不但影响形态的发挥，还破坏了连接山石强度的结构部位，造成断裂。有的沙积石很酥松（粉沙积），不宜制作山水盆景。沙积石中唯有白沙积石能精雕、细刻各式造型。我们根据沙积石变化特点，加工中要随机应变，不可教条、不能保守，该除即除、该留则留。有时，本想追逐的形态由于意外原因，要立即因势利导进行改造，会成另一活泼生动景观，思维是活跃的，技法是多变的，处置必须果断灵活。

② 加工：近景中怪石式造型完全凭丰富想象及巧施技法，它不受对象严格限制，可取可舍。把对象优秀可取处，根据本人喜欢，去创造发挥，不论直立、斜倚、横卧（图7-1-29），只要符合材料展开需要，促使作品姿态舒坦、外形生动、具有力度美便可（包括叙述的艺术语言）。

直　立　　　　　　　斜　倚　　　　　　　横　卧

图 7-1-29

一般采用竖向构图，突出醒目，生动激奋。锯截时反复考虑上下关系、姿势角度、高下比例，然后在材料上画线锯截，注意重心的前倾，产生动势（向侧前方画面中心区倾斜）（图7-1-30），给人生动传神的感觉，也使构图布局时主体的方向性得到肯定。近山主峰高度控制在盆宽的2倍左右或盆长的三分之二左右。因为怪石式没有"明确"所要反映的对象，可随心所欲地加工。参照、想象、加工、修改是完成该式的规律，也是初学者尝试、练胆、实践的一种造型形式。加工时尽可大胆发挥，只要形态"顺眼"即可，加工近景怪石，不要过细、过度，不然会"失神缺势"，达不到苍古老石效果。

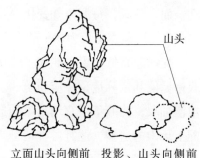

图7-1-30

慎重的做法，先将山石材料外形画在图纸上，根据形状轮廓静心思考，何处出、何处入，在平面图纸中勾勒出造型草图（可画出多种形态供挑选），修改满意为止，成为设计参考图。纸上构图除了好看还要注意实际操作中形态结构强度（图7-1-31），以及各种对比关系，设想工艺步骤和实施技法的可行性。考虑成熟、图像满意、有了激情，可以动手加工，首先在石材上画线做加工记号，粗放处先加工，细巧处最后加工。一般规律，作为主题的朝向应对盆中心范围区，朝向面要夸张表达、陪衬面可简略一点。山石在盆内主面不一定是正前，次面不一定是在后面，加工时把握好主次线条和主次观赏面（图7-1-31）。造型时上部相对"实"一点，下部"虚"一点，呈"上大下小"、"上重下轻"的倒三角形构图，称上丰型（图7-1-32）。如山石上需要雕洞琢穴，洞作为构图中虚的内容，不可过于机械，要含蓄、露藏得宜、主次变化活泼自然，主洞不宜处在山石中间位置，不然会产生割裂、对称感

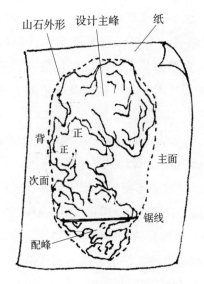

图7-1-31 根据外形条件勾勒设计，把山石材料外形画在图纸上

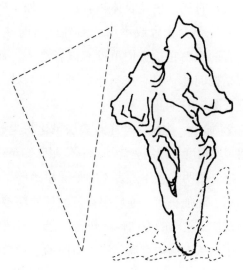

图7-1-32 近山上丰形（倒三角形）上大下小、上重下轻

觉，而不顺眼，每洞内外变化要自然流畅、活泼丰富，不可显露出人为加工的痕迹（图7-1-33）。

配峰的高低、大小能和主峰协调、均衡，形式格调能和主峰造型呼应与统一。因为主体本身浪漫抽象，配峰不适宜用具象的造型相配，即使配上远山的造型（适宜各种造型搭配）也是较粗犷、写意一点的造型。

沙积石的加工完成同样会产生一种新的质感，因而缺少古朴高雅的气质。通过染色、点苔可以除火气，无论染成什么颜色，调色中一定要滴入少量黑色以除火气。山上部色淡雅、明快，

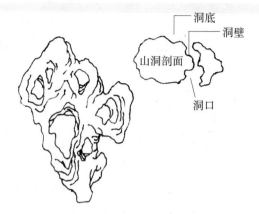

图7-1-33 人工琢洞要有大小、主次、聚散疏密，主洞不宜居中

山下部色浓暗，块面突出处色淡，阴暗凹槽处色浓，色彩上轻下重（明轻暗重），整个作品明暗色彩明显、过渡自然，颜色层次丰富（近似色由浅到深、变化自然丰富）。

种植穴开设在不影响造型及结构强度的部位（包括外形审美效果），配植物能和主题协调、呼应，在植物比例、色彩等搭配方面也要考虑周全。再点缀上摆件，移入盆内、注入清水，一幅生动传神的作品展示在面前，让人赏心悦目，爱不释手。

（3）悬崖式山水盆景采用鸡骨石制作方法

① 选材：鸡骨石质脆硬，硬度在2级左右，盆景手镐可雕琢；也是表现特殊题材的良材，刚柔合一，是写意作品的理想材料。色彩有白色、灰色、土黄、红褐色等，选材、组景时注意色差及体积合适、有加工回旋余地。也要考虑质地均匀者，如内部有僵硬核心等要会去舍或不用。另外选材时注意是否有隐裂，可轻击石身能鉴别沙哑破裂声，有的石料在检查中虽没有破音之声，而操作时会突然裂开，也不见老伤痕迹，这是山石结构问题，只有在制作中更小心为妙，做到眼观、耳闻，雕琢角度及施力的大小要适度（图7-1-34）。

② 加工：先用水冲净石表层风化粉尘等无用物，根据洁净后外表形态特征仔细推敲，如何截取角度、控制姿势动态、依照已知条件及本人兴趣爱好而设计悬崖峭壁的造型。

首先要明确悬崖式表现的是陡崖峭壁、危石悬岩，要求姿态突兀、惊险雄伟，象征威武不屈、顽强拼搏、逆境中奋发的气质精神。锯截时重心向侧前方倾斜，以增强构图时的动势及控制主峰的方向性（朝向）。此种造型最忌四平八稳没有前倾的动势与角度。险而稳会产生动感，静中有动、稳中有险的艺术效果。所以倾斜中把握好重心是悬崖式造型成功关键（图7-1-35）。反之，稳而不险、四平八稳缺少动势会显得机械呆板。若险而不稳会倾覆损坏。

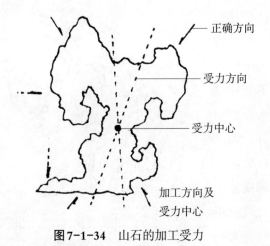

图7-1-34 山石的加工受力

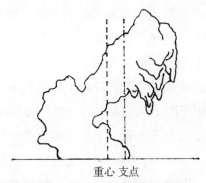

重心 支点

图7-1-35 险而稳为悬崖式关键,把握重心或准受力支点可保准山石不会倾倒,谓稳中有险

悬崖式外形要求:头要陡(斗)、腰要瘦、脚要收、背要佝。

头要陡(斗),悬崖式所要表现的是悬出的"头",这个山头要夸张得体,陡(斗)是小中见大、陡峭严峻的意思,悬出比例恰当,虽夸张而不失真,过分夸张成做作,有怪腔怪调之嫌,反而不被人接受。不去夸张突出,主题表达不明确,亦不可取。

腰要"瘦",对任何观赏石、园艺造型石(山),外形审美的重要规律之一,要求腰瘦。悬崖式造型属上丰型构图,形体要求上大下小、上重下轻的倒置三角形。腰不但要瘦又要避免对称且有力度,它上支撑峰,下联系脚,山头的精神气势、形态动感由山腰支撑烘托,山脚的善变多姿靠山腰率领组织,下部的"虚",上部的"实"靠山腰贯穿联系。腰要瘦不能忽略造型强度,过瘦会断裂,有弱不禁风、忸怩作势之感。瘦不到位冲淡上部主题,造成臃肿之嫌(图7-1-36)。

脚要收,指主题山脚先收后放,因为是上丰型,呈倒置三角形状态,构图中山脚不可拉长、增厚以减缓山下分量,必须造成"头重脚轻"效果,让其充分突出山头的趋势与力度,尤为山侧底脚背部甚至可削掉部分,以增整个形态的前倾动势。制作中主峰下山脚先收,整体布局要完成时山脚才放,谓之山脚的先简后繁,作为悬崖下的山脚可相应延伸一点,从原有收的基础上加入内容,形成上下、高矮、竖横对比,并使悬出动势之下有可靠支托,给人危而稳健、动而坚固的感觉,增强作品艺术感染效果(图7-1-36)。

背要佝,指悬出的主面线条要"势增气壮",相反的一侧(即背面)线条要协调呼应,背曲线顺主面曲线动势发展成弓弧状,使佝背弓力渗透到主面线条中去,不然背部佝而无力,冲淡了主体动势,成背道而驰之状。背面作为观赏次面,起伏曲折的对比变化小于正面,但也要有相应的变化和观赏内容,使主次之间既有对比又协调呼应,合理的衬托才能突出主体(图7-1-36)。

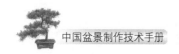
在构图布局中如何适当夸张又要有恰当的比例，这要根据具体情况灵活安排，不能故弄玄虚。配峰的高度控制在主峰高度的三分之一左右，宽度视配峰本身的高度而定，配峰矮则山脚要长一点，但不宜超过主峰山脚的长度（图7-1-21）。假如盆长，水面空间太虚，可配于小礁、小石或船筏之类加以弥补，谓虚中求实。配峰高则山脚相应收缩，减轻分量，突出主体又可均衡画面（主峰底脚横轴线与配峰底脚横轴线的主次对比），如离主峰近、配峰可适当小一点（近距离物体更易产生对比）；反之，离主峰远，配峰可大一点。配峰的造型可以用远山（山峦型），也可以用性格近似主峰的造型，求得上下协调呼应，一般情况下主峰较写实、配峰也写实一点，如果主峰是抽象的、配峰写意一点，务必使主次之间格调一致。

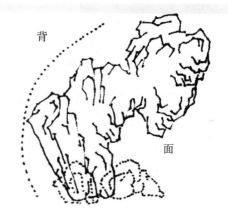

图7-1-36 山头要陡（斗）、山腰要瘦、山脚要收、山背要佝、上丰形上重下轻、山脚简洁，山脚最后布局时要放，必要时左侧山脚可裁掉，保证动势的倾斜又要站稳于盆中

山石加工后必须用砂轮切片将被加工面上尖锐棱角轻轻磨除，去刀斧人工痕迹。再依照构图需要适当染色求石色统一、达古气。种上格调相匹配、比例合宜、色彩呼应的树桩，点缀合情画意的摆件，一盆形态鲜明、刚柔相济、动静结合的作品告成。

以上三石三式方法的简易介绍，举一反三，要达到形象生动效果，平时要加强造型艺术及技法、技巧的训练、研究、总结。技法、技巧是完成造型的手段，而造型才是作品完成的根本。心里产生了"形"才能指挥、校正、引导操作，发生突变能及时处理、纠正，补充或顺水推舟、随机应变，修改适应新的变化。一盆成功的作品就是经过创作者苦心研讨、千锤万凿才得以完成。

另外，亦要注意加工时的视角、光线、距离等施工条件，操作中决不可固定在某一位置不动，有人甚至加工完成才肯移身，自以为"专心致志"，岂知作品以后展出时处于何种环境条件无法预测，因此，制作中要假设各种因素，作品才能达到"步移而景异"、步步是景的观赏效果，作品在日后展出中无论处于何种环境条件下均能体现出作品神妙之处，美的无处不在。决不允许制作中的"懒惰"。

（二）硬石山水盆景制作技艺

硬石，是指山之表层经过长期地质与天体间物理、化学、生物等作用，由大到小、由巨到微逐渐"风化"形成的"天然"石块。有的裸露在山表，有的埋入山坡中，也有随流水冲入沟壑之中……硬石因产地的不同而有别，各自有特殊的纹理、色彩、形状、神态等特性，是软石所无法比拟的。硬石加工不易，表层天然纹理破坏后很难恢复到原状，一般表层不去人为雕琢或极少人为加工，只取天然有形者，经锯截、组合而成，它的成形与软石相反，它是一个逐步"加法"过程（一盆之中由大小众多石块拼凑而成）。硬石从古至今之所以得到人们如此钟情，除了大小各有所用、姿态形色各有妙处，还因为它的品格、哲理给人永恒、坚强、无私、纯朴……崇拜者、求取者古今不衰。

硬石不足处，加工困难、种植不易、好石难求、人为加工痕迹难以统一。随着科技、工艺水平的提高，对不少欠缺的硬石经切削、砧磨、腐蚀、刻凿、抛磨、着色、做旧等工艺改造形态，达到"起死回生"、"重获新生"的效果。在人工改制中必须注意到被改造石种在自然界中的个性特点、规律所在，达到"宛若天成"，不可强行改变它的性格。不然，虽形态"好看"了，实际成为一件工艺品了。

制作山水盆景石种不少于几十种，主要为沉积岩中的石灰岩类，化石中的硅化木，变质岩中的自然形大理岩、石笋石等，还有风蚀石、海蚀石、火山熔岩等。石种是如此之多，但它们有共性之处，现举例以下两个石种的做法，有普遍的代表性，触类旁通、举一反三，供爱好者参考。

1. 斧劈石的制作方法

斧劈石的天然纹理似中国山水画中的斧劈皴，在加工劈剖时因老面新里褶皱状似斧劈木柴状而得名。

斧劈石，地质上称"含泥质不纯石灰岩"，属沉积岩中的石灰岩，和酸起反应，长期在空气中会逐渐剥落风化。其层理构造是沉积岩中特征明显的一种。由于沉积年代、厚度等的差异及风化程度的不同，含石灰质及泥质等矿物成分不同，而形成不同颜色及不同质地斧劈石。其中有纯天然之石为园林及山水盆景上乘材料；一般性的斧劈石，是石灰岩矿表层的"无用之石"，炸劈下来可作为盆景材料。斧劈品种多样，从颜色分有灰白、土黄、深灰、黑色、土红、夹白、白色等。从结构分有片状（适宜远山）、丝条状（适宜中景）和条状（有直、弯适宜近景等奇异造型，为该石中的佼佼者）。有的斧劈石中会夹带有白色方解石，如果选到理想夹白斧劈，加工成雪景，对比强烈、黑白分明，另有妙趣。当然石依自然风化有姿形者为上，毕竟数量有限，盆景制作中通常用开采下来的"心材"，来源丰富、经济实惠、大料碎料全可利用，更适宜学习者的消耗。

斧劈石产地很多，以江南武进、丹阳等处为最。即使同一产区、同一作业开采面所得石料也有优劣之分，选材务必求统一。

斧劈石为中国园林传统用石，大料竖立花台、竹林、堆置假山、做巨型盆景，即使镐

下细碎之石也能做小型、微型盆景，况且开采之石一般不受面材、心材影响（天然斧劈不具备此优势），是硬石中少数可造型石种。所以介绍斧劈石，它同属直线条石种（外形无曲线变化，石表平直少起伏），如木化石、锰石、石笋石等。共同特点，形态雄秀兼备、线条挺拔有力，可劈剖造型、颜色朴实庄重、布局易于入门、加工方便。

制作时，最好盆与石备齐后根据材料大小及造型形式、构图要求、结合盆的条件来规划设计，这样能使画面与"画框"在各种变化关系上协调一致，在三度空间上融洽舒适。

大的石料需要劈与锯，劈是将阔的改窄、厚的改薄，方法是用身材薄的钢凿顺同一沉积纹理慢慢劈开（图7-2-1），达到所需要求。有时会出现意想不到的好效果，把握瞬间、随机应变、借题发挥，平添了新奇形态，增加了制作兴趣。但偶然不代表必然，在劈剖中仍得认真仔细、按部就班，想入非非出现什么奇迹是不现实的。从材料横截面看（石料自然断裂的二头）基本呈"平行四边形"（图7-2-1），劈剖时凿子下切方向顺势顺纹而劈。锯的目的要获得所需部位，并使材料依设计姿势、角度有重心地立稳盆内，便于移动布局。某些造型重心外移者，要临时吊缚、支撑。锯取主峰，确定高度（一般选体量适宜、上部山头造型确定后去截取），可以一手拿盆（指中、小盆景），另一手拿石，在盆上下、左右移动，认为合适的位置、高度、角度、姿势在与盆交界的石面上画线供锯裁参照（图7-2-2）。锯山脚、平台、薄坡时，锯速要慢，压力要轻，手要平稳不可歪斜抖动，不然会破碎达不到预想要求。如发现山石造型不理想，尤其是山顶、山头，一定待造型完毕、审查满意后再去锯切，不然锯好后再作修改，稍不留心会导致断碎过度，使该石高度不足而增添麻烦、甚至无法采用（图7-2-3）；若大改小，浪费了材料与精力。锯截时审核画线的正确，达到纹理的一致性，是纹理垂直的，一定要全部垂直；是倾斜纹的，一定要达到每方山石的倾斜纹理角度一样（图7-2-4）。无论垂直、倾斜、横纹，还是重心垂直或倾斜，每方山石切不可后仰歪斜，要协调统一在主峰要求之下，在水泥胶粘时更要拨乱反正、步调一致，从各可视角度做到"面面俱到"的视觉效果。

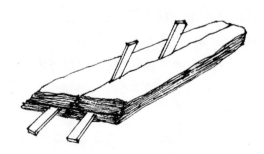

图7-2-1 顺沉积纹理及断面方向用薄铜凿劈开，阔的改窄，厚的改薄

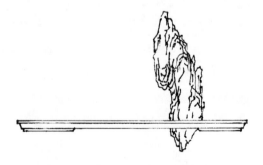

图7-2-2 主峰在盆后上下左右移动，确认高度、角度，姿势符合设计要求后画线锯截

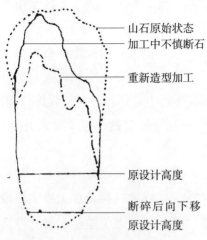

图7-2-3 斧劈石山峰（头）造好
型再画线决定高度

山石原始状态
加工中不慎断石
重新造型加工
原设计高度
断碎后向下移
原设计高度

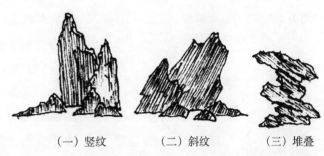

（一）竖纹　　　（二）斜纹　　　（三）堆叠

图7-2-4 锯截、布局、胶粘时必须注意纹理的一致性

　　需要对山石做修改造型时，山头的加工应从山背面朝正面向下斜击，山腰左右边线从山背后斜向朝前中心线方向敲击（图7-2-5），这样出现的层次丰满厚实，立体感强。加工中注意线条流畅，忌尖角朝上、有锯齿曲刻，不然缺少大气，破坏了直线条石种刚直潇洒性格（图7-2-6）。

　　大小变化、高低参差、厚薄各异、宽窄有别、方向多样（三角形朝向变化）的造型山石，经锯裁后可进行总体构图布局，先在衬纸上"排兵布阵"。首先确立主峰及第一、第二（三）配峰的位置，习惯上主峰放在十字对称线的左或右侧靠后半部位（图7-1-21）。这样在构图上易产生不等边三角形关系。如主峰居中构图难以安排处置，弄不好画面成分割状，无法明确轻重缓急，所以一般情况下不用。布置主峰时不宜直接靠盆后边口，因为这样从立面效果看，主峰后面无层次呼应，有到此为止的感觉，深度空间感差了，布置时主峰身后适当留出一点空间作总体布局需要时补充山石（图7-2-7）。

　　近景主峰的高度可以是盆宽的2倍或是盆长的三

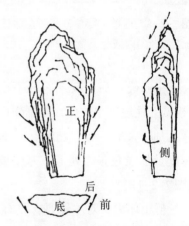

正
侧
后
底　前

图7-2-5 斧劈石正面饱满、背面平坦，石身山腰由后向正中心铜击，山头造型由后上方向前下方铜琢

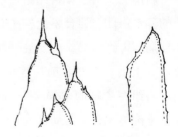

图7-2-6 忌尖角向上

191

图7-2-7 主峰后部留出一定范围供日后布局时作呼应配峰用

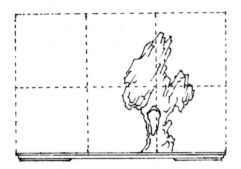

图7-2-8 近景主峰参考高度在盆长的三分之二范围内或是盆宽的2倍左右(1:3盆)

分之二来计算参考（图7-2-8）。大型、巨型山水盆景的主次关系可以按比例将盆缩小画在纸上，再在图纸上画出与盆比例适合的大小山石，再按比例计算放大，即可得出主峰等实际高度与宽度等基本数据。在制作远山时，山峰可"低排"，但作为主峰不能小于盆身厚度的5倍（图7-1-19）或不小于盆的宽度。

一盆作品的好坏，往往和主峰的形态及材料的品位有密切关系。主峰的选择及加工最主要取决于材料自身对比及塑造形态的生动，材料厚薄宽窄适宜，加工奇特传神，跟进材料协调呼应，对比变化丰富，全局自会出彩。主峰形态以"瘦"为好，太阔、太厚，客峰难于搭配，布局两三块已满盆皆石，单调而无灵气、臃肿而呆板。主峰也不宜过于瘦削单薄，不然全局轻滑零乱或松散无神。

主峰确定后，其余客峰不论在高度、宽度、厚度及神形气势方面不可超越主峰，要"权威"性地突出主体，是制作山水盆景的规律所在。如若主峰（包括配峰）造型不够理想又无加工余地，体态趋势有所不足时，可以用胶贴、拼接技法来补救不足，如增加高度、厚度及加强夸张之处等，夸张要适度，趋势要协调、接触要吻合，不可流露出人工痕迹（图7-2-9）。

群山环抱，对主峰要有收有放，不能把主峰四面包围，看不清主峰面貌，体现不出它的神情气势。一盆中的主峰为重要观赏处，一定要认真对待，也不可将主峰暴露过甚，有"众叛亲离"、"背道而驰"之状，尤为构图中心，必须让主峰朝向画中，有统率全局的精神趋势，又能充分领略到主峰形态的生动传神效果。

制作中，由于石料原始外形各不相同，需要不断修改、完善自己的思维，又要符合材料的基本条件，迎合整个构图布局的需要。布局基本完成后再细细斟酌、慢慢品味，从个体到局部再到全局，由全局到局部到个别，在统一的前提下求变化，在对比变化中求协调统一，上下、左右、前后连贯、呼应如整体一般。特别长卷山水盆景是由许多组组合而成，各组在主峰的率领之下，格调统一、变化有序，各组有自己的个性、又相互间有共性。不论整体布局与局部变化，在平面与立面构图上习惯采用不等边三角形方法布置，这样易布置搭配，造型也会活泼生动。无论个别、局部还是整体做到立面上前低后高（饱满

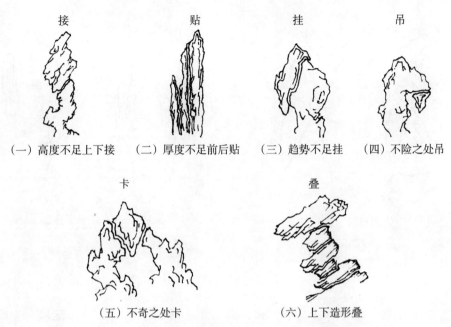

接　　　　　　贴　　　　　　挂　　　　　　吊

（一）高度不足上下接　　（二）厚度不足前后贴　　（三）趋势不足挂　　（四）不险之处吊

卡　　　　　　叠

（五）不奇之处卡　　　　（六）上下造形叠

图7-2-9　力度不到、趋势不强、高度不够、体态不足起补救作用

而层次丰富），平面上（山底）前窄后宽（底部山脚曲线变化充分展示，显出前后距离的深厚）。布置中还要注意高低、大小、厚薄、宽窄的搭配变化，在统一的基调下块块有形、块块不同，整个构图布局中使主次间有顾盼，疏密大小间有照应，虚实间有变化。

　　布置中，每添置一块是为前一块（组）服务，为弥补前块（组）不足，每设置一块是为了完善造型，为了局部、为了总体，精益求精。两石相并可用第三石在前遮挡，减少接触直缝的生硬缺点（图7-2-10），安置第三石时不要居后缝中央，根据构图要求偏向于某一侧。布局也分左、右起手式，主峰应该在盆左的称左起手，主峰应出现在盆右的称右起手式。同一个石种考虑造型变化的丰富，必须注意左右起手式外，加上构图的多样性就不觉石种单一、枯燥乏味了。

　　确定主峰的朝向：一盆之中主峰视作统帅、君王，各配峰喻为千军万马，文武百官，那么主峰就有动静之态，有腹背之分，依主峰三角形关系分析，短斜边为面、长斜边为背（图7-2-11），就决定了该石所处盆内位置，面必须朝画中心。区分每一方石料的正背，看表面层次多、饱满、纹理清晰者为前（正）面，背反面平坦少变化（图7-2-12）。

图7-2-10　两石相靠前面用第三石遮挡，减少直缝生硬线条及增加水泥的接触面，第三石偏后部接缝中央

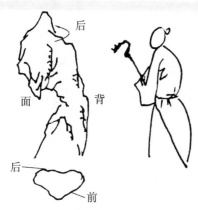

图7-2-11 山的前与后、面与背是不同概念，决定主峰朝向，此石应作右起手式（主峰在盆右）

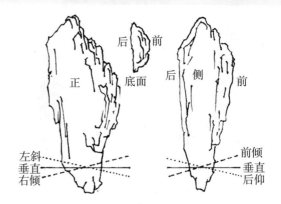

图7-2-12 锯线及姿势角度

造型格式分为一大一小（二小）式，即一组主峰，一组或二组作配峰，主峰高耸伟奇，配峰简洁明快，竖横构图明确（图7-1-11）。

山峦形：山不高（主峰不高），峰浑圆重叠，绵绵一片有江南丘陵地貌之态（图7-1-9）。

开阔式：中间低两边高，有天低水阔效果，如太湖风光、海中渔岛（图7-1-6）。

峡谷式：最宜用斧劈构图，两岸悬壁中间夹水道或一线天等奇险景观（图7-1-13）。

悬崖式：主山悬岩垂崖，惊险奇特，有气贯长虹、穿云裂石气势（图7-1-2）。

倾斜形：重心倾斜，包括纹理的倾斜，统一在主峰的动态之中（图7-1-6）。

横层形：上下重重叠叠，如步步青云、节节攀高之势，用假山堆叠技巧，注意造型的生动，结构强度及整体效果（图7-2-4）。

布局还要考虑山石与盆内水面之间的相互比例关系。近山离观者视距近、盆内水面积小，有迫在眉睫之感，山便显高大，那么山底面积也会大（上下成正比），石与水之比在1∶1左右。一般规律，山脚前部位置不要超过盆宽的三分之二处，盆前必须留出虚的水面空间，使画面有透气余地，也是激活画面、小中见大的必要手法，山石背后可紧贴盆边布置，尽量让出盆前空间。若作品四周观赏的要劈出前后左右大小主次不一的水面，此法用盆及章法又有不同。

所谓远山，离观者视距远处的山，远物比近物显矮小，造型一般用低矮、浑圆的山峦作范本，相对水面积要加大才显山体的远离，石面积为1，水面积为1.5至2，尤其盆前的水体更要宽阔，显得山远水阔。

以上远、近两山水面虚实大小各有不同要求，构图中尽可能满足需要，违背了"章法"成"不伦不类"状，制作中要认真仔细去斟酌，处理好虚实关系。不要认为山水盆景依石为主，只注重石头"实"的探索而不去研讨水面虚中的文章，虚是为了更好衬托实，有了合理的水面处置才显山的灵气。动手不要茫然行事，应该说一盆之内山与水同等重要，相互之间是如此密切，缺一不可，全为观赏要素（有了好山必须有好水）。

排阵布势称布局，忌对称、忌梯形排列、忌金字塔式构图、忌等差现象，防止尖角朝上（图7-2-13～图7-2-14）等弊病。应该做到每方山石变化的不同，包括山头各不一样，其中体态的厚薄、宽窄，甚至每个线、面的不同都要认真分析，处处注意。特别提请注意，邻近、靠拢的几方山石在形态上必须达到各个不同，即每座大小不一的山呈不对称状（包括形态体态的不同），因为邻近者最易产生对比，不要造成一盆中的众多山峰经放大、缩小后呈大同小异状，或邻近的几座山的体量、形态经放大、缩小后相似，要作形态上的纠正，或调走或改造，必须从细微处统观大局，在统一之中有活泼对比。

对于同一盆作品中需要布置的主峰、配峰、坡脚、礁石都要认真对待，所谓"上观峰、下观脚"，上下间有对比、要协调、能呼应，不要以为加工布置主峰为要事，而对山

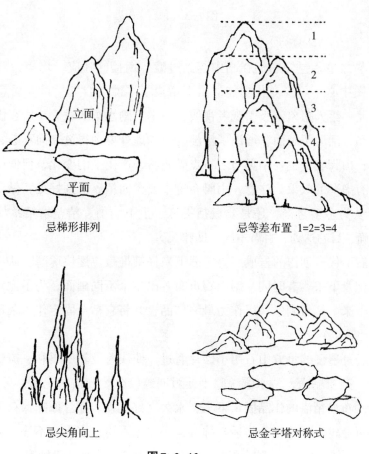

忌梯形排列　　　　　　　　忌等差布置　1=2=3=4

忌尖角向上　　　　　　　　忌金字塔对称式

图 7-2-13

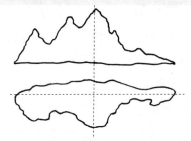

主峰垂直线把山底一分为二的近似对称

左右山坡斜线角度近似对称

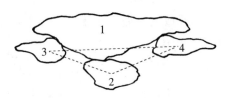

2左右的3、4距离近似对称

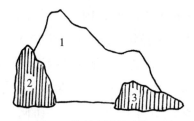

2、3体量上近似对称

图7-2-14

脚、礁石为简易之事，岂知它们在画中起到过渡、衔接、呼应、均衡、对比、节奏、层次、虚实等构图中必不可少变化功能。山下增设了平滩、台坡，可安居息歇，可止足观景、可泊舟作渡、给人想象，吸引观者视线，原本石刚水柔的对立矛盾在山脚回曲环抱中化解，得到调和，活泼了画面，增添了情趣。山脚虚处要理得欲断而不断，虚了，充入小礁石弥补不足；山脚实了也要用灵巧之石点破遮盖，产生虚幻变化，促使山脚处置中"虚中有实、实中有虚"的效果。注意，山脚布置中要少而精、恰到好处，做到增一不行、减一不可。不要认为多多益善，还是要概括提炼、上下均衡、精益求精，如此作品"下观脚"的意图明确、目的达到、百看不厌、回味无穷。

布局完毕后不代表创作的告成、要冷静下来仔细推敲、逐块琢磨，认为"满意"后用绘画白描形式记录下来。有时同一副山石可布置出多个不同画面，为了比较，将各个画面用白描图记录下来，选最满意一组作为最终作品，并将它粘合固定作永久珍藏（数码相机记录后一一对比筛选）。

粘胶前把经过造型的每方山石用小砂片磨过，使线条及轮廓柔和、流畅，再用钢丝刷将表层风化物、杂质刷净，清水漂洗晾干便可嵌缝胶合。胶粘的优点，可以把精心设计、配料完美、构图布局精湛的作品固定下来，永久完好无损、原汁原味保存下来。造型中某些不足之处还可通过水泥等粘合作适当弥补，一盆原本由许多大小不等、分散的山石，用水泥等作固定成"统一整体"。胶合材料一般用水泥加802胶水（建材用），必要时用白水泥掺入颜料、稍加墨汁（不是墨水）拌和勾缝。颜料有氧化铁黄、铁红、铬绿等粉状掺水泥用（木、漆工粉剂无用），调配成干湿石之间的近似颜色。

胶合方法：把精心设计的布局图像中的每方山石底截面，逐块原地画在白衬纸上（不可随意移动更改），双方编号分开（平面图与具体石上编写同一号码），胶合时对号入座。用水泥在每方山石的底部及相互接触面上均匀抹上，对号安放到原位，石与石轻轻磨擦并向下按实，使水泥相互间更吻合，把挤出在外的多余水泥刮除，填补不足之处。勾缝视石表纹理、双方接触情况决定，凸、凹、平的关系，待水泥半硬时很小心地用自制钢丝笔刷清除水泥缝外的痕迹，并拉出纹理，做到"天衣无缝"（图7-2-15）。水泥强硬后翻动整座山石，剥除底部衬纸，如发现底部水泥有不足处，另用水泥充实抹平。所嵌水泥硬后便可配栽植物、点缀摆件、注入清水，一盆作品宣告完成，并达到石色、石质、石纹、格调相一致的效果（必要时通过染色求石缝石色的统一）。

初学排列布置斧劈石，用盛满细沙的深盘（盆、盒）容器，将造好型的斧劈石插在沙盘内，任意摆布演习，把有关构图布局的基本章法引用到训练中，如玩积木，反反复复、认认真真，逐步从感性上去认识，当你觉得满意了面前的构图，立即绘录下来并刮平沙面在石上划线、编号、锯磨、清洗、胶合，一盆作品即告成功（图7-2-16）。

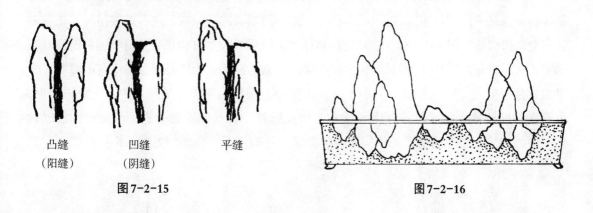

凸缝　　　　　凹缝　　　　　平缝
（阳缝）　　　（阴缝）

图7-2-15　　　　　　　　　　　　　　　图7-2-16

2. 英石山水盆景制作方法

英石属石灰岩，外形变化活泼，表面褶皱繁密，有多种纹理、质硬而脆、背部平坦，颜色有灰黑、青灰、夹白，亦有白色英石，产广东英德等地；广西英石色黑。英石作为曲线条石种代表，此类山石外表变化丰富、形态优美、表面纹理（线条）活泼流畅、资源丰富，为园林重大用石（包括太湖石、灵璧石等）。

（1）挑选材料　首先要根据创作近景还是远景的意图，分别挑选材料。也有在挑选材料中发现某一材料适宜表现何种盆景形式而加以利用。

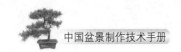

　　无论是近景还是远景，保证作品成功的一半是主峰的确定与选择。一盆作品首先确立主峰，其次是主要配峰，第三是大小配石数量上的占优。主峰必须形态生动、有精神气势、能统率全局、起率军压阵作用者。主峰的自身比例要恰到好处，然后去找客峰，在形态气势上能与主峰匹配、呼应，在颜色、纹理、格调上变化丰富且统一。其中主配峰（第一配峰）先确定，依次是副配峰（第二配峰）、次配峰（第三配峰），接下来是以下各级配峰，包括山脚、小礁石等要服从主峰及整体构图需要。各级配峰大小、高矮、厚薄、宽窄等要灵活多变，尽可能在数量上占优，多挑多锯，包括小山、礁石、坡滩小三角形的走向都要考虑周全，创作时可随心意去挑选、调换、尽兴发挥，不因为材料的拮据而影响发挥。

　　（2）锯石　每方山石要从多个角度去审视、比较，根据主峰要求，顺主峰纹理、趋势选合适角度画线锯剖。选好的主峰根据盆的大小决定它的最终高度及姿势角度，它是关系全局的重要所在。近景主峰宜向侧前方倾斜或垂直，不可反向倾斜，根据主峰的形态、构图要求决定主峰的动静姿势及倾斜角度。远景主峰宜垂直（依山石侧面的中心线或该石背后边线的垂直情况）（图7-2-17）。硬石、尤为曲线条石种，靠一刀定局，锯得好坏是作品成败的另一要素，必须要有正确划线、合理锯法，以便获得最佳姿势、角度及高度，并能立稳盆中。石大一刀切不开，可翻动石身从四周切下，要保证切面平整和姿势角度的不变。

　　（3）组合布置（布局）　先确定主峰的方向及盆中位置，再考虑用"何种形式"，实际是在验证构思中的"设想"。对重心不稳之石或不用锯截的"原装"之石需要吊缚、支撑做好安全保护措施（图7-2-18）。主峰定位后认真验证配峰关系（构想、选材、锯料时已基本确定了从属关系），第一配峰是陪衬主峰的关键，它的默契成为作品衔接以下各配峰的一个要素。接着第二、第三各峰，大小不一，定顺序，根据构图需要跳跃发挥，先总体概况，再具体细部修饰。每试放一石除了预先有所设想外，在具体安置时进一步验证构想（构思）中的推论。是否满足了具体构图中的要求，并确定下一步如何处理，回望过去（已布

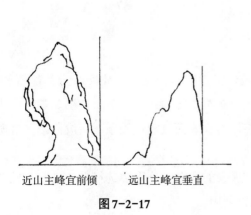

近山主峰宜前倾　　远山主峰宜垂直

图7-2-17

图7-2-18　不锯而重心不稳者用
　　　　　　填、撑、吊等方法稳固

置在盆内的山石），展望未来，确定下一步如何要求、如何深入下去，认真分析需要何种形态、何种大小的山石才能使构图圆满。从表面看，硬石布局如同玩积木，可左右、前后移动、更改，满足构图要求，甚至可推翻作新的布置，实际每一步为了形态探索中寻求最佳方案，在充实艺术语言。

一盆之中，主峰朝向画面中心处，为视点中心，应该是全局构图中心、精华所在，必须精心加工，重点布置，其余各处围绕主题而发挥，去衬托主体，又要协调呼应。近山主峰高大，山脚可简洁一点，不然冲淡了上部主峰所包含的意图。远山主峰相对低矮、全局要低排衬托出主峰的外形格调，也只有其余峰的低矮才显出主峰的突出，远山的山脚内容变化亦多，符合它文静、秀丽的要求。

（4）清洁石身　山石表面有风化杂质，清洁后水泥才会胶牢。方法一：可用稀释的盐酸或草酸腐蚀表面，必须注意配比浓度，一般先将山石投放容器中，注清水盖没山石、再倒入酸液泡洗。方法二：可用钢刷清洗除表面风化粉尘。两者均需清水中漂洗清净、沥干待用。清洗前把各石布置在衬纸上的底面形状勾画好，双方编号，胶粘时对号入座，避免发生偏差而损害原来图像。因为原来图像是经过认真仔细、深思熟虑后定局的，是经得起推敲抨击的，如若胶粘时随意更改，肯定会损害原意，这是不负责的表现，一定要防止（要改必须在胶粘前完成）。

（5）胶合　一盆作品由若干方山石组织而成。大型盆景用料块数更多，如不去用水泥材料把它们固定下来，山石易摔倒、散失，一旦移动会失去原意，短时间内无法回复到原作精心设计的局面。为了永久把精心布置的作品固定下来，必须把它们牢牢连成一体（或分成几组），把作者的情感、叙述的艺术语言凝练成"诗"，艺术有时要定格于某一瞬间的最精彩之处，留给后人欣赏（包括收藏与保管）。

准备工作一切就绪后便可胶粘，先立主峰（底部抹上水泥），后粘一（主配峰）、二（副配峰）、三（次配峰）配峰，先后再前、先大后小、先左后右、先主后次、循序渐进。在它们底部及山石相互接触处均匀抹上水泥，保证原有姿势、角度、位置，保证勾缝水泥吻合，既要减少缝隙又要注意结构强度（相接触两石间面积大小，需要时用第三石在不影响造型姿态下贴补）。防止水泥玷污石身，可用清水一盆，油画笔一支挤干水仔细刷净，水泥半硬时刮（刻）出类似山石表面凹凸纹理，置通风、阴凉处，注意喷雾保养；待水泥干硬后种上相匹配植物，一般选遒劲小巧、比例合适的树桩（种植穴在布局时已做安排）配上摆件作品便成功了（微型、小型山水盆景在盆内布置妥帖后直接用502等快干胶滴入山底及相互接触缝中固定在盆内）。

3. 挂壁式盆景制作方法

挂壁式盆景是后期发展起来的一种形式。为了充分利用室内空间，根据中国画、镶嵌画及盆景中有树桩植物的特点，加以概括、提炼、设计成一种"挂壁"、"台屏"形式。它同时吸取了绘画、摄影构图原理，打破了盆内造景的限制，用简单材料和简便方法，便可制成一幅活泼生动、占地较少、构图明快、含蓄意深、深受欢迎的新颖形式。挂壁盆景着重表现前（景）后（景）深层次的视觉效果，利用观赏时的视觉习惯，将有限空间渗透进画面，延伸到"景外"，造成"深度"空间效果，打破了盆内置景的某种局限。挂壁式可表现山水景观，也可表现树桩景色，在此对山水挂壁盆景作简单介绍。

（1）选合适板面　挂壁盆景板面材料有大理石盆（板）、紫砂盆（盘）（浅薄灵巧者）、瓷盆（板）、木板（木纹好，不易变形腐朽者）、竹片（竹片穿插胶合成）、有机塑料盘（板）等。能与板面比例、构图需要相呼应的山石（构图主体为山石）。板面背后做好挂钩，以便日后挂悬壁面。

（2）选取的山石决定主、次配峰、朝向　把石料背部锯平，留下主体部位（图7-2-19）。把锯平选用的山石背部厚实处尽可能锯掉，做成种植穴，必须在不影响造型完整及结构强度下尽量扩大容积。把配景的主次山石安放在板面上，调整位置、姿势、角度等构图关系，并配上山脚、远景等呼应的材料，认为满意后在各自原位上画好位置记号，清洁洗刷所用山石，晾干后用合成胶原位、原样粘牢。

（3）根据总体构图要求选材　选遒劲、小巧老辣、有色彩对比（包括数量）根部条件

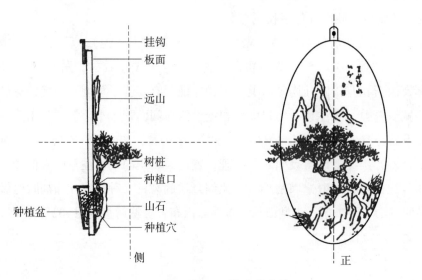

图7-2-19　挂壁式盆景

优良者与构图、种植有关的材料、各种条件统筹严密考虑。

（4）试将树桩放入山石种植穴内 检查根部穿越情况和树桩姿态体势及山石与画板等整个构图关系，认为满意后培土认真种好，并保证姿势等不变，栽好后注清水养护，穴面上覆贴青苔提高可看性。

（5）配上与画面协调、呼应的摆件 将选好的摆件用胶水固定，在板面上落款、压章，作品宣告完成。

挂壁盆景板面如能选到"云纹大理石"，利用天然的山影、水纹、积云等作呼应画面的背景，这样衬托画面更显生动逼真，使前景形象更生动，后景更显浩淼深远、天高水阔。背景板面一般是"无形象"的，为了对前景主题起到衬托作用，板面的天然色彩、图案不可花哨、不可低俗，要选淡雅、素净、古朴、明快材料作画板，如此才能充分衬托出整个画面的良好效果，更易吸引观者的视线。构图中虽然板面是衬托之物，板面背景是"虚"的部分，在反映主体形象所余留部位是构图中虚的处理手法，就像中国画中的留白，处理得好会更突出主体。构图布局中不可将画面塞满填实、无透气余地，也不要使山石（包括树桩）轻薄无力压不住画面。落款压章处要合乎中国画章法，既可平衡画面又可增添欣赏内容，落款中点明了主题，一幅作品完整协调、品格高古，充满了诗情画意，这便是挂壁盆景的魅力所在。

八 树石盆景制作技艺

树石结合，自古已然。盆景界先行者早已为我们创造出多种形式和法则；近代盆艺家在继承的基础上，创立新风，形式多样。

（一）树石盆景制作

1. 以石为主缀树法

此法用于表现自然神韵，赋顽石以生机，借以调节构图重轻，增添画面效果。

（1）山顶植树法　世称石上式。用于近景。峰状、岭状之石，植以直干之树，以示其雄，如《泰山青松》。岩状之石植以悬岩树相，以示其险，如贺淦荪创作的《枫桥夜泊》（图8-1-1）。

（2）山麓植树法　用于表现"高远法"、"平远法"，以显高下之分，远近有别，加强层次感和空间感，如田一卫创作的《蜀道难》（图8-1-2）。

图8-1-1　《枫桥夜泊》（贺淦荪作）

图8-1-2　《蜀道难》（田一卫作）

（3）倚石布树法　用于表现石景。以石为主、以树为反衬，以示刚柔相济、雄秀结合之美。如摘自《青松观盆栽》的《福建茶倚石图》（图8-1-3）。

（4）全景布势缀树法　用于全面经营位置，协调重轻，渲染雄秀、刚柔，增添整体效果，如殷子敏创作的《丛林狮吼》（图8-1-4）。

图8-1-3 《福建茶倚石图》
（摘自《青松观盆栽》）

图8-1-4 《丛林狮吼》（殷子敏作）

2. 以树为主配石法

用于美化树的鉴赏效果，扩大景观，增添野趣；又可扬长避短，突出主体，刚柔相济，巧拙互用。

（1）配石法　用于近景。相依生情，备展天趣。也常为主干欠佳、根理不全之树作遮掩、协调，增添观赏效果，如朱子安创作的《云蒸霞蔚》（图8-1-5）。

（2）以石藏干法　用于近景，作用与配石法相近。用于主干欠佳、细长无力之遮掩，以扬长避短，宛如岭上树生，独具天趣，如许彦夫创作的《牧归图》（图8-1-6）、梁玉庆创作的《荟萃》（图8-1-7）。

图8-1-5 《云蒸霞蔚》（朱子安作）

图8-1-6 《牧归图》（许彦夫作）

图8-1-7 《荟萃》（梁玉庆作）

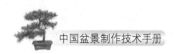
（3）附石法　此法有三，用于近景。树根附于石隙者为附石法，如杨锡祜创作的《福建茶附石》（图8-1-8）；根穿石内者为穿石法，如贺淦荪创作的《雪压冬云》（图8-1-9）；根包石外者为骑石法，如贺淦荪创作的《松石图》（图8-1-10）；皆用以展示树根之美，树石结合之妙和树性顽强拼搏之神，以及展现栽培技艺之功。

（4）包干法　用于近景、中景。以石全面包藏树干，作用与藏干法相近，借以达到多角度观赏效果，如朱宝祥创作的《峰峦秀英》（图8-1-11）。

（5）点石法　用于近景和全景之布局。在配石的基础上，增添点石布局，用以扩大景观，调节重轻，注意疏密相间、聚散合理、远近有序、大小相同，给人以平远清逸、野趣天成之感，如朱儒东创作的《鸟鸣山更幽》（图8-1-12）。

（6）水陆法　世称水旱式，用于近景和全景。是在附石、点石的基础上发展起来的。以石筑岸，水陆两分：岸上植树，临水清逸，富于天趣。四川盆景常用此法，如重庆市园林处收藏的《象陵渔趣》（图8-1-13）。

图8-1-8　《福建茶附石》
（杨锡祜作）

图8-1-9　《雪压冬云》
（贺淦荪作）

图8-1-10　《松石图》
（贺淦荪作）

图8-1-11　《峰峦秀英》（朱宝祥作）

图8-1-12　《鸟鸣山更幽》（朱儒东作）

图8-1-13 《象陵渔趣》（重庆市园林处）

图8-1-14 《南国牧歌》（冯连生作）

图8-1-15 《八骏图》（赵庆泉作）

图8-1-16 《我们走在大路上》（贺淦荪作）

（7）水陆布石法　用于全景布局。即将水陆法、点石法融于一体，广布点石。布于树下为石，增添山冈韵味；点于水中为渚。丰富溪涧效果；置于远处为山，深化空间关系，全面展现自然景观。现代树石盆景常用此法，如冯连生创作的《南国牧歌》（图8-1-14）。

（8）夹岸水陆法　用于全景。在水陆布石法的基础上，以石筑岸，分陆地为两岸，中为溪涧，夹岸绿云环绕，溪河上或架小桥，或置轻舟，别是一番田园情趣。此法开创现代树石盆景的新格局，如赵庆泉创作的《八骏图》（图8-1-15）。

（9）夹坡公路法　用于全景。在夹岸水陆法的基础上，变溪河为公路，两旁大树参天，公路车声隆隆，反映出山区建设的时代风貌。此法探索现代树石盆景创新之路，如贺淦荪创作的《我们走在大路上》（图8-1-16）。

（10）石座法　此法将造型完整之树木盆景，置于与之相适的石座上，协调艺术整体，从而产生景与座、树与石的呼应关系和内在联系，如将直干树桩，置于钟乳悬垂之石座上，给人以"要知松高洁，待到雪化时"之感，如贺淦荪创作的《高洁图》（图8-1-17）。

图8-1-17 《高洁图》（贺淦荪作）

3. 以石为盆植树法

用于表现近景和中景，强化树石结合，走向自然景观的艺术效果。如树有流畅之姿，石有雄浑之势；树有清新之韵；石有阳刚之美，相映互补，神韵天成。

（1）凿石为盆法　用于近景和中景。采用吸水石，凿穴植树，置于水盘，石基吸水。根附石内，符合天然生态，不用水盘，亦能观赏，如陈顺义创作的《岩松图》（图8-1-18）。

图8-1-18　《岩松图》（陈顺义作）

（2）云盆法　用于近景或全景。直接采用熔岩"云盆"植树。小者若"写意画小品"，巧拙互用，天然成趣；大者宛若山乡田野，"阡陌交通，鸡犬相闻"、蔚为大观，如贺淦荪创作的《春到山乡》（图8-1-19）。

图8-1-19　《春到山乡》（贺淦荪作）

（3）景盆法　此法用于近景、中景和全景。是依树习性、长势、阴阳向背，以石绕树，造景为盆而不见盆，树石相依，景盆结合，相映互补，浑然一体。它是现代树石盆景造型基础之一，也是组合多变的单体造型之基础，如贺淦荪创作的《骏马秋风塞北》（图8-1-20）。

（4）树木相依、组合多变法　此法创意为先，以动为魂；依题选材，按意布景，形随意定，景随情出，多法互用，相辅相成，式无定型，不拘一格。"树植石上，石绕树旁；以石为盆，树石相依；以石为界，水陆两分。多式组合，三景一体；组合多变，协调统一。""石因树活，树因石灵，树使石生，石为树存，按意布景，互补生情，浑然一体，相互依存"。树离石则"空中楼阁"、"孤峙无依"；石离树则"鹤去楼空"，枯寂空存；"树石相依，各有侧重，按意布景，变化万千"，如贺淦荪创作的《群峰竞秀》（图8-1-21）。石多于树，近景，树植"景盆"；中景，树植石上；远景无树，以苔造景。贺淦荪创作的《风在吼》（图8-1-22）

图8-1-20　《骏马秋风塞北》
（贺淦荪作）

图8-1-21 《群峰竞秀》（贺淦荪作）

图8-1-22 《风在吼》（贺淦荪作）

则树石并重，以"景盆"植树为单体造型，然后组合多变。

因此，树石盆景的造型，我们主张在继承传统的基础上，广学博采，走创新之路，提倡"有法无式"、"规律有共性，创作无定型"，要求作者胸有丘壑，创意为先，依题选材，按意布景，形随意定，景随情出，因情有别，因题格变化创造多种格局。"百花齐放，推陈出新"。

同样是树，同样是石，由于立意不同，选材各异；由于寓意有别，则情调、格调为之而变。如"抚孤松而盘桓"需选斜曲遒劲之松，配以若痴如呆之丑石，以显幽闲、清静之感。歌颂雷峰豪言壮语"我愿做高山岩石之松"，则须选用高耸雄劲之直干青松，立于刚劲雄浑斧劈石上，以示坚韧顽强、壮志昂扬的英雄气概。同样是竹石，若用玲珑剔透太湖石，植竹疏斜两三枝，则宛若来到"潇湘馆"前，展现"风吹竹影动，疑是玉人来"的情调。若用高耸丛竹，配以雄浑之山东文石，则格局为之一新，仿佛亲临"红岩竹园"，缅怀革命先烈高风亮节、抗寒斗雪的高尚情操。《群峰竞秀》只有选用高耸笔挺之管石，才能表现祖国建设蒸蒸日上的磅礴气势。《风在吼》在用材上则树石并重。造型上不仅树动、石

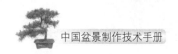

动，全局皆动才能反映出中华民族不屈不挠的战斗精神。这都说明因情有别，因题而变，发展个性，创立新风。

（二）水旱盆景制作

水旱盆景的制作技术，是建立在树木与山水这两类盆景之上的。如果已掌握这两类盆景的制作技术，那么制作水旱盆景将很容易；如果掌握好其中一类盆景的制作技术，那么制作水旱盆景也不会太困难。

1. 总体构思

艺术创作离不开构思。在动手制作水旱盆景之前，应对作品所表现的主题、题材，以及如何布局和表现手法等，先有一个总体的构思，也就是中国画论中所说的"立意"。

构思以自然景观为依据，以中国山水画为参考（图8-2-1～图8-2-2）。

实际上，这种构思从选材前就已经开始了。它贯穿于选材、加工和布局的整个过程中，并且常常会在这个过程中有一定程度的修改。

构思在盆景的创作中十分重要。它对于作品的成败起到关键的作用，因此在它上面不妨多花费一点时间，千万不可拿到材料就做。如果尚未有总体构思就盲目动手，那么难免会造成材料的浪费和损失。

在构思的时候，最好先将初步选好的素材，包括树木、石头、盆和摆件等放在一起，然后静下心来，认真审视，寻找感觉。在有了初步的方案以后，再开始加工素材。

图8-2-1　自然界的"水旱"景观

图8-2-2　中国画谱中的"水旱"景观

2. 加工树材

树木是水旱盆景的主体，加工素材时一般先加工树木材料。水旱盆景所用的树木材料，均须培养在盆中，经过一定时间的培育、整姿，达到初步成型方可应用。在制作水旱盆景时，还须根据总体构思，对素材作进一步的加工。

首先要审视其总体形状以及根、干、枝各个局部的结构等。要从不同方向、不同角度来审视，还须看清根部的结构和走向。经过反复审视后，如果找出了树木的精华与缺陷，就可以考虑如何扬长避短，突出精华，弥补缺陷。

树木正面的确定十分重要。一般说来，从正面看，主干不宜向前挺，露根和主枝均应向两侧伸展较长，向前后伸展较短。主干的正前方既不可有长枝伸出，也不宜完全裸露。主枝要避免对生和平行，并宜从主干的凸起处伸出，而不宜从弯内伸出。这些最基本的要求必须注意。

树木栽种的角度也十分重要。在树木的正面确定以后，如果角度不够理想，还须再作调整。可将主干向前后左右改变角度，直至达到理想的效果。角度十分重要，有时角度稍作变动，整株树的精神状态就会大为改观，甚至会带来意想不到的好效果。

在树木的正面和角度都确定以后，便可进一步考虑主枝的长与短、疏与密、聚与散、藏与露、刚与柔、动势与均衡等问题，接着可调整内部结构和整体造型。

整姿宜采用攀扎与修剪相结合。整姿方法与树木盆景基本相同。这里作一些简要介绍。

（1）攀扎　指用金属丝攀扎树木枝干进行造型的一种技法。其优点在于能比较自由地调整枝干的方向与曲直，多用于松柏类树种（图8-2-3）。

攀扎一般采用铝丝或铜丝。根据所攀扎的枝干的粗度和硬度，选择适宜粗度的金属丝。

铜丝在使用前宜先用火烧至发红，然后慢慢冷却。这样用起来柔软，不易伤到树皮，而经过弯曲后又会变硬，有利于固定枝条，但攀扎需要熟练的技巧，不宜多改变。铝丝一般较柔软，且无软硬变化，初学者用起来比较容易。

攀扎前，最好对盆土适当扣水，使树木枝条柔软，便于弯曲。对于树皮较薄、易损伤的树种，可以用麻皮或纸包卷枝干，然后再缠绕金属丝。

攀扎的顺序一般是先主后次，先下后上。缠绕时注意金属丝与枝干保持大约45°。注意边扭旋边配合拇指制造弯曲。弯曲时用力不可

图8-2-3　攀扎五针松

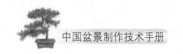

太猛，以防折断枝干或损伤树皮。弯曲点的外圈必须要有金属线经过，才不易断裂。

由根部缠在主干上的金属线，必须插入盆土中，使之固定。第一圈要与主干固定好再往上部缠绕，最后一圈也要固定好。丝尾角度略往逆向下移，防止因金属线的移动而损伤树皮。攀扎枝条时可利用别的枝条固定。

金属丝可按照顺时针方向缠绕，也可按逆时针方向缠绕，按照扭旋的方向而定。需要时可在中途利用枝桠来改变角度。金属线要横切，不要露出尖锐。

金属丝与攀扎的枝干一般保持缝衣针般宽的间隙，不可过紧或过松。避免金属线密贴压力过大而损伤树皮。

攀扎粗枝干时，先将枝干缠上麻皮、胶带或布条，牢牢固定表皮层与木质部，避免断裂，并使树皮得到保护。在弯曲点背面可附上二三根金属丝以增强韧度，再螺旋状地缠绕上金属线。

缠绕同一枝干上的多根枝条时，枝与枝间须采取间隔缠绕，如第一枝接第三枝，第二枝接第四枝，依此类推。金属线必须在干上缠绕一圈以上，否则枝条之间会相互牵动，不易定型。如余下单枝时，须将金属丝头固定在枝干相接处背面，在主干上绕一圈后再将丝头压住，避免枝干裂开。

同一枝干需用两条以上金属线缠绕时，必须平行并排整齐，避免重叠而难看，并可分散整形枝干的表面张力。

拆线的时间，因树种及生长发育状况而异。在生长期，要经常观察，当金属线快要陷入树皮时，应及时拆除，以免陷丝、影响美观。拆线时须细心，防止伤及树皮，最好用金属丝钳剪除。

（2）修剪　指通过修剪树木枝干，去除多余部分，以达到树形美观的一种造型方法。修剪法的长处在于能使树木枝干苍劲、自然，结构趋于合理，多用于杂木类树种（图8-2-4～图8-2-5）。

图8-2-4　修剪榔榆

修剪时，首先应处理树木的平行枝、交叉枝、重叠枝、对生枝、轮生枝等影响美观的枝条，有些剪掉，有些剪短，有些通过攀扎进行改造。

对于需要缩剪的长枝，待其培养到粗度适合时，方可作强度的剪缩，使生出侧枝，即第二节枝，一般保留两根，再进行培养。待第二节枝长到粗度适合时，再加剪截，依此第三、第四节，都如此施行。每一节枝大多保留两

图8-2-5　杂木类修剪

根，成"Y"型，一长一短；有时只保留一根，以调整疏密关系或避免发生交叉。

在多株树木合栽时，常常须剪去树木下部的枝条，以符合自然。为了避免交叉重叠，达到整体的协调，有时还须剪去其中一些树木的大枝。这时应以全局为重，该剪则剪。即使是孤植的树木，有时也须根据整体布局的需要，剪去树木的某些大枝。

水旱盆景的盆很浅，同时栽种树木的地方往往很小，形状也不规则，故栽种树木之前，还须将其根部作一些整理。一般先剔除部分旧土，再剪短向下直生的粗根及过长的盘根。剔土与剪根的多少，最好根据盆中旱地部分的形态及大小而定。在树木位置尚未确定前，可先少剔和少剪，待确定后再进一步修剪到位。

3. 加工石料

水旱盆景用的石料，必须经过一定的加工，才可进行布局。石料的加工方法主要有切截法、雕凿法、打磨法、拼接法等，根据不同的石种和造型去选择。

（1）切截法　指切除石料的多余部分，保留需要的部分，用作坡岸和水中的点石，使之与盆面结合平整、自然。有时将一块大石料分成数块。用作旱地的点石通常不一定需要切截，但如果体量太大，也可切除不需要的部分。

对于硬质石料，在切截之前，应仔细、反复审视，以决定截取的最佳方案；对于松质石料，一般先作雕凿加工，再行切截。

切截石料最好用切石机，但须注意操作的安全。松质石料也可用钢锯切截。应注意使截面平整，并尽量不要造成边缘残缺（图8-2-6～图8-2-8）。

（2）雕凿法　指通过人工雕凿，将形状不太理想的石料，加工成比较理想的形状。这种方法主要用于松质石料，有时也用于某些硬质石料，如斧劈石、石笋石等。雕凿以特制的尖头锤或钢錾为工具，方法与山水盆景基本相同。

图8-2-6　切截石料

图8-2-7　用作坡岸的石料底部须切平

图8-2-8　切石机

雕凿法虽为人工，但须认真观察自然景物，参考中国山水画中的石形及皱纹，力求符合自然。同一作品中的石头，应既有变化又风格一致。

（3）打磨法　指用金刚砂轮片或水砂纸等，对石料表面进行打磨，以减少人工痕迹，去除棱角，或解决某些石料表面的残缺。打磨法只是一种补救的方法，不可滥用。对于自然形态较好的硬质石料，尽量不用打磨法，以保留其天然神韵。

图8-2-9　拼接石料

打磨时，可先粗磨，后细磨。粗磨用砂粒较粗的砂轮片，细磨宜用水砂纸带水磨。

（4）拼接法　指将两块或多块石头组合、拼接成一个整体，在水旱盆景中经常使用。坡岸一般均通过多块石料组合、拼接构成，有时点石也采用拼接法，以求得到理想的形态或适合的体量（图8-2-9～图8-2-11）。

图8-2-10　中国画谱中的石头组合之一

图8-2-11　中国画谱中的石头组合之二

组合、拼接石头最重要的是具有整体感。首先必须精心选择色泽相同、皴纹相近的石料，然后认真确定接合的部位，不仅要使相接处吻合，更要使气势连贯，最后再用水泥细心地进行胶合。

组合、拼接在一起的石头，既要色泽、皴纹协调，又要有体量、形状的变化，须达到多样统一。

4. 试作布局

在加工完毕后，可将全部材料，包括树木、石头、摆件及盆等，都放在一起，反复地审视，然后将材料试放进盆中，看看各部分的位置和比例关系，有时也可以画一张草图，这就是试作布局。

试作布局时，要先放主树，然后放配树，再放石头、摆件等。布局必须十分认真，常常要经过反复的调整，对其中的某些材料，可能要做一些加工，甚至更换，才能达到理想的效果。

（1）树木的布局　按照总体构思，在盆中先确定树木的位置。在布置树木时，也须考虑到山石与水面的位置。树木位置大体确定时，可先放进一些土，然后再放置石头，树石的放置也可穿插进行。

多样又统一是布局的基本原则。

一两株树的布局相对比较简单，一般放置于盆的一侧即可。两株树多靠在一起，一主一次，一高一低，一直一斜，既统一又变化。

多株树的布局，则复杂得多；布局形式有许多种。以三株树布局为例，如栽成一线，只统一而少变化，就显得呆板；而随便乱置，则又杂乱无章。最好是两树统一，一树变化，两树聚而一树散，三株树呈不等边三角形。

要想创作出好的作品，必须以大自然为师，不拘一格。但为了便于掌握布局的基本要求，最好还是区分一下疏林与密林、近林与远林的特点。

疏林与密林的区别在于树木的多少。一眼能看清几株树的即为疏林；反之，则为密林。疏林的布局，尤其是三株树布局，看似容易，其实要做好最难，因为树木少，都可以看得很清楚，所以既要重视群体的效果，又不能忽视每一株树的造型。密林的布局，则较易隐藏缺陷，对每株树的要求相对较低，但要将许多树木按照一定的秩序组合好，则是需要费一番心思的（图8-2-12）。

图8-2-12　树木的布局

近林与远林的区别主要是透视比例的不同。近林的树木由近至远，主次区别非常明显，每株树均有一定的个性，布局要求将主树置于盆内偏前的位置，主树前面很少有衬树，强调近大远小，同时前树的出枝较高，后树的出枝较低；远林的树木均在远处，大小悬殊较小，每株树的形态变化也很小，布局注重总体轮廓和空间处理，主树可稍偏后，其前面也可放置衬树，以表现远处丛林的自然特点。在作远林的布局时，还要注意树木的通风与透光，以利其生长。

丛林式的布局，无论有多少树，都是从三株开始的。这三株树就是主树、副树和衬树。主树必须最高最粗，副树相对于主树则矮和细，衬树则最矮最细，当然这都是相对而言（图8-2-13～图8-2-15）。需要说明的是，三株树的区分应同时考虑高度和粗度，不可以只考虑一项。例如主树最高，但不是最粗；副树虽然次高，但却是最粗，结果还是主次不分。

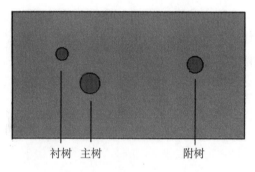

图8-2-13　三株树布局平面图之一

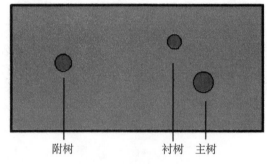

图8-2-14　三株树布局平面图之二

主树的位置，从盆的正面看，不可在盆中央，也不可在盆边缘，而宜放在盆的左边或右边约三分之一处；从盆的侧面看，则宜在盆中间稍偏前或稍偏后处。副树的位置通常在盆的另一边三分之一处，衬树则宜靠近主树，但不可并立。这是最基本的布局，但并不是绝对的，也可以在此基础上做一定范围的变化，但三株树的栽植点连接后必须是不等边三角形，同时整体树冠也应呈不等边三角形。

图8-2-15　丛林式的布局

至于更多株树木的合栽，可以三株树为基础，逐步增加。如以五株合栽，可分别在主树和副树的附近各加一株；以七株合栽，可在五株的基础上，分别在主树和衬树附近各加一株。其余则照此类推。

上述做法，实际上就是将原来的三株树变成了三组树，而基本的原则不变，即栽植点之间的连线要尽量成一个或多个不等边三角形；三株以上的树尽量不要栽在一条直线上，特别是不可与盆边（指方盆）平行而立；栽植点之间的距离不可相等，要疏密有致，呈现出一种节奏和韵律；整体树冠最好呈一个或多个不等边三角形，但轮廓线不要太平直，应有波浪形起伏。

在中国传统绘画中，对于树木的组合有许多经典之作，都可以作为丛林式盆景的借鉴（图8-2-16～图8-2-21）。

图8-2-16 中国画谱中的松树组合之一

图8-2-17 中国画谱中的松树组合之二

图8-2-18 中国画谱中的松树组合之三

图8-2-19 中国画谱中的松树组合之四

图8-2-20 中国画谱中的松树组合之五

图8-2-21 中国画谱中的松树组合之六

丛林式的布局，须留下一定的空间，切忌将盆塞满，同时也不要将所有的景物都显现出来；要做到露中有藏，才能以少胜多，引起观者丰富的联想；但在树木较少的时候，应使每株树都能从正面看得到。在作远林的布局时，还要注意树木的通风与透光，以利其生长。

在实际操作中，尤其是在树木很多的时候，由于根系的处理和枝干的安排往往有一定的困难，因此不能完全达到理想的要求。但是，要尽一切可能使盆中所有的树木安定、和谐地组成一个有机的整体。它必须既多样又统一，既合乎自然之理，又富含人的理想，从而使观赏者悠然神往，有身临其境之感。

（2）石头的布局　配置石头时，先作坡岸，以分开水面与旱地，然后作旱地点石，最后再作水面点石（图8-2-22～图8-2-26）。

石头的布局须注意透视处理。从总体看，一般近处较高，远处较低，但也不可呈阶梯状，还应有高低起伏以及大块面与小块面的搭配，才能显出自然与生动。石头的布局还须与树木协调。

水岸线的处理十分重要，既要曲折多变，

图8-2-22　布置坡岸

图8-2-23　自然界的坡岸

图8-2-24　中国画谱中的常见坡岸

图8-2-25　中国画谱中的平坡

图8-2-26　水旱盆景中的坡岸

图8-2-27　水面的点石

又不宜从正面见到太长。总之，要做好石头的布局，须多多观察自然界的景观。

点石对地形处理和水面变化起到重要作用，有时还可以弥补某些树木的根部缺陷。旱地点石，要与坡岸相呼应，与树木相衬托，与土面结合自然；水面点石，应注意大小相间，聚散得当（图8-2-27）。

试作布局时，最好将准备安放的摆件，初步确定位置和方向，对于不恰当者，可更换或取消。安放摆件，应注意位置的合理性、与其他景物的比例以及近大远小的透视原则。

5. 胶合石头

在布局确定以后，接着可胶合石头，即用水泥将作坡岸的石块及水中的点石固定在盆中。

胶合之前，先用铅笔将石头的位置在盆面上做记号，注意将水岸线的位置尽量精确地画在盆面上，有些石块还可以编上号码，以免在胶合石头时搞错（图8-2-28～图8-2-29）。

水泥宜选凝固速度较快的一种，一般掺水调和均匀后即可使用。水泥宜现调现用，在用量较大时，不妨分几次调和。

为增加胶合强度，调拌水泥可酌情掺进107胶（一种增加水泥强度的掺合剂），也可全部用107胶调拌。

为使水泥与石头协调，可在水泥中放进水溶性颜料，将水泥的颜色调配成与石头相接近。

胶合石头之前，可将做坡岸的石头做最后一次精加工，包括整平底部，磨光破损面，以及使拼接处更加吻合，然后洗刷干净并擦干。作好上述工作后，再将每块石头的底部抹满水泥，胶合在盆中原先定好的位置上。

胶合石头须紧密，不仅要将石头与盆面结合好，还要将石头之间结合好，做到既不漏水，又无多余的水泥外露。可用毛笔或小刷子蘸水刷净沾在石头外面的水泥（图8-2-30～图8-2-31）。

为了防止水面与旱地之间漏水，在做坡岸的石头全部胶合好以后，再仔细地检查一遍，如发现漏洞，应立即补上，以免水漏进旱地，影响植物的生长，同时也影响水面的观

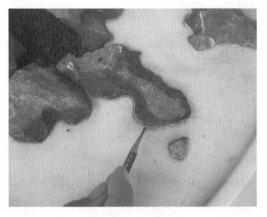

图8-2-28　将石头的位置在盆面上做记号

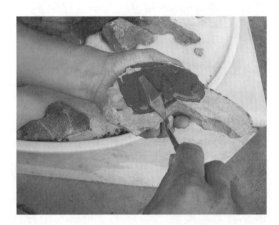

图8-2-29　将石头的底部抹满水泥

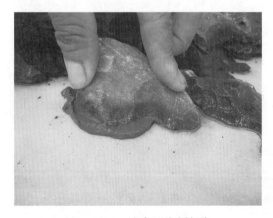

图8-2-30　胶合石头须紧密

图8-2-31　刷净沾在石头外面的水泥

赏效果。

如采用松质石料作坡岸，可在近土的一面抹满厚厚的一层水泥，以免水的渗透。

6. 栽种树木

在布局时，树木是临时放在盆中的，一般并不符合种植的要求。在完成石头胶合、水泥干了后，须将树木认真地栽种在盆中。

栽种树木时，先将树木的根部再仔细地整理一次，使之适合栽种的位置，并使每株树之间的距离符合布局要求。这一点不可马虎从事，否则将会影响整体效果。

在盆面上栽树的位置处，先铺上一层土（如有排水孔，须垫纱网），再放上树木。注意保持原先定好的位置与高度。如果高度不够，可在根的下面多垫一些土；反之，则再剪短向下的根。

位置定准后，即将土填入空隙处，一边填土，一边用手或竹扦将土与根贴实，直至将根埋进土中，注意不要让土超出旱地的范围，最好略小一点，以便于胶合山石。待山石胶合完毕，还可以继续填土（图8-2-32）。

图8-2-32　栽种树木

树木栽种完毕，可用喷雾器在土表面喷水（不需喷透），以固定表层土。

7. 处理地形

在树木盆景中，一般并无处理地形的要求。但在水旱盆景中，地形处理却是一项不可忽视的工作，它对于整体的造型起到重要的作用。

待石头胶合完毕后，便可在旱地部分继续填土，使坡岸石与土面浑然一体，并通过堆土和点石做出有起有伏的地形。

点石下部不可悬出土面，应埋在土中，做到"有根"。要做好盆景中的点石，平时宜多观察自然界的"点石"（图8-2-33～图8-2-34）。

处理地形应根据表现景点的特点，使之合乎自然。一般在溪涧式、岛屿式的布局中，地形的起伏较大；江湖式、水畔式的布局中，地形的起伏较小。

做好地形以后，在土表面撒上一层细碎"装饰土"，以利于铺种苔藓和小草。

8. 安放摆件

摆件的安放要合乎情理。安放舟楫和拱桥一类的摆件，可直接固定在盆面上；石板桥一类的摆件，多搭在两边的坡岸上；安放亭、台、房屋、人物、动物类摆件，宜固定在石坡或旱地部分的点石上；有时在旱地部分埋进平板状石块，用以固定摆件（图8-2-35～图8-2-36）。

固定摆件，须先将安放处加工平整。陶质和石质摆件，可用水泥（最好掺107胶）胶合在石头或盆面上，金属质摆件宜用耐水的黏合剂胶合。对于桥、舟一类摆件，可不与盆面粘接，仅在供观赏时放在盆面上。

9. 铺种苔藓

苔藓是水旱盆景中不可缺少的一个部分。苔藓可以保持水土，丰富色彩，将树、石、

图8-2-33　水旱盆景中的土面点石

图8-2-34　自然界的"点石"

图8-2-35　安放舟楫摆件

图8-2-36　安放人物摆件

土三者联结为一体，还可以表现草地或灌木丛。

苔藓有很多种类。在一件作品中，最好以一种为主，再配以其他种类，既有统一，又有变化。

苔藓多生在阴湿处，可用小铲挖取。在铺种前必须去杂，细心地将杂草连根去除。

铺种苔藓时，先用喷雾器将土面喷湿，再将苔藓撕成小块，细心地铺上去。最好在每小块苔藓之间留下一点间距，不要全部铺满，更不可重叠。苔藓与石头结合处宜呈交错状，而不宜呈直线。全部铺种完毕后，可用喷雾器再次喷水，同时用专用工具或手轻轻地揿几下，使苔藓与土面结合紧密，与盆边结合干净利落（图8-2-37～图8-2-38）。

在铺种苔藓时，还可以栽种一些小花小草，以增添自然气息（图8-2-39）。

图8-2-37 常用的苔藓

图8-2-38 铺种苔藓

图8-2-39 栽种小草增添自然气息

10. 整理

上述各项工作全部完成以后，可对作品进行最后整理。

首先看一下总体效果，检查有无疏漏之处，如发现则作一些弥补。然后将树木做一次全面、细致的修剪，尽可能处理好树与树、树与石之间的关系，如有需要，还可作一些小范围的攀扎调整。最后用刷子将树木枝干、石头及盆全部洗刷干净，并用喷雾器全面喷一

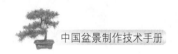

次水，但不要喷得太多，待到水泥全部干透以后，再将旱地部分喷透水，并可将盆中的水面部分贮满水。这样，一件水旱盆景作品便初步完成。经过1～2年养护管理，作品会更加完善和自然。

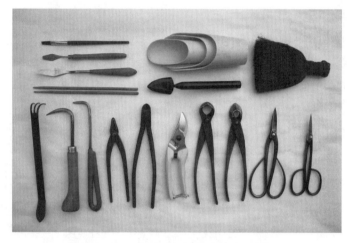

图8-2-40 水旱盆景的常用工具

（三）附石盆景制作

1. 创作构思

（1）主意准确、突出特点　要创作一件具有特色的附石盆景作品，首先，要深刻理解什么是附石盆景。附石盆景作品的艺术特色主要表现生长在高山峻岭、悬崖峭壁上苍劲古朴大树，历经风雨仍雄风未减、郁郁葱葱、笑傲风霜、风范雄伟，使欣赏者在咫尺盆中感受到似是黄山奇峰兀突中的迎客松，似是泰山顶上傲雪凌霜的不老松，又似是嵩山峻岭屹立倔强的苍古老树，更似是在悬崖绝壁上，飞流直下三千尺，流金泻玉九回弯，飘逸奔放的倒挂青松。附石盆景最大的创作优点就是通过树石互衬，突出各自特色。附石盆景作品艺术内涵丰富，创作技艺特殊，如果毫无目的进行创作，胡乱拼凑组合，必定会制作出不伦不类的拙劣作品。因此，创作前必须认真思考，确立创作意图，明确需要创作突出什么特点的作品。有了清晰的创作构思和创作目的，必然能创作一件具有特色的附石盆景作品。

（2）有主有次，主次分明　附石盆景与树石盆景、山水盆景、水旱盆景等作品不一样。从一般盆景创作角度来划分，通常把附石盆景规划为树石盆景类别，也就是说，附石盆景原则上是以树木为主，石材为辅。作品要突出的、要表现的是树木的布局，树干枝托的伸延，树托枝爪的安排，结顶位置的准确定位，同样必须要表现缩龙成寸的树木盆景创作技巧。同样要创作出雄伟苍劲、潇洒自然、突出表现大自然粗犷野趣的树形树态，才能算是一件高水平的附石盆景艺术作品。因此，在创作附石盆景时，必须要精选那些根系旺盛、不怕露天曝晒、较能盘根错节、穿缝插洞为先决条件的树种。要挑选苍劲雄壮，根蘖粗犷，能抓紧石壁石峭的桩头为主，但又不能忽视附石配置的作用，要挑选嶙峋兀突，峰灵壁险、石纹石理清晰，石孔石洞野趣天然为创作石材。总之，不管是树桩还是石材都要经过精心挑选，突出主体，主次分明，通过创作突出作品的特点。

（3）互映生辉、相得益彰　附石盆景创作，都十分强调源于自然、高于自然为作品的创作原则，要突出表现作品雄伟苍劲、野趣盎然和搭配合理，主次分明，互相呼应，顾盼传神，互映生辉，相得益彰的创作特色和地方风格。特别是树桩必须是苍劲古拙，根系旺盛地缠绕石桩生长，并在石桩穿孔插洞，紧紧地镶嵌于石缝石隙之中，枝爪要豪放野趣，自然明快、疏密有致、聚散适宜。石材要嶙峋兀突，石纹石理清晰，两者要相互搭配得当，突出作品的最优点，共同在咫尺盆中演绎出大自然的奇特风光，像是苍古大树，气势磅礴，表现出灵峰崖顶之上不老松的风姿；或是在石壁高处，一棵苍古老树，像苍龙出海，飞流直下的大自然壮丽景象。因此，创作附石盆景作品，要有好的构思，立意准确；然后，挑选好创作的树桩石材，做到主次分明，配置合理，互映生辉；通过创作技巧，突出各自特点，相得益彰，才能算是一件好的附石盆景作品。

2. 附石盆景类型

附石盆景大致分为两种类型，一种是根包石（树石并靠）型（图8-3-1），另一种是根穿石（根系抓绕）型（图8-3-2）。

根包石（树石并靠）型，就是树桩与石材紧靠并立，树桩桩头从底部开始栽种，一直与石桩紧紧靠拢成长，通过树桩枝梢逐步生长，采用牵拉缚扎的艺术手法，把枝梢穿插于石桩的石

图8-3-1　榆树附石盆景《悬崖探胜》（作者：黄启豪）

图8-3-2　火棘附石盆景《火树银花》（作者：黄仲明）

缝石孔之间，形成树石紧缠环抱的状态。其特点就是树桩与石材从底部开始并立，树桩枝梢紧缠石材，共同表现出作品似是高耸屹立、绝壁峭崖上的苍劲大树，呈现上段枝爪明快，飘逸豪放；底部老树盘根，野趣天成的壮观雄伟的自然景象。

根穿石（根系抓绕）型，就是树桩桩头的根系紧抓石桩顶部，或与创作构思相吻合的部位，又或是石材某位置有其特别奇妙表现的部位。树桩根系采用牵拉缚扎的制作工艺，逐步把根系左穿右突、紧紧镶嵌在石材的嶙峋突兀部位并环绕石材穿孔插缝直至把根系引种至石材底部栽种成长。其特点就是使整件作品充分表现出悬崖峭壁之上，苍劲雄壮大树与嶙峋石桩互相缠绕，树桩通过蓄枝截干，枝爪如钢屈银勾，根蘖如鹰爪着地，似是老树盘根、咬定青山不放松的野趣雄伟的自然景观。

3. 附石盆景选材

（1）根包石（树石并靠）型　首先，根据创作的规格和要求作品表现的特点，选择一棵相应规格、能表现特点的，特别是生机旺盛、根系健壮的树坯为创作树桩，一般多选用簕杜鹃、朴树、榆树、福建茶、榕树、九里香等，也有采用雀梅、山松、山橘、红果、火棘等树种。另外，为了衬托树桩和石材相互配置，表现作品的创作特色，选择一块相应大小，能互相配衬的石材，一般多选用高耸、直立、陡峭，纹理清晰、顺畅，从上至下一气呵成、自然野趣的石材相互并靠。选材时还必须认真，注意做好树石之间主次分明，突出树桩的最优点，但又不能忽视石材的配置，达到互相映衬，顾盼传神，切忌随意拼凑，互不吻合的创作作品。

（2）根穿石（根系抓绕）型　创作根穿石（根系抓绕）型附石盆景，同样要求认真思考，确定创作构思，做到以表达创作作品特色的指导思想去选材。根据创作构思作品的类型、规格，以及创作的作品突出什么特点等，去选择创作材料。一般情况下，先选择一组符合创作要求、大小高矮理想的石材，石材基本上要求嶙峋突兀，石纹深浅分明，石孔石眼均匀分布，清晰显现，表现出石材险峰绝岭，壮观野趣，或墩壮粗犷、奇形怪异的风采。另外，创作的关键就是要精选符合创作需求的树种树桩。树桩必须选择根系发达强壮、萌发力强，生长粗犷，不怕烈日曝晒，抵御寒风霜冷而生命力特别旺盛的树种。目前比较常用的树种有榕树、榆树、簕杜鹃、朴树、火棘、福建茶、水横枝等，亦有选择用九里香、雀梅、山橘，根蘖特别壮旺的树桩。总的要求就是树石各具特点，主次分明，配置得当，衬托适宜，通过创作使两者能共同表现出附石盆景野趣天然特色为最终目的。

4. 制作技艺

附石盆景的制作技艺，主要是根据设计好的作品构思进行制作，突出石材的奇异特点，把树石相互配置恰当；最关键还是在于树桩的制作技巧上。树桩的制作技巧，关键又在于树桩根系的牵拉缚扎，树梢的穿缝插洞以及根据作品的构思进行蓄枝截干，达到结顶准确，枝托布局合理，围绕突出石材奇峰异状的特点，做到配置适宜。通过创作，使作品达到在咫尺盆中缩龙成寸，再现大自然野趣多姿的艺术效果。

（1）作品的定型　创作附石盆景，不但要选择根系活跃，生机旺盛、适合创作附石特点需要的树种树桩和选择有特色、奇异多姿的石材进行配置制作，另外，最重要的是一定要把树石作品牢牢地稳固定型在盆景盆上。作品完成后，要经得起风吹雨打以及搬动时摆动摇晃的考验。因此，在制作作品时要在定型稳固方面特别下功夫。

根包石（树石并靠）型：首先，必须挑选健硕粗壮、根系发达的树桩为创作基础，只有这样的树桩，才能达到根基四平八稳，并紧抱石桩，起到稳固整件作品的作用。其次，就是石材的处理，挑选到有特色，符合创作构思要求的石材后，先把石材底部用雕凿或用钢锯锯平，以求达到放置平稳的目的；然后，找准树石突出的最佳观赏点，分别放在盆景盆的确定位置上，用铜线或麻绳等进行牵拉缚扎，把树石牢牢地相互稳固。如果制作的是高耸型或俯卧型的，就要用竹竿把作品支撑固定好，培上泥土，经过一定时间后，让树桩生长出来的横枝通过牵引制作，或穿孔过洞，或环抱石隙等紧紧地抱紧石材。另外，要使根蘖逐步粗壮发达，遍布整个盆底，起到四平八稳、固定整件作品的作用。若石材是高耸瘦壁形状，或俯卧型的，就要作特别加固，按根系抓绕型方法处理。

根穿石（根系抓绕）型：根系抓绕型作品的固定要比并靠型作品的固定困难得多。因为前者创作时根系在石上，再通过制作使根蘖慢慢向下生长延伸，才能起到依靠根系固定整件作品的作用；后者在作品创作开始时，树桩头部的根系就可以起到稳固作用了。因此，创作附石型盆景作品，重要的功夫就要放在作品的定型稳固方面，绝对不能随意马虎，特别是创作石材在80厘米以上，或上大下细的奇峰异石或俯卧型附石作品，更要认真做足稳固功夫。一般的固定方法就是先把石材底座雕凿平整或用石锯把底座锯平，以求达到放置平稳的目的。如果作品的石柱在60厘米以下或石桩底座较宽阔的，可以用一块质量较坚硬，规格与需用的小薄瓷砖作垫底，用高标号水泥砂与石材底座凝固好作为稳固作品的基础，这种方法简单牢固，日后换盆也方便。但如果作品是绝壁悬崖型，石桩高挑峻瘦，甚至是上大下小、嶙峋险峰形态或是俯卧状的石材，就必须采用特别加工的制作方法。把石材底座制平后，用6～8厘米的不锈钢圆丝用焊接方法制成单层平底疏网状，规格比作品用盆稍窄稍短。然后，按照创作构思所定作品摆放的位置把石材放稳，再用4～6厘米高的不锈钢圆柱把下段与疏网焊接紧，上段紧钳压石底座的隙缝或凹凸位置（俗称种桩，圆柱具体高度以作品上盆后，钢柱头不露出盆泥面为准），务必把石材底座与不锈钢疏网钳接牢固，或用不锈钢圆柱纵横方向压紧石材底座，把钢柱两头牢固地焊接在不锈钢疏网上，起到固定石材作用。另外，创作的作品石材高度在80厘米以上，石材形状上粗下细的，不但要认真把石材底座与不锈钢疏网牢固地连接好，还要在不锈钢疏网的两端各焊接一根不锈钢 $\Phi6\sim8$ 厘米的螺丝杆，高度视盆底高度而定。在盆底对应位置钻一同等规格的小孔，穿上螺丝杆，把不锈钢疏网与盆底连接紧。安装螺帽时必须注意用软硬适度的厚度约5厘米的橡胶板作螺帽垫板，外加铁板垫圈，再把螺帽栓紧，以免螺帽直接与盆底陶瓷接触、紧压受力时容易造成爆裂。另外，还要注意把石材与不锈钢疏网焊接好放在作品所定的盆景盆时，在培土前，必须把疏网与盆底垫平稳，以免高低不平，着力点（特别石材位置）不均衡而压裂盆底。另外，重要的制作工艺是把石材完全固定平稳后，就要认真地栽种好树桩，这是根穿石（根系抓绕型）附石盆景创作的关键。挑选好制作所需的树桩后，先把树桩的幼根清理修剪好，一定要把腐根去掉，然后根据创作构思，进行布局处置。如果创作构思是把作品创作成泰山顶上老劲松形态，则把树桩桩头栽截好，尽量压紧石材顶端，把粗壮的根蘖逐条梳理齐整，环绕压迫于石缝石隙内或穿插于石孔石眼中，尽量牵拉到石材底部，然后用粗细软硬适度的铜线或铝线根据石材的突兀凹凸部位环绕石材，尽量压迫贴紧石材表面，若铜线铝线环绕压迫不到的石隙石缝凹凸位置，则用泡沫板进行压垫，务必把树根压贴石材。缚扎好后把树石作品与不锈钢疏网连接好，垫平底部后进行上盆培土。培土也必须认真处理好，要把泥土从石材底部开始培土到石材顶部的树桩头部，以保证树桩的成活。护土方法一般采用塑料薄板，环绕作品的外形大小高矮制成圆筒状，用铁线或麻绳缚扎紧放于盆上，然后逐步从筒的上方放入泥土。这里必须注意，放入泥土时，要逐步放逐步插实，特别有树根的地方，一定要把泥土压紧，确保泥土与树根连接紧以确保树桩的成活，使树根贴紧石材向下生长。随后，根据栽植时间及树桩根蘖的生长程度，逐步把塑料薄板圆筒逐段向下切割，逐步去掉表面泥土，使树根逐步暴露；同时注意边减少泥土边整理好根蘖，经数年功夫，反复栽剪，直至树根紧缠石材直到底座露出盆面为止。另外，就是对树桩进行蓄枝截干，根据创作构思进行精工修剪到创作成功。如果作品创作构思是险峰绝壁悬崖型，表现苍古大树在陡壁上飞流直下，似苍龙飞渡的形态，那么，树桩就必须缚扎在嶙峋突兀的石材中上段凸出部位，以表现作品的险峻与雄伟。另外，如果作品创作的是俯卧型附石作品，就要把树桩放到石材的最前端。随后的制作方法与上述的基本相同。创作形态，枝托布局，结顶部位等，就要放在蓄枝截干的功夫方面了。

（2）作品的定位 制作时，当把作品的树桩石材按照定型制作方法认真做好后，再按照创作原意检查树石的特点在作品的主面部（即作品的最佳欣赏面）是否显现出来，作一次反复认真的检查修饰；感到满意后，制作的最后步骤，就是上盆。作品上盆关键就是按照创作形态及作品特点进行定位，即把作品放置在盆的最佳位置上。根据老一辈盆景艺术家的经验以及人的视觉空间和欣赏习惯，盆面必须适当留白，亦即作品的最佳位置一般是盆面的左或右的三分之一部分，留盆面的三分之二作为留白空间。这样的安置，一是因为如果创作的是高昂挺拔或悬崖型的作品，留出盆面三分之二的视觉空间，会使欣赏者如到广阔旷野，产生豪迈奔放、自然野趣、生机盎然的视觉感受。二是如果创作的作品是在陡壁绝崖上凌空生长的苍劲大树，则必须在树桩中适当部位营造一大跌托从上而下顺势跌宕，似是横空出世、飞流直下，这样更要留足盆面空间，让大跌托尽情表现出岭南派枝托布局有势、枝爪配置分明、苍古雄伟、飘逸潇洒的艺术特色。三是起到作品的平衡稳定和创作远景的视觉空间，充分表现出岭南派附石盆景源于自然、高于自然、粗犷豪放、野趣天成的创作特色。如果把作品随意摆放，必然使作品显得呆滞生硬，没有野趣活力。特别不少新学的创作者，往往贪图方便，把作品放在正中位置，左右不留空白，这样再好的作品也显得死板呆滞，不会给欣赏者产生美的视觉享受。当然，凡是艺术创作都有其特殊的制作技巧和艺术处理效果。以上所述的只不过是对一般的制作方法而言。

（3）配盆 附石盆景作品的配盆，必须挑选质量上乘、硬度适宜、炉火纯青、没有变形的优质陶盆。一般配置长方型日字浅盆为合适。因为，凡是附石盆景作品较多的创作构思是使欣赏者产生在雄伟豪放、辽阔的旷野中有异峰突起、古树飘逸的艺术效果。如果配置四方或圆型深底盆，则很难达到这种艺术效果。若创作者有意识地创作其他特别形状和特别艺术效果则另当别论。所以，在确保能够牢固地稳定作品的前提下，应尽可能配置浅陶盆为宜。

5. 保养

（1）附石盆景需与其他树木盆景一样的维护保养方法 不过，附石盆景保养的特殊性在于根系的特殊处理。所以，必须随时关注根系及枝梢的生长和及时根据创作需要进行牵拉缚扎；而且必须耐心认真细致，万万不能马虎大意或贪图方便。特别是使用榕树树桩制作附石盆景，除了对根系，枝梢的牵拉处理外，还要特别注意榕树气根的处理，努力做到最好，才能创作出心满意足的作品。

（2）在作品制作保养期间的搬动方法 需要搬动作品时，千万要小心谨慎，绝不可马虎大意。因为作品在制作期间，石材的受力点小，压力大；如果在搬动时，只注意扛盆的两头，而忽视石材部分的压力点，那就容易造成陶盆因受力点悬空而折断。所以搬运时，要注意作品的均衡受力点。另外，搬动时，必须沉稳移动，决不能过度摇晃，否则会造成石材的重点倾斜而脱落，损坏作品。

（3）附石盆景保养的重点 应放在树桩的栽种培植上，平时必须根据天气的温度湿度和树桩生长的需要保证适度的水分，要放在阳光充沛、保证良好的光合作用的地方。附石盆景淋水保养时，还有一点必须特别注意，就是在夏天烈日曝晒，气温较高的时候，石材

必然升温，必须随时浇水为石材降温，以免因石材温度过高而影响树桩的正常生长。

对作品的其他保养方法，如施肥、除草、除虫、浇水等与其他树木盆景作品的方法大同小异。

九 微型组合盆景制作技艺

（一）特 色

微型盆景又称掌上盆景、袖珍盆景，其盆的口径大小在5厘米左右，娇小玲珑，微中见伟，小中见大。

微型盆景不是大、中、小型盆景的简单缩微，而是更加集中概括地反映自然景观。虽是掌上之物，也具旷野古木之态、自然山水之美。虽景微物小，仍具取法自然、苍劲入画、形神兼备的特点。

微型组合盆景是一种体现群体艺术美的类型，如果单独置放，形单影孤，很难收到艺术效果，必须组合放置在博古架或道具上，方能充分发挥其典雅、隽永的艺术魅力。

图9-1-1 《冠冕群芳》（作者：李金林）

（二）树、石种类

1. 树种

选择创作微型树木盆景的树种原则应是：枝密、叶小、树态美，生命力强，易于上盆成活的植物。自然界中有着丰富的植物资源，可供制作微型盆景的树料不胜枚举，如观叶类的黑松、五针松、锦松、罗汉松、真柏、桧柏、翠柏、金钱松、榆、朴、榉、榕、黄杨、金边黄杨、枫、雀梅、小叶女贞等；观花类的六月雪、贴梗海棠、杜鹃、迎春、茶梅、栀子、金雀等；观果类的虎刺、火棘、石榴、天竺、金豆、小叶枸骨、胡颓子、金弹子、枸杞等。

2. 石种

微型山水盆景的体积很小，一拳之石，能容天地，选择创作微型山水盆景的石材原则是：质地、纹理细腻，形态自然，色彩丰富。软石、硬石皆宜，随意取材，据形造景。硬石类有木化石、英德石、斧劈石、黄石、宣石、千层石、玉石、钟乳石、祁连山石、灵璧石等；软石类有海母石、浮石、砂积石、芦管石等。

（三）技 法

1. 微型树木盆景的制作技法

（1）主干造型法　将小树桩的主干及分枝用金属丝按树材施艺的构思方案，逐步弯曲，或强力扭曲，一次成型。待主干、分枝定型后，除去金属丝，便初具规模。

（2）修剪法　根据树桩造型及生态需要，对树枝条施行短剪、疏剪、打顶和抹芽，除去病枝和枯枝以及多余枝；保留有用枝，并作定向培育，以达枝叶层次分明，或疏密有致的效果。

（3）根露法　将树桩的根土剔除，树根适当外露，对生命力极强的植物，如黄杨、黑松、榆树、金边黄杨、雀梅等，甚至可以提根造型，使根系外露，盘根错节，显示出老态龙钟，如百年古树。

（4）雕琢法　对于具有一定粗细的小树桩，为了创造苍老之态，可以用小刀等工具，在树干的适当部位，挖沟、凿孔，损伤树皮及木质部，待年久愈合成为自然老态。

（5）培土取景法　有一些微型树桩已经成型，只因树干过长，太煞风景。要改变原状，可利用栽培中的压条繁殖原理，在确定的截短部位作损伤处理，也可作环状剥皮，而后培土促根，待密生新根，便剪截去老根部分。

微型树木盆景尽管树体很小，要求树高在15厘米，但同样能够再现自然的风貌。因此，在树形设计上，需作更为精细的处理。

微型树木盆景的形式有以下几种：

（1）直干式　是树桩造型中最常见的形式之一，无需作复杂的加工，要求树干通直，树冠居中，枝片的处理没有大的限制，如采用横枝、垂枝等都行。直干造型的盆景有一种大树造型的特点，气势挺拔，直上青云。常用树种有黄杨、榆、榉、雀梅、五针松、罗汉松、水杉、金钱松等。

（2）斜干式　造型要求树干倾斜而不卧倒，一般可让树的主干有45°左右的倾斜角度。

树势舒展、疏影横斜，具有清秀飘逸的形态，尤其是枝干苍古的榆、雀梅等。加工制作，首先以其自然为主，通过斜置达到目的，也可用金属丝绑扎弯曲。在微型树木盆景中，斜干式造型适应性很强，用得较多。

（3）悬崖式　主干虬曲垂落，犹如江河一泻千里，气势如虹，常用黑松、五针松、金边黄杨、罗汉松、雀梅、金雀、黄杨等。悬崖式造型，因树势变化的位置和垂悬程度的不同，可分为大悬崖、小悬崖和半悬崖三种基本形式。大悬崖造型的主

图9-3-1　《群峰争秀》（作者：李金林）

干大部分枝叶在盆面以下，下垂角度较大，有些部分近垂直，需要时苗木进行大的弯曲处理。大悬崖造型的盆景，用盆以深盆或签筒盆为主，确保主干下垂所需长度。也有用盆不深，放置时用几架等物垫高。小悬崖造型的主干稍短，并且下垂的角度也较小，一般在盆高的二分之一左右。半悬崖造型的主干飘出盆外，一般不向下垂挂，主梢接近盆口，角度较小。

（4）丛林式　微型盆景中，盆盎虽小，但也能用丛林式造型的手法，将多株树木组合在一起，构成丛林景象，生机盎然，让人观之，有回归自然的感受。丛林式盆景一般配株为奇数，如三干，五干等。每棵树木都要相互呼应，有倾斜依偎，有挺立昂首，各具神态为妙。要能分出主次，粗细高短搭配，以配树烘托主树为佳品。

（5）垂枝式　利用植物固有的生理特点，修除繁杂枝叶，让枝条疏朗娟秀地垂挂下来，可选植物有常青藤、迎春、栘柳等。制作过程主要是通过修剪使垂枝有偏重和长短枝处理，创造一些动态感。

2. 微型山水盆景的制作

微型山水盆景小巧精致，取材容易，用料节省。微型山水盆景的体积很小，不受石料限制，制作方便，加工精细，重在意境。微型并非缩减，而是概括与精炼。造型布局讲究画意，运用中国画的理论设计盆景造型。如画论"三远法"创作出盆中不同高下远近的造型。石面纹理的处理，也是依据画中各种皴法。

（1）微型山水盆景的形式　山水盆景是自然水光山色的缩景，也是一种艺术的表现，或写实，或夸张，将最美好的一个景观表现在盆盎之中。自然山水受到地质的变化，出现

了隆起和凹陷，结构十分复杂，有山、峰、峦、岗、岭、崖、峡、壑、川、涧、洞、岛、矶、渚、丘、屿、岫、陵、嶂、坡、山麓、峰林、石林等山形地貌，又有由这些山形地貌组合成千奇百态的山水形式。山水盆景就是依据这些特色，设计出各种形式，常见的形式有：偏重式、悬崖式、斜山式、主次式、象形式、卧岗式、石林式、群峰式、远山式、独秀式、散置式等。

（2）制作方法　微型山水盆景的制作，不论是立意还是布局造型，都受到山水画的影响和启示。有许多山石的处理方法是源自山水画的表现技巧。如制作山水盆景时，在石体上雕琢的沟纹，就是采用中国山水画中的"皴法"。每一种皴法都能表现一种纹理和自然起伏的山水。因此，在制作山水盆景时要根据所表现的内容及山石的质地，选择适当的皴法。常见的有披麻皴、荷叶皴、斧劈皴、马牙皴、破网皴、乱柴皴等。

用画意作指导，还需要通过具体的加工技术来完成。一般要经过选料、锯截、雕琢、胶合、种植等过程。在决定选用某一石种后，选料时，还要考虑石料的大小、长短、形状，然后因材施艺。

① 锯截：其目的是为了获得最佳山石峰体、平台的表面等。硬石锯截的难度较高，最好用锯石机加工；如果用手工锯时，可将金刚砂渗水加入锯缝来截取。软石石料，直接用钢锯就可完成。不论是哪种石料，锯前都要审时度势，认真推敲，找出理想的锯位划上线做记号。锯面要平整，如果未能如愿，再用砂轮将其磨平。

② 雕琢：硬石石料质地脆硬，不易雕琢，一般选择天然造型，不加雕琢，或仅用于修补不足时偶尔用之。软石质地疏松，工具主要用尖头镐和扁头镐。雕前先打腹稿确定造型，用扁镐凿出山体基本轮廓，并用尖头镐细细地凿出洞穴沟壑。最后用细的铜丝刷对石面处理即成。

③ 胶合：根据具体情况确定实施与否。如果用整块山石制成的盆景就无需胶合处理，特别是用软石雕琢制作的，直接放置在盆中就可以使用，有些山石在制作时采用组合方式，可作胶合处理。胶合材料采用水泥，最好是高标号水泥，将胶合石料的锯末混合在一起，也可用颜料混入水泥，以减少胶合时的痕迹。先在盆底铺纸垫底，以防水泥粘连，然后从主峰开始依次拼接胶合，胶合时可注意留出小小的洞穴，以备栽种小植物。待水泥干后即可取下，洗去底纸，再修补一些不足的地方。

④ 种植：在微型山水盆景中种植难度较大，一般而言，种植的材料以微小型的草本或木本植物，如半支莲、六月雪等为主。

⑤ 配件的制作：微型山水盆景的配件如亭、台、楼、寺庙、人物等，因太微小，难以买到，只能自己动手制作。

3. 微型盆景的养护管理

微型盆景，盆土极少，水分、养分保存有限，稍有疏忽，一切辛劳和愿望将会前功尽弃。

(1) 勤浇水 微型盆景盆小，根浅，泥少，不能与一般盆景相提并论，因此浇水便成了养护的关键。平时盆面见干就浇水，夏天一日要浇多次水，每浇务透。微型树木盆景可以置于沙床上养护，沙床保持水分能为盆景创造一个湿润的环境。夏天，微型树木盆景宜放置于树阴处或大盆景的下面，避免强烈的阳光直射，也可用帘子遮阳，减少水分蒸发；也可对叶面喷洒水，叶面吸收水分可补充根部吸水的不足。叶面喷水还可冲洗掉叶面的尘埃。微型树木盆景用水不受限制，但含碱的水不宜使用，水温要保持正常，以减少对植物根系的刺激。冬天，盆面也要注意保持湿润，冬天易疏忽浇水，一旦脱水时间过长，根部细胞难以恢复吸水能力，植物就会枯萎。

(2) 施肥 在微型盆景中施肥是一项重要的技术。盆景采用的培养土要具有一定养分，但时间长了，盆土中养料耗尽，显得贫瘠，不能满足植物生长需要，应及时追肥，以补不足。肥料一般以饼肥为主，饼肥有菜籽饼和豆饼。饼肥应充分发酵腐熟后才能使用，用时要用清水稀释10～15倍。施肥宜淡不宜浓。一般在盆土见干后施肥，易被植物吸收。若能针对植物的生长需要作合理的施肥，就能事半功倍。如生长期的植物对氮的需要量大，可多浇施饼肥；开花、结果的植物，对磷钾的需要量大，可多施用骨粉，腐熟的鱼杂肥等；如遇叶色泛黄，新枝细弱，应加施氮肥，当植物进入休眠期时，无需施肥。

(3) 翻盆 微型盆景初易成活，抽叶发芽，生机盎然；养到第二年或第三年便会渐失生气，甚至枯槁；若将小树桩从盆中取出，会发现其根须密如盘巢，泥土大部分已被挤出盆外，必须每年翻盆一次，翻盆时修去一部分老根，换上富含腐殖质的新土，小树桩才能重新发根吸收养料，保持旺盛的生机而历久不衰。至于翻盆时间，上海地区一般在春分比较适宜，翻盆后的管理必须跟上，翻盆后要放置避风阴处一周，叶面上经常喷水，一周后逐渐移入阳光处，进行光合作用。

(4) 修剪、复整 植物生长一段时间之后，枝叶长得茂密拥挤，失去了原有佳木葱茏的优美姿态，应该及时进行复整修剪，要剪去多余的枝，如平行枝、交叉枝、重叠枝、对生枝、强枝，以及多余的叶，有些还要摘去心芽，使微型盆景保持枝叶葱茏中显示骨力，形神兼备，富于画意。

(5) 防寒、防台风 微型盆景因其微小，严冬季节要全部搬入室内向阳处，防冻避寒。台风来临前，要移至安全地方，以防损坏。

（四）微型盆景的组合陈设

　　微型组合盆景是一种群体的组合艺术形式，如果单置独放，形单影孤，很难显示艺术效果，故必须组合一个系列，置于博古架上，方能充分展示其典雅、隽永的艺术魅力。微型盆景唯其小，一般皆陈设在室内。博古架上陈设的微型盆景中树木的品种、造型、配件不宜重复，树形朝向应有呼应，配置时要仔细斟酌，不宜全在一个方向，树、盆、几、配件的色彩要注意配伍、协调，大小比例相适应。盆景的配件是为了补空、点题，适当衬托以加强内涵。在博古架框格中配置的盆景，既要限定盆景表现氛围，又应有一定的空间位置。因此要根据博古架上每个空格的大小去选择相应的盆景，让盆景留有余地，切忌顶天立地，左拥右挤，在博古架上的盆景应有变化，力避雷同。

图9-4-1 《微之春》(作者：李金林)

十 盆景养护管理

盆景的养护管理是一个长期而又复杂的过程。在养护管理过程中，不仅需要合理地浇水、施肥，还要进行树木的修剪整形、翻盆换土、防治病虫害、防晒防冻等一系列工作。

（一）树市盆景养护管理

1. 合理浇水

按照科学的分析，在大多数树木体内，枝叶中的水分占60%～70%，只有保持了这样的比例，植物才能生长良好。水分不足，叶会因失水而枯萎，枝也会逐渐干瘪，生命活动受到抑制。浇水过多，盆土长期潮湿，挤出了土壤里的空气，会造成根部缺氧，从而产生烂根现象，轻者生长不良，重则造成树木死亡。因此，科学合理地浇水，是养护好树木盆景的关键。正确的浇水方法，应根据以下种种情况来决定。

（1）不同的树种　一般来讲，叶阔大、柔软的植物，叶表散发水分快，消耗水分多，浇水应多。叶小、坚硬，叶表有蜡质层的植物，水分散发慢，浇水就应少些。

（2）不同的长势　树木生长旺盛的，吃水量大，应多浇水。树木生长衰弱的，耗水量小，要少浇水。

（3）不同的生长阶段　植物在不同的生长阶段，需水量不同。生长旺盛期，需水量大；休眠期，新陈代谢缓慢，需水量小。

（4）不同的季节　春季到来，气温回升，植物开始发芽、长叶，需水量逐渐增加，浇水量亦应随之增加；夏季气温高，光照强，叶面及盆土蒸发水分快，浇水应充足；秋季天气渐凉，植物生长速度减慢，土壤蒸发量也减少，需水量亦相应减少；冬季植物进入休眠期，气温低，植物消耗水分更少，浇水量亦应更少。

（5）盆的大小、深浅　树偏大而盆偏小者，因盆土少，含水量少，为防止供水不足，要多浇水、勤浇水。树偏小而盆偏大者，浇水后盆土难干，浇水就不能过勤。

盆子浅的，土表接触空气面积大，土层又浅，故盆土易干，应适当多浇水；盆子深的，土层厚，水分蒸发慢，应适当少浇水。

（6）不同的生长介质　培养盆景的介质不同，其透水程度也不同。透水快的，应勤浇水、多浇水；透水慢的，应少浇水。

（7）盆钵的不同性质　泥瓦盆透气性能好，盆土易干，浇水要多一些；紫砂盆略透气，釉陶透气性能差，应视盆土干湿周期情况区别对待，适时适量浇水。

（8）不同的放置环境　放置在阳光充足、通风良好环境中的盆景，水分蒸发快，浇水量应大一些。放置在荫蔽和通风不良环境下的盆景，水分蒸发慢，浇水量应有所控制。

（9）天气的阴晴变化　晴天空气干燥，水分蒸发快，应多浇水。阴天空气湿度大，水分蒸发慢，应少浇水。如遇连续阴雨天，不但不需要浇水，有时还需及时倒去盆中积水，或将盆景移至避雨处。

浇水的最大诀窍，便是"不干不浇，浇则浇透"。掌握了这个原则，既能满足植物对水分的需求，又能保证植物正常呼吸。这是因为，盆中植物赖以吸收水分的根系大多密集分布于盆的中下部，如果经常只浇"半截水"，土表虽然湿润了，但下部的根系尚未吸收到水分，这就必然使植物因吸水不足而导致生长不良，同时下部的根系还会干死，因此浇水必须浇透。而每浇一次水后，要让盆土逐渐干燥，让空气进入土壤，满足根系呼吸的需要，若盆土久湿不干，则极易造成烂根，因此，盆土未干切勿浇水。

有经验的管理者，在给园地中的盆景浇水时，往往先拣特别干的盆景先浇一遍水，谓之"吃小灶"。然后普遍浇水，浇完后查看一遍，看有无漏浇。如发现未浇透的盆景，立即补浇。有些盆景多年未翻盆，盆内老根密布，盆土和根系隆起超过盆口，这样的盆景应注意增加浇水次数。总之，易干的盆景宜多浇，不易干的盆景宜少浇。

此外，春季浇水时应注意，若不希望植物的叶子长得过快过大，则应适当控制浇水量，且不要向叶面上多喷水。夏季应避免在高温烈日下浇水，因此时盆钵被晒烫，浇水会灼伤根系，尤其是贴近盆壁的根系。夏季适宜早晚各浇一次水，上午的一遍水可供植物吸收后应付白天的蒸发；傍晚的一遍水给植物及时补充水分，让植物吸收利用。浇水时可连叶一同喷洒，起除尘、降温和增加环境湿度的作用，同时也有助于植物吸收水分。秋季落叶的树种落叶后应减少浇水。冬季宜在中午气温较高时浇水，易于植物吸收。放在温室内的盆景，浇水时可连叶喷洒，保持一定的环境湿度。放在室外的盆景，应保持土壤适宜的湿度，在严冬霜冻到来前应检查盆土是否干燥，防止干冻对植物造成伤害。

辨别是否需要浇水，有以下四法可供参考。

一看。看盆土颜色是否变浅，盆土表面是否开裂，盆土与盆内壁之间是否出现缝隙。

二摸。用手指触摸土面，凭感觉鉴别土壤是否坚硬和干燥。

三听。以手指敲击盆壁，听发出的声音是否清脆。

四掂。对一些能端得动的盆景，掂一掂其分量是否比盆土湿润时明显变轻。

如发现以上情况为"是"，则需要浇水；"否"，则暂不需要浇水。

常用的浇灌方法可区分为喷灌、浇灌和浸灌。喷灌就是用喷壶等工具连盆土带植物一同喷洒，直至浇透。此法可达到浇湿土壤和冲洗叶面的作用。浇灌一般是指用水舀、水壶等工具将水直接注入盆中。此法适用于叶面不宜喷水的情况。若是刚上盆的盆景，可在土面放一块瓦片，让水浇在瓦片上再流入土中，避免土面冲出凹坑。浸灌即是将盆景放入浅水盆中，让水从盆底排水孔慢慢浸透盆土。此法多用于刚上盆的盆景。

如果在养护过程中因浇灌不当而出现了烂根现象，应立即采取翻盆换土抢救措施。具体步骤如下：

① 首先将树桩连土从盆中脱出，用竹签剔除土壤，理出根须。

② 剪除所有烂根，剪除时要截至烂根之上。

③ 适当修剪枝叶，以维护吸收与消耗平衡。

④ 清除盆中残存旧土，用瓦片或塑料网片垫好排水孔，以干松培养土将树木重新植入盆中。

⑤ 浇一次透水，短期内置半阴半阳通风环境中细心养护。

出现烂根的树木盆景，虽经上述处理，但根系的吸收功能大大减弱，土壤不易干燥，必须待盆景逐渐干燥后，才能浇第二次水；否则，盆土长期潮湿易造成再次烂根。在养护管理过程中，应经常向叶面和树干喷雾保湿，减少叶面水分蒸发。为防止喷洒之水流落盆土，可用塑料薄膜覆盖盆面，待树上不再滴水时，将塑料薄膜拿开。一般经一两个月后树木能逐渐长出新根。植物生命可获挽救。

2. 科学施肥

盆景树木在生命活动过程中，需要不断地从土壤中吸收营养，而盆中的土壤有限，因而养分亦有限，加上雨水和日常浇灌的冲淋，土壤中又会流失部分养料，所以隔一段时间，必须给盆景增施肥料。

植物的生命活动必需的元素，目前已知有16种，它们是：

大量元素：碳、氢、氧、氮、硫、磷、钾、钙、镁。

微量元素：铁、锰、硼、锌、铜、钼、氯。

其中氮、磷、钾是植物生长的三要素。氮能促进枝叶生长茂盛；磷能促进植物开花结果；钾能促进根系和茎干的生长。

常用的氮肥有人粪尿、饼肥（黄豆饼、菜籽饼、棉籽饼、芝麻饼等）、硫酸铵、氯化铵、硝酸铵、尿素等。

常用的磷肥有禽肥、骨肥、过磷酸钙、磷酸二氢钾等。

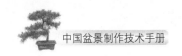

常用的钾肥有氯化钾、硫酸钾、碳酸钾（草木灰）等。

其中人粪尿、饼肥、禽肥、骨肥、草木灰等属于有机肥；化学合成的肥料属于无机肥。

目前人们培养盆景广泛采用饼肥。饼肥肥效高，使用、贮存比较方便。使用饼肥，首先要将饼块弄碎（用手掰碎或用锤敲碎），浸泡于水缸中（约三分之一饼块，三分之二清水），加盖封存。发酵数月后，提取饼肥水兑清水使用；视肥水浓度，一般可兑清水3~5倍；以后向缸内补充清水，继续浸泡，陆续提取肥水兑水使用。饼肥水有臭气，但施后第二天即可消失。

无机肥又称为化肥，是专一针对性肥料，肥力足，肥效比较快，可针对所缺乏元素加以应用。

给盆景施肥应注意以下几点：

① 肥料要充分腐熟；否则，易在盆中发酵伤根。

② 掌握"薄肥勤施"的原则，既保证植物生长需要，又不致因养分过多而疯长，尤其应防止浓肥伤根。

③ 新上盆的盆景暂不施肥。一是因为新土一般都有较充足的营养，如是春天翻盆换土，可于秋季再开始施肥。二是因为翻盆时植物根系会受到一定损伤，伤口未愈合时也不宜施肥。

④ 选择盆土相对干燥时施肥，施肥翌日清晨复一次水，以利根系吸收。盆土潮湿时勿施肥，以免造成烂根。

⑤ 施肥前宜先松土。

⑥ 肥液勿污染叶面，以免对植物造成伤害。如叶面受到污染，可喷洒清水以除之。

⑦ 视植物缺肥情况，选择不同的肥料。注意不要将钾肥与氮肥混合使用。

盆景树木在不同的季节对肥料的需求不一样。春季树木开始萌发新芽，并很快生长枝叶，对肥料需求量逐步增大，此时应适当多施肥料。养料充足，植物生长健壮，同时也能增强抵御病虫害的能力。

夏季植物生长旺盛，再加上雨水的冲淋，肥料易于流失，故必须及时补充肥料，但高温酷暑应停止施肥。

秋季大多数树木新陈代谢逐渐减慢，施肥应适当减少。有些树种若在晚秋肥水过多，会造成继续抽芽，而秋季生长的嫩枝入冬极易受冻害，反而使植物生长受到不良影响。

冬季树木进入休眠期，新陈代谢更为缓慢，尤其是落叶树种，对肥料需求已极少，但为了增强树木越冬的抗寒力，入冬前可施一次稍浓的肥。冬季还可施一两次腊肥，以增加土壤肥力。

3. 修剪整形

树木盆景在加工定型后，在长期的养护过程中，还需要不断地进行修剪和整理，才能保持其优美的形态。而对那些造型尚不够完美的盆景，更需要通过修剪及其他加工手段使之逐渐臻于完美。因此可以说，养护管理的过程，就是继续加工、不断完善的过程。

（1）修剪　是一项复杂的工作。盆景工作者有时通过修剪，达到保持原造型的目的；有时则通过有计划的"留枝"和"剪枝"，将加工对象塑造得更为美观动人。修剪时必须仔细观察，慎重下手，尤其是拿不定主意时，一定要反复推敲，免得贸然剪下，造成无法弥补的损失。基本定型的盆景，必须剪去在生长过程中出现的徒长枝等扰乱树形的枝条；同时，剪去枯枝、弱枝、病枝及枯叶、病叶。对于有意放养的枝条，则应在其生长到一定粗度时再修剪；若急于修剪，则难以长粗。若过密的枝条也应适当疏剪，以利通风透光，减少病虫害的发生。

不同的树种有不同的最佳修剪期，如果错过季节，会造成不必要的损失。譬如，松树适宜在秋冬停止生长期修剪，此时修剪，伤口不易流液，对植物伤害小。柏树可在初春强剪一次，至夏季再修剪一次。杂木类盆景，多在小枝长到一定长度并且达到一定硬度时才修剪。剪得过早，再发小枝柔弱无力；剪得过迟，无谓消耗了养分，而且被剪后的小枝下部空疏，形态也不理想。有的树种萌芽力弱，一年只能修剪一两次；有的树种萌发力强，生长旺盛期可多次修剪，如六月雪、榆树、雀梅等。对于落叶树种，冬季是修剪的最有利时机，此时树叶落尽，树冠内枝条结构看得一清二楚，正合通过修剪调整疏密，消除弊病，完善造型，而且有利于来春集中养分，让保留下来的枝条茁壮生长。

刚加工不久的树木盆景，往往枝叶较为稀疏，枝片不够丰满，需要在日后的养护过程中通过修剪和养育逐步使其丰满。方法是截短枝条，让叶腋萌生小枝，小枝长大后，再剪去一截，让留下的一段再生小枝。如此反复修剪、养育，枝片就会逐渐丰满起来。

观花、观果类的盆景有别于纯粹欣赏树形的盆景，修剪要求又不一样。一方面要注重形态美，一方面要考虑观花赏果的要求。此类盆景的修剪，首先应按照树木盆景的基本审美原则，塑造出美观的姿态。而为了保证开花挂果，修剪又不能违背它们各自的生长习性。例如，有些树种花着生于当年生短枝，可于花后截短一年生枝条，促使来年多发新枝，孕育更多的花芽。如火棘，采用此法修剪，入冬红果密集，璀璨夺目。有些树种花着生于枝顶，系由顶芽分化而来，如杜鹃、茶花等。这类枝条就不能短截，否则花芽就被剪掉了。

一些早春开花的树种，花芽是去年分化而成，如春梅、蜡梅、迎春等，为赏花计，一般在开花期尽量让其展现风采，待花期过后再行强剪，整理姿态。紫薇夏季开花，花后如

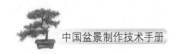
及时剪去花枝，减少养分消耗，能再生新枝，再开一次花。总之，观花、观果类的树种，应本着维持造型美观和兼顾观花赏果的原则来修剪。

需要提醒的是，修剪任何枝条，剪口必须光滑；较大的伤口还应涂上愈合剂，防止树液流淌，形成早枯；并阻止雨水和腐朽菌的侵入，促进组织愈合。

此外，对盆景进行修剪整形时，还要尊重盆景作品的原有风格。例如扬派盆景，因枝片呈云片状，修剪时往往剪去向上生的枝条，保留横生枝条，或通过"扎"的方法使竖直向上的枝条改变为水平位置。对于采用扎缚法加工成型的盆景，需要及时拆除棕丝或金属丝；否则会因"陷棕"而影响植物生长和美观。自然式的盆景，主要靠修剪塑造形象，因此在养护管理的过程中，应继续采用修剪的方法，保持树木的自然姿态。

（2）抹芽　为了保持树形的美观，可于新芽稚嫩阶段抹去一些不需要的芽，否则这些新芽长成枝条后，必然杂乱无章，破坏树形美观，同时又无谓地消耗许多养分。

（3）摘心　在树木盆景的生长过程中，可以通过摘心控制新生枝的长度，同时刺激腋芽生长，使枝叶变得丰满。例如五针松，每年4月发芽后于针叶开放前摘去芽尖一部分，可控制新芽不再长长，使发出的新枝短而壮，针叶密集。已成型的盆景，可采用摘芽芯的方法保持枝片平整、树冠丰满。

（4）摘叶　摘除老叶，亦能刺激叶腋萌发新芽，使枝叶细密。而且新生嫩叶鲜翠欲滴，极为美观。用此法使树木盆景又一次出现最佳观赏期。例如红枫，摘除老叶后，新叶红艳无比，极为悦目。枸杞摘叶，能促使花蕾与叶同出，结子时，殷红的果实掩映在翠绿的新叶之中，美丽至极。其他如榆、雀梅、银杏、石榴等树种，均可采用摘叶法取得理想观赏效果。有时为了展览需要，可根据经验提前一段时间摘叶，使在展览时正好长出新叶，达到最佳欣赏效果。需注意的是，生长一批新叶需要足够的营养，因此摘叶前后应追施肥料。

（5）疏花、疏果　有些盆景树种，虽然能开花、结果，但并非以观花、观果为主要欣赏目的。如黄杨，花果虽很繁茂，但欣赏价值不高，故习惯将其归于观叶类盆景，应及时摘花、摘果，以免消耗大量养分。五针松、黑松、罗汉松等，亦应及时摘花、摘果。观花观果类树木，如开花结果过多，也需适当疏去部分花果。杜鹃应在花后摘除残花，以免结子消耗养分并影响萌发新枝。石榴、贴梗海棠、金弹子等挂果盆景，应在春季发芽前剪去宿存果实，以保证新年植物茁壮成长。

4. 翻盆换土

树木盆景经多年培育，盆内土壤逐渐板结，营养消耗殆尽，而树木的根系亦已老化，吸收功能减退。同时，过多的根系挤出盆中土壤，盆内已是根多土少，有时盆土和根颈隆出盆口，影响浇水施肥，对植物生长极为不利。盆壁受压严重，有时甚至被挤裂。遇此情况，必须翻盆换土，让植物重新恢复生机。

翻盆的时间宜在植物的休眠期或生长缓慢期，此时翻盆对植物的生长基本无妨碍。一般来说，早春2月底至3月初是大多数植物翻盆的有利时机。过早翻盆，植物易受冻害；过迟则植物已开始萌动，嫩弱的新根极易受损。不过，不同的树种翻盆适期有所不同。例如，五针松在3月或10月均适合翻盆；黄杨在初春及梅雨季节均可翻盆；紫薇、石榴发芽较迟，可于新芽即将萌发或刚刚萌发时翻盆；春梅适宜在开花后至发芽前翻盆。南方植物如九里香、福建茶、榕、三角梅、棕竹等，宜在晚春气温转暖时翻盆。

另外，在一些特殊情况下，可以随时翻盆。譬如因展览需要，可在尽量少动原土的情况下换上理想、漂亮的盆。发现盆中出现蚁害或植物发生烂根等情况，应立即翻盆。翻盆的要诀是在剔除旧土时尽量不要碰断根须，翻盆后注意细心养护管理。故前辈盆景艺人有"翻盆无时，勿使树知"之说。

翻盆换土的操作程序及技术要求大致如下：

（1）脱盆　预备翻盆的盆景，应注意盆土不宜过湿或过干。盆土过湿，不便将盆土与盆壁分离；过干则盆土收缩硬结，脱盆剔土时易使根须断在土中。盆土干湿适度，盆土与盆壁有少许间隙，此时翻盆最好。

对于体量不大的浅型敞口盆，一般可直接将树桩连土从盆中取出。不能直接取出的，可将盆景倒置，将盆边搁在工作台上，一手托住盆土，另一手以手指由排水孔向下掀压，将盆土从盆中退出。若用此法仍难退出，可将倒置盆景的盆边在木质搁板上轻叩，一般即能退出。对于深筒盆或收口盆，则必须用竹签剔除盆内壁四周的土壤，方能取出。大盆景在脱盆时可将盆横置，先剔除部分盆土，然后再将树桩连土取出。特大盆景就需要借助吊装工具来脱盆。

（2）剔除旧土　树木连同盆土从盆中脱出后，需剔除部分旧土，换上新土。剔土时，用竹签将土壤扦松、抖落，尽量不要碰断根须。对于根系不太发达的树木，更要爱惜每一枝根须。为保证根须不致随土块的掉落而折断，有时需用手指将泥土捏碎，使泥土落下而根须保存。对于根系发达的树种，如五针松、黄杨、六月雪、黄金雀等，多剔除些旧土无妨，而根系不发达的树木，就不能去土过多。

（3）整理根系　剔土过程中，如发现烂根，一定要剪除，否则不利于萌发新根。同时，还要疏剪部分老化的根须以及影响栽植入盆的硬根。根系发达、侧根多的树种，老根可多剪除一些；根系不发达的树种应少剪或不剪。对于缠结在一起的根系，可用手理顺，以便栽植入盆时根系能够舒展生长。

（4）修剪枝叶　植物体生命活动所需的水分、矿物质及其他营养，均靠根系吸收提

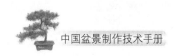

供。在翻盆过程中，或多或少会损伤一些根系，因此吸收功能受到一定影响。此时就需要对枝叶进行相应的修剪，才能维持消耗与吸收的相对平衡。同时，还要结合修剪，对树木造型进行加工改造，使树木形象更为美观。

（5）栽植上盆　重新栽植盆景时，盆可以是原先的盆，也可以换大一号的盆，或者根据欣赏需要改换更为合适的盆。

栽植时，先用塑网垫片或小瓦片垫好盆底的排水孔，使土壤不致流失，又能排水透气。若是深筒盆，更要多垫一些碎瓦片，以利排水。垫好排水孔后，先在盆内放一层粗颗粒土，将树木放于盆内恰当位置，使根系均匀舒展；然后填入较细的培养土，一边填土，一边用细竹签扦实，使根系与土壤紧密结合；栽稳后，用双手拇指稍稍压实即可。

栽植过程中，若遇到妨碍栽种的根系，可用棕线或金属丝将根蟠曲后再植入盆中。如树木较大盆较浅，为防止树木倾倒，栽好后可用金属丝将树桩与盆绑扎固定，养护一段时间后，待根系能在盆土中生长固定，再拆除金属丝。也可在栽植时预先用金属丝做成"U"型，扣在树木根部，穿过盆底排水孔，向盆底两侧扒开，使树木与盆钵固定，或将金属丝穿过排水孔后，在孔底部放一根短棒扎牢。这样，新栽树木就不会动摇了。

通过翻盆，盆土得到了更新，根系、枝叶得到了整理，树木与盆钵配合更为协调，艺术欣赏效果得到进一步的提高；同时，对盆景树木今后的生长也注入了新的活力。

在树木盆景中，选配合适的盆钵也很重要。盆钵不仅是栽种树木的容器，而且具有不可忽视的艺术欣赏价值。得体的盆钵能使树木的形象更加突出，姿态更加动人。实际上，盆钵已成为盆景中不可分割的一部分，它与树木共同构成优美的构图，产生动人的视觉欣赏效果。

一般说来，配盆应注意以下几个原则：

第一，根据树木体量的大小配盆。盆钵不能过大，也不能过小。过大则不能突出树木形象之美；过小则显得头重脚轻。而且盆钵无论过大过小都不利于树木盆景的养护管理。

第二，根据树木的形态配盆。例如，直干式、斜干式、丛林式的盆景，宜选用浅型长方盆或腰圆盆，有利于营造理想的构图效果和意境效果。悬崖式的树木，宜用深筒盆，有利于表现老树虬枝着生于悬崖峭壁的自然景观。提根式的迎春、金雀等，由于没有明显的观赏面，可用圆形盆栽种，四面皆可欣赏。

第三，根据不同的树种配盆。例如，苍翠的松柏古桩，宜配庄重古雅的紫砂盆；叶色鲜艳的红枫、花开瑰丽的海棠等，宜选用色彩与之协调的釉陶盆，或以瓷盆作为套盆。

当选择盆钵没有把握时，可以多备几只盆供比较，通过比较，便能够选准合适的盆。

总的说来，盆钵的形状重在古雅而不求奇特，色彩取其调和而不求艳丽。盆钵选用得体，能使盆景大为增色。是否善于选择盆钵，也反映了盆景创作者的审美修养。

5. 防治病虫害

防治病虫害也是盆景养护管理的一项重要内容。盆景中一旦发生虫害、病害，不仅损坏盆景形象，影响观赏，而且直接影响植物生长，严重时会危及植物生命。因此必须重视防治。

（1）虫害防治　不同的树种，发生的虫害不同。下面是常见的盆景树种易发生的主要虫害。

五针松——介壳虫、袋蛾。

黑松——介壳虫、袋蛾。

真柏——红蜘蛛、袋蛾、介壳虫。

桧柏——红蜘蛛、袋蛾。

地柏——红蜘蛛、袋蛾。

金钱松——袋蛾。

罗汉松——蚜虫、介壳虫。

枷椤木——介壳虫、红蜘蛛。

黄杨——介壳虫、螟蛾。

榆——红蜘蛛、介壳虫、金花虫、蚜虫。

雀梅——蚜虫、介壳虫、红蜘蛛、袋蛾。

朴——介壳虫、蚜虫。

六月雪——蚜虫、介壳虫。

紫薇——蚜虫、介壳虫、刺蛾。

杜鹃——花网蝽、袋蛾、红蜘蛛。

贴梗海棠——花网蝽、刺蛾、介壳虫。

西府海棠——花网蝽、刺蛾、介壳虫。

三角枫——刺蛾、介壳虫。

红枫——刺蛾、袋蛾。

紫藤——袋蛾、红蜘蛛、介壳虫。

春梅——蚜虫、介壳虫、刺蛾、天牛。

火棘——介壳虫、蚜虫、袋蛾、红蜘蛛。

桂花——粉虱、介壳虫。

枸骨——介壳虫。

柽柳——介壳虫、蚜虫。

栀子花——介壳虫。

榕——蓟马、介壳虫。

红叶李——介壳虫、刺蛾。

石榴——介壳虫、袋蛾。

花桃——蚜虫、叶蝉、刺蛾。

小叶女贞——介壳虫。

龟甲冬青——介壳虫。

枸杞——蚜虫、野蛞蝓。

小叶栒子木——花网蟥。

棕竹——介壳虫。

福建茶——介壳虫。

防治害虫的方法主要有人工灭杀和化学防治。

① 人工灭杀：采用人工捕捉、刮除、冲刷、击杀等方法消灭害虫。

② 化学防治：根据害虫不同的危害方式，选用不同的药物进行防治。

刺蛾、袋蛾、金花虫等害虫，具咀嚼式口器，其危害方式主要是食叶，宜选用具有胃毒作用、触杀作用的农药，如敌敌畏、马拉松、亚胺硫磷等。

蚜虫、红蜘蛛、介壳虫、花网蟥、粉虱等害虫，具刺吸式口器，其危害方式是刺吸植物体液，宜选用具有内吸作用的农药，如氧化乐果等。

天牛、蠹虫等为蛀干性害虫，宜选用具有熏蒸作用的农药，如敌敌畏等。

要取得理想的化学防治效果，必须掌握科学的防治方法。一是要对虫下药，选择对害虫有效的药物；二是要掌握防治适期；三是要浓度合适，喷洒周到。例如，介壳虫体表遍布蜡质，具有防护作用，喷洒农药往往不能触及虫体，因此效果不佳。但如能抓住介壳虫刚刚孵化，尚未形成蜡壳的时机喷药防治，就能取得良好的效果。介壳虫的孵化盛期一般为6月中旬，但害虫孵化期交错不齐，故宜于5月中旬至7月每隔10天喷药一次，才能确保防治效果。

红蜘蛛宜选用三氯杀螨醇等药物防治。防治适期为：①花序分离期，②花落以后，③夏季高温前。喷洒药液时务须周到，尤其是喷洒树叶背面。

蚜虫一年中发生数代，植物每发一次嫩芽均会遭蚜虫危害，故应随时观察，及时喷药。药液浓度一般掌握在1 000～1 500倍。

（2）病害防治 盆景树木中最常见的病害有白粉病、煤烟病、梨桧锈病等。

① 白粉病：树木的叶片、枝条、嫩芽上出现一层白粉状霉层，影响光合作用，致叶片萎缩干枯，新梢畸形。紫薇、三角枫中较为多见。

白粉病菌以菌丝在寄主的病芽、病枝条或落叶上越冬。春天温度合适时发育，产生分生孢子进行传播和侵染。6~8月遇高温高湿又产生大量的分生孢子，扩大再侵染。分生孢子落在叶片上，发芽生出菌丝，在叶表面生长，并长出吸孢，从叶片气孔插入组织内，吸取叶片的养分。了解了白粉病菌的发生规律和侵染过程，可采用以下方法进行防治：

a. 将盆景放置于通风透光的环境。

b. 人为降低环境温度、湿度。

c. 摘除病叶、疏剪枝条，将病枝叶焚烧。

d. 喷药保护。早春发芽前，喷波美3~4度石硫合剂。生长季节发现白粉病，及时喷洒杀菌剂：50%代森锌800~1 000倍液；70%甲基托布津可湿性粉剂700~1 000倍液；50%多菌灵可湿性粉剂500~800倍液。

② 煤烟病：先于叶面出现暗褐色霉斑，逐渐扩大形成黑色煤烟状霉层；严重时叶片、枝条和果实上均出现煤烟状霉层，影响植物的光合作用。五针松、罗汉松、六月雪、紫薇、石榴、榆等树种都会发生。

煤烟病多在高温高湿条件下伴随蚜虫、介壳虫而发生。蚜虫、介壳虫的分泌物是煤烟病的培养基。一般可采取以下措施进行防治。

a. 通风透光。

b. 降低空气湿度。

c. 用毛刷蘸清水擦洗。

d. 消灭蚜虫和介壳虫。

e. 喷药保护：6~8月每隔10~14天喷一次120~160倍等量式波尔多液，或甲基托布津700~800倍液，或50%多菌灵500~800倍液。

③ 梨桧锈病：起初叶片上出现黄色小点，后变成橙黄色圆斑，再后来在叶片病斑正面产生密集的针头大小的颗粒，叶面下陷，叶背隆起，凹陷畸形。主要发生于贴梗海棠、垂枝海棠。

病菌以冬孢子和菌丝在寄主罹病组织上越冬。6~7月温度、湿度合适时发生与蔓延。盆景中的贴梗海棠、垂枝海棠等为专性寄主，桧柏为转株寄主。要控制锈病发生，防重于治。

防治方法：

a. 将贴梗海棠等盆景与桧柏远离放置。

b. 发现病叶，及时摘除并烧掉。

c. 喷药防治：每年于3月下旬当小孢子由桧柏传出时，在贴梗海棠等树木上喷施波尔多液（1∶3∶200），每隔10天喷一次，连续喷3~4次，待感染期过后即不再喷。生长季节喷

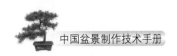

65%代森锌可湿性粉剂500～600倍液，或敌锈钠250～300倍液。

6. 遮阳与防寒

树木盆景适宜放置在能够接受阳光雨露的环境，但不同的树种对光照的需求不同，阳性树，如五针松、黑松、紫薇、火棘、石榴、银杏、榔榆等，喜阳光充足，宜放置于光照充足的场所。而罗汉松、栀罗木、黄杨、杜鹃、虎刺、六月雪等则喜欢半阴半阳的环境。但具体情况需具体分析，例如，尽管是阳性树，如果盆钵较浅，那也经不住水分蒸发。这样的盆景在烈日之下，很容易造成组织脱水而出现叶梢枯焦、卷叶等现象。因此浅盆栽种的盆景应该适当遮阳。目前广泛采用的遮阳方法是搭建遮阳棚。利用塑料遮阳网（可遮阳光40%～60%不等）给植物遮阳。在不具备遮阳条件的情况下，养护中应随时注意保持盆土湿润，防止脱水造成伤害。

为防止植物遭受冻害，大多数树木盆景在严寒的冬季应移入冷室（不加温的花房）越冬。南方树种，如福建茶、九里香、榕树、三角梅等，室内温度应控制在5℃以上。较耐寒的树种，可放在室外向阳地越冬，但为了防止盆钵冻裂，可将盆埋入地下，深及盆口。不过，黄杨、杜鹃、火棘、真柏等树种，冬季在室外虽不致冻死，但叶色会变成暗红褐色，翌春返青迟缓，影响春季观赏，故宜置于冷室以避霜雪，保持叶色葱绿美观。

在室内越冬的盆景，春天出房时，应注意不要出房太早。早春时节天气变化大，过早出房的植物，一经寒风，可能受冻。清明前后，气温逐渐回升，树木盆景可陆续出房。较为耐寒的品种可早一点出房，畏寒的品种可迟一些出房。出房前一段时间，应开窗透气，通风降温，让盆景逐渐适应室外气候。

与此同时，埋在室外向阳地方越冬的盆景也应陆续起身。将它们从地下挖起时，务必小心谨慎，不可碰坏盆钵。

以上所述内容，主要是针对树木盆景，其他类型的盆景如山水盆景、水旱盆景、壁挂盆景、微型盆景等，养护管理各有其特殊性，兹分别介绍。

（二）山水盆景养护管理

刚制作成功的山水盆景，在水泥未干时，不可放在阳光下曝晒，而应放在室内或其他荫蔽处保养；待水泥干透后，喷水保养，以加强水泥凝固强度。冬季制作山水盆景，则要防止水泥受冻，宜适当提高室内温度。

种有植物的山水盆景，因洞穴中泥土少，土壤容易干燥，需经常喷水保湿（连土壤带植物一齐喷湿）。夏季最好将山水盆景放置在荫棚下，避免烈日将山石上的植物灼伤。冬天移入室内养护时盆内可不放水。

正常陈设在室外的山水盆景，盆内会落有尘埃，时间长了会结成污垢，因此每隔一段时间应进行清洗，以保持清洁美观。

（三）水旱盆景养护管理

水旱盆景中的土层较薄、表土接触空气面积大、水分发挥较快，因此盆土比较容易干燥。在日常的养护管理中，要经常检查盆土干湿情况，勿因土壤过干，造成植物受损。浇水宜采用喷浇法，连同枝叶一齐喷洒，可达清洁叶面之作用。每次浇水要将盆土浇透。由于水旱盆景盆帮极浅，又是堆土栽种植物，故有些盆底虽无排水孔，亦无积水之虞。

水旱盆景夏季不宜在烈日下曝晒，若室外无遮阳棚，则应增加浇水的次数，防止植物脱水受伤。冬季应将水旱盆景放入室内，防止遭受冻害。

在水旱盆景的日常管理中，还应对树木的造型作必要的修剪整理，保持优美的形态。施肥、治虫等工作也要跟上。养育多年的盆景，还要适时更新盆土。

更新盆土的操作过程为：首先，拿开盆景中的配件和散置在土面的山石，然后连土取出树木，剔除树木根部的泥土，对根系作适当修剪，将盆中残土刷净；然后，在栽树的部分铺一层新土，将经过整理的树木按原先位置放入盆中，一边加入新的培养土，一边以小竹签将泥土填实，并恢复原先的地形地貌。树木栽好后，再放回盆面点缀的山石和配件。最后再在土面铺上青苔。对于较为复杂的构图布局，务必在事前记清各景物之间相互位置关系，或拍下照片，以便对照复原。

（四）壁挂式盆景养护管理

壁挂式盆景中的植物栽在石穴之中，土壤极为有限，因此特别要防止土壤干燥造成植物死损。浇水的方法，如是嵌于室外墙壁上的壁式盆景，可用喷壶将植物、土壤、山石一并浇淋。如是室内布置的壁挂盆景，小巧些的可以拿下来浇水，浇完后待不再滴水，再挂回原位；不便拿下的，可用小茶壶对土壤浇水；平时可经常用喷雾器喷洒植物。

壁挂式盆景中的植物，也需适当加以修剪，以保持形态的美观。

（五）微型盆景养护管理

微型盆景体量微小，植物赖以生存的土壤也极少，稍有不慎，便会出现问题，因此养

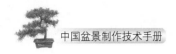

护管理必须认真仔细。

（1）放置环境　微型盆景平时最好放在有遮阳棚的沙床（沙盘）中养护，沙床内放8厘米左右深的中粗净沙。将微型树木盆景嵌入沙中，深度约为盆高的二分之一。保持正常沙床湿润。沙床中的水分，可以供应盆景吸收，同时水分的蒸发还能创造湿润的环境，形成适宜植物生长的小气候。冬季要将微型盆景移入室内，防止冻坏。在室内仍可采用沙盘养护。

（2）浇水　微型盆景盆小土少，必须经常、及时地给它补充水分。浇水时连叶喷洒。夏季气温高，水分蒸发快，更要增加浇水次数。对于正值开花期的微型盆景，不要将水浇于花朵，以免影响授粉，使本可结果者不能坐果。

（3）施肥　微型盆景需适当追施肥料，否则会出现营养匮乏。较为常用的肥料为饼肥水，生长期薄肥勤施。开花结果的树种应适当追施磷肥。为促进根、茎发育，也可施些钾肥。进入休眠期不再施肥。

（4）修剪与翻盆　在微型盆景的生长过程中，需要及时修剪枝叶，保持其玲珑可爱的姿态。微型盆景生长一年左右后，根须就会密布盆中，此时就需要翻盆换土。翻盆时将小树细心地从盆中取出，剔除旧土，整理根须，换新土重新植入盆内。每年换一次土，可保证植物健康生长。

十一 盆景鉴赏

鉴赏中国盆景的标准，经学术争鸣，并经第一届至第五届中国盆景评比展览，第六、七届中国盆景展览会的评比实践，逐步形成共识，即以达到"源于自然，高于自然"，"神形兼备，情景交融"的艺术效果为最佳作品。

怎样鉴赏中国盆景，通过观、品、悟过程，鉴赏形象美（源于自然），同时鉴赏通过形象表现出来的境界和情调，诱发欣赏者思想的共鸣，进入作品境界的意境美（高于自然），以达到艺术美享受。

（一）盆景的形象美

盆景是艺术品，是活的艺术品，是以树木、山石等素材，经过艺术处理和精心培养，在盆中集中典型地再现大自然神貌的艺术品，生机盎然，四时多变。由于中国幅员辽阔，各地地理、气象、植物、石种以及材料不一，创作技法又各尽其妙，反映在盆景中的树木形态及山川风貌亦有明显区别，鉴赏形象美的标准，往往随着时代进步而变化。

从古代欣赏形象美的"盆栽"，到唐代乃至当代的"盆景"，不仅欣赏形象美（源于自然），同时欣赏意境美（高于自然），其所欣赏载体均为植物或山石的自然美。

树木盆景的植物勃勃生机，四季变化，不仅春日观花，夏日观叶，秋日观果，冬日观骨，而且形态各异，令人遐思。就其造型而言，直干高耸，苍劲雄伟；曲干多姿，轻柔飘逸；多干林立，壮观幽深；悬崖倒挂，百折不挠。移情自然，美不胜收。

山水盆景的山石，以石寓山，小中见大。芦管石高耸笔挺，气冲云霄；龟纹石纹理纵横，雄浑奔放；英德石刚劲雄健，势不可摧；太湖石富于变化，体态玲珑，造化山川，趣味无穷。

鉴赏形象美，实质上就是鉴赏盆景载体（树木或山石）通过艺术处理和精心培养（手段），所达到的高于素材的自然美。

（二）盆景的意境美

中国人鉴赏盆景，有别世界各国鉴赏盆栽，不同之处在于不仅鉴赏形象美（源于自然），还要鉴赏意境美（高于自然）。世界各国在鉴赏中国盆景时，无法理解的也就是如何鉴赏意境美，这是中国盆景民族特色所在，也是中国盆景艺术风格所在。

中国创作盆景都给予题名。通过题名，概括意境特征、神韵，表达主题，使欣赏者顾名思义，对景生情，寻意探胜。

鉴赏中国盆景是一种欣赏、审美活动，通过观、品、悟全过程，达到艺术美的享受。

由于鉴赏者艺术素养有高低之别，见解不同，以及欣赏习惯各异，其鉴赏结论不一。只有具备一定的艺术素养，才能欣赏自然之神功，领略造化之奥秘，体会情景之交融，鉴赏盆景艺术之真谛。

以鉴赏树木盆景为例。

1. 观

首先观赏盆景形象美（源于自然），观赏该作品属哪种类型，是观叶类、观花类，还是观果类；用的是什么树种，其树种根、茎、叶、花、果的形态和色彩是否美观，是否富于变化；其树种是否易于造型，"缩龙成寸"，"小中见大"；再观赏该作品造型是否立意在先，依题选材，形随意定；该作品经艺术处理（修剪、攀扎）是否"不露做手，多有态若天生"，然后再观赏该作品经精心培养，是否生长健壮，无病虫害。

观赏仅是视觉感受，但盆景不是单一的视觉艺术。

2. 品

品赏则是鉴赏者根据自己的生活经验、文化素养、思想感情等，运用联想、想象、移情、思维等心理活动，去扩充、丰富作品景象的过程，是一种再创性审美活动。但鉴赏者必须建立在理解作者创作意图基础上才能进行再创性审美活动。

盆景是通过造型来表现自然，反映社会生活，表达作者思想感情的艺术品。鉴赏作品造型是否依自然天趣，创自然情趣，又还其自然天趣，成为品赏主体的内容。特别是通过品赏作品造型表现出来的境界和情调，引起鉴赏者思想共鸣，使鉴赏者联想、移情。

品赏已超越视觉感受，进入联想、移情境界。

3. 悟

鉴赏中国盆景之"观"，是以盆景为主；鉴赏中国盆景之"品"，是以鉴赏者为主。"观"是感受，"品"是联想，但尚未达到鉴赏中国盆景最高境界。最高境界是鉴赏者从梦境般的神游中领悟、探求哲学思考，以获得深层理性把握。

中国盆景工作者，在创作盆景时，往往注重"景在盆内，神溢盆外"，在鉴赏形象美（源于自然）的同时，使鉴赏者从小空间进到大空间，突破有限，通向无限，从而对整个人生、历史、宇宙产生一种富有哲理的感受和领悟，引导鉴赏者达到盆景艺术所追求的最高境界意境美（高于自然）。

领悟又超越品赏联想，达到高于自然最高境界。

鉴赏中国盆景以"源于自然，高于自然"，"神形兼备，情景交融"的艺术效果为最佳作品，是中国盆景进入新的历史发展时期的一大成果。

附：中国盆景评比办法和标准

第七届中国盆景展览会评比办法和标准

一、指导思想

合理、公正、交流、团结。

二、评比类型

1. 树木盆景

以树木为主的盆景。

2. 山水盆景

以石为主，植物、摆件为陪衬的盆景。

3. 水旱盆景

以植物与山石结合，衬以摆件，水面和陆地兼有的盆景。

4. 微型组合盆景

5盆以上为一组，置于博古架（或道具）中的微型树木盆景或微型山水盆景的组合。

5. 观果类盆景

以观赏植物果实为主，园艺栽培与盆景艺术相结合的盆景。

三、评比规格

1. 树木盆景

大型90厘米以上至120厘米，中型50厘米以上至90厘米，小型16厘米以上至50厘米。

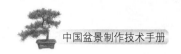

2. 山水盆景

大型90厘米以上至120厘米，中型50厘米以上至90厘米，小型16厘米以上至50厘米。

3. 水旱盆景

大型90厘米以上至120厘米，中型50厘米以上至90厘米，小型16厘米以上至50厘米。

4. 微型组合盆景

每盆微型树木盆景或微型山水盆景的高度（盆长），都在15厘米以下。

5. 观果类盆景

规格同树木盆景。

注：树木盆景规格以土面根茎部至顶梢的长度计算；大悬崖型树木盆景以盆口至飘枝梢端空间长度计算；文人木型树木盆景中型盆景树高规格上限120厘米。山水、水旱盆景规格以盆长计算；超过规定规格的各类盆景，只参展不评比。

参展展品必须体现景、盆、架三位一体盆景形象，如不配置几架，只展不评。

四、评比比例

各参展城市参展各种类型的大、中、小型盆景的比例，分别为参展盆景总数的30%、60%、10%，超过比例部分的盆景，只展不评。如有微型组合盆景参展，则对其他类型盆景的数量作相应地减少。

五、评比委员会

组委会邀请无参展展品的中国盆景艺术专家、中国盆景艺术大师、资深中国盆景艺术工作者代表组成评比委员会。评比委员会设主任委员、副主任委员、委员。由中国风景园林学会花卉盆景赏石分会主持评比委员会工作。评比委员会在展览组织委员会领导下，按评比办法和标准进行评比工作。

六、监委会

组委会成立监察委员会，监察委员会在展览组织委员会的领导下，按照"公开、公平、公正"原则，监督评比工作。一旦发现"黑笔"事件，取消其评委资格。同时也要防止参展者干扰评委公正评比的情况发生，如有发现也要作相应的处理。

七、计分办法

为使评比工作尽可能的公正，评比时按筹备工作会议通过的评比办法和标准，分类型、规格，按编号分别确定金、银、铜奖，评比全过程由监委会监察。

八、奖项数量

1. 获奖总量为注册参展展品数的30%，其中金奖占总量的15%，银奖占总量的35%，铜奖占总量的50%。

各类盆景奖项的设置，按各类盆景大、中、小型的数量和比例确定奖励数量。

2. 设立继承传统奖

3. 设立创新奖

4. 设立组织奖

5. 设立特别荣誉奖

九、评比标准

1. 树木盆景评比标准

题名：5分

题名确切，寓意深远，外在形象与内涵情趣高度概括。

景：70分

因材施型。善于运用盆景艺术创作原则，通过巧妙造型手法和精心栽培技术，达到"形神兼备"、"小中见大"、源于自然、高于自然的艺术效果。

根、茎、枝、叶健壮，枝繁叶茂，无病虫害。

盆：20分

配盆形状、质地、大小、深浅、色泽、工艺与主题得体，使盆与景相得益彰。

架：5分

几架造型、大小、高矮、色彩、花纹、工艺和主题与盆景配置协调，达到最佳观赏效果。

2. 山水盆景评比标准

题名：15分

题名确切，寓意深远，外在形象与内涵情趣高度概括。

景：70分

选材得体。善于运用盆景艺术创作原则，巧妙应用取舍、组合、布局等艺术加工手段和技巧，恰到好处地配置植物、点缀摆件，使立体的山水画图意境高雅、景观深远。

盆：10分

配盆形状、质地、大小、深浅、色泽、工艺与主题得体，使盆与景相得益彰。

架：5分

几架造型、大小、高矮、色彩、花纹、工艺和主题与盆景配置协调，达到最佳观赏效果。

3. 水旱盆景评比标准

题名：15分

题名确切，寓意深远，外在形象与内涵情趣高度概括。

景：70分

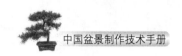

选材得体。善于运用盆景艺术创作原则，巧妙运用取舍、组合、布局等艺术加工手段和技巧，使植物与山石组合成景，恰到好处点缀摆件，使立体的山水画图意境高雅、景观深远。

盆：10分

配盆形状、质地、大小、深浅、色泽、工艺与主题得体，使盆与景相得益彰。

架：5分

几架造型、大小、高矮、色彩、花纹、工艺和主题与盆景配置协调，达到最佳观赏效果。

4. 微型组合盆景评比标准

题名：5分

题名确切，寓意深远，外在形象与内涵情趣高度概括。

群体组合：20分

微型盆景、配件、几架、博古架（道具）组合得体，寓于艺术整体美，发挥其典雅、隽秀的艺术魅力。

微型盆景：60分

按树木、山水盆景评比标准，达到"缩龙成寸"、"小中见大"的艺术效果（植物盆景需要在盆中养护一年以上）。

博古架（道具）：15分

博古架（道具）造型优美，工艺精良，与微型盆景、配件相得益彰，达到最佳观赏效果。

5. 观果类盆景评比标准

观果类盆景评比标准参照树木盆景评比标准。其中：景70分中果实占35分。果实色彩鲜艳，大小、多寡要与植株相协调。

十二 古盆鉴赏

盆景艺术是将山石、树木为素材，经过艺术处理，配以得体的盆盎，以展示大自然的神貌；其中，"盆盎"的文化内容和重要性在盆景艺术中占据特殊的地位。它不但衬托树石的艺术效果，同时也显示了我国陶瓷工艺的光辉。

（一）古盆的历史划分及类别

根据历史考古资料记载，"盆"在新石器时代就已产生（浙江省余姚河姆渡新石器遗址中发现一片五叶纹陶片，陶片上刻有一长方形陶盆，上栽形似万年青植物），随着历史文化的发展，在众多的资料中都展示不同历史时期所体现的盆景和盆器的概况，由简朴向复杂、由单一向多变逐一提升，其中制盆艺术越加丰盛和完美，各种形态的盆体大量涌现，陶盆、石盆、釉盆、瓷盆、紫砂盆等，丰富多彩。

从遗存在世的古盆实物中，大多数为明清两朝的盆器，瓷盆的历史要早于紫砂盆。宋朝遗存在世的瓷盆和钧釉盆为数不多。根据实际情况，古盆的历史划分成下列几个阶段：

- 宋、元朝
- 明朝（分为早、中、晚期）
- 清朝（分为早、中、晚期）

附录

- 民国时期（1911～1948年）
- 中华人民共和国成立后至20世纪80年代（1949～1980年）

为何要把民国时期和中华人民共和国成立后至20世纪80年代的盆也附录古盆收藏的范畴内，主要是在古盆的收藏活动中，对这一时期的收集和兴趣在逐一扩大。

在收集和研究古盆的活动中，以民国以前的紫砂盆为主，釉、瓷盆其二，这是主流。南方诸省则以"石湾盆"为首选盆器。

古盆是统称，在总类中，却有着许许多多不同类别的盆器。纵观现实，大体上可分为以下几大类：

① 陶土盆；

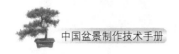

② 石盆；

③ 瓷盆；

④ 釉盆及石湾盆；

⑤ 紫砂盆；

⑥ 其他。

历史上，先是有陶盆，后发展成瓷盆，紫砂盆却在瓷盆之后，始于宋朝，盛行于明代。

1. 石盆

石盆，顾名思义，是用石材所制，一般采选质地稍软的材种，如"汉白玉"、"大理石"、"青石"等，人工雕琢而成（图版11）。装饰多用腰线、浮雕手法，式样多种，以长方为多见，但由于石盆笨重，而且易碎，所以后人一般不多采用。现代由于盆景艺术的需要，浅底石盆依然被采纳，少数也有制作长、正方形，且盆体深浅不一的石盆，但为数不多。

2. 瓷盆

瓷盆为我国瓷器文化重要的组成部分之一，追溯瓷的发展史，需从新石器时代制陶文化开始。

由原始瓷发展进化成为瓷器，是"陶瓷工艺上的一大飞跃"，自东汉时期，瓷器业的定型及塑造工艺水平已较为成熟；随着历史的发展，瓷文化越加体现它的伟大，直至延伸到宋朝，瓷业的发展迎来了一个繁荣时期。在这个时期里，陶瓷的美学文化提高到一个新的境界。"宋瓷的美学风格近于沉静雅素一路，钧瓷虽灿如晚霞，但也不属唐三彩的热烈华丽……宋瓷不仅重视釉色之美，而且更追求釉的质地之美。钧瓷，哥瓷，龙泉，黑瓷的油滴，兔毫，玳瑁等都不是普通浮薄浅露，一览无余的透明玻璃釉……而是可以展露质感的美的乳浊釉和结晶釉……使人感觉有观赏不尽的蕴蓄"（《中国陶瓷史》）。

到了明清时代，瓷业规模显著扩大，江西景德镇的瓷业成为主要生产中心，青花瓷，彩瓷，及成化斗彩，五彩瓷，单色釉等多品种多款式的瓷业文化呈现出丰富多彩之势。"康熙、雍正、乾隆三朝的社会经济进入了一个繁荣时期，中国瓷器的生产，也在这个时期达到了历史的高峰，进入了瓷器的黄金时代"（《中国陶瓷史》），青花和釉里红瓷器烧造技术进一步提高，粉彩、五彩、素三彩等特色瓷品都有了较大的发展。从遗存在世的瓷盆实物来看，主要是明、清两代之物，宋瓷盆极少出现。留存在世的瓷盆中，盆式以长方、圆形为主，青花（图版11）、粉彩（图版11）、单色釉为多见，由于瓷盆质地坚硬，透气性不及紫砂陶类，后人往往用于欣赏和套盆之用。

3. 釉盆及石湾盆

在古盆系列中，釉盆占据了一定的比例。釉盆主要指质地为陶砂胎的釉盆，它与瓷盆中的釉盆不同。陶砂胎的釉盆，一般以紫砂、白砂、陶土等为材料，外身附多种单彩釉，也有器内附釉色。如：钧蓝釉（图版11）、霁蓝、霁红、豆绿、茶叶末、青釉、炉均釉、淡黄釉、月白釉等，其中窑变之彩更加美观大气。盆形以长方、浅长方、腰圆、浅腰圆、圆形为主，装饰线条以瓜瓣、葵瓣、梅瓣为多见，其他形状也时而出现，如海棠、轮花等样。

釉盆的产地我国南北方均有，清朝主产地以宜兴为主。宜均釉为釉盆中的主流，名匠艺人中，以欧子明的"欧窑"和葛明祥的"葛窑"出品制作的为上。

广东省佛山石湾出品的釉陶盆，称之为"石湾盆"在我国南方诸省普遍使用。

石湾盆主要以陶泥为材料，通过山沙、矿物质、金属材料配置而成，其透气性上乘。

石湾盆始于唐宋，盛于明清，与紫砂盆在质地上有着明显的区别。石湾盆壁体较厚，盆体外釉色附身，单彩、多彩釉色配合浮雕等工艺及图文，形成了石湾盆特有的个性（图版12），是釉陶盆中有着悠久历史、文化品位独特的名盆之一。

4. 紫砂盆

紫砂是一种质地细腻，含铁量高的特殊陶土，其颜色有多种，俗称为"五色土"、"富贵土"，具有很好的黏合性，可塑性上乘，透气性良好，制成的盆器美观光滑、坚固耐用，存放年代越久，越能体现其美德，雍容大气、色泽润和。

紫砂的主产地在江苏省宜兴市境内，以丁蜀镇为中心辐射四周。由于宜兴境内的地理构造，出产质性特殊的紫砂原料，数百年来，紫砂艺术产业经久不衰，是我国著名的陶都。

紫砂盆由多种紫砂泥料所制，根据古盆的实况，可分成以下数种泥料：青砂类（图版12）、紫泥类、红泥（图版12）、朱泥、挑花泥、乌泥、柿泥、白泥、桂花泥、李皮泥、缸砂等。

我国早期出品的古盆其砂质一般可分成两大类，一类是粗而笨，另一类则细而光滑。前种以缸砂料为主，后者以青砂、紫泥、鸟泥为主，其质朴感强，老味十足，这种显示古矿原料的盆到了清中后期则逐一减少，不多见了。

5. 其他

选料考究，多采用玉、金、银等贵重材料制作，专供欣赏之用，但实用价值不高，其工艺水准仍为至上，是制盆工艺的典范。

还有仿漆器文化而制的花盆，为数不多；似景泰蓝工艺而制的花盆也时有出现，为制

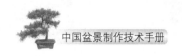

盆工艺添色不少。

（二）古盆的式样和装饰艺术

纵览遗存实物，盆的式样千姿百态，其装饰手法也是丰富多彩。由于瓷文化的成熟和发展，对紫砂器的制作起了重要的作用，渗透迹象比比皆是。

在宋朝，当时文化事业很是繁荣，园林艺术已成为达官贵人所追求和赏玩的文化内容之一。宋徽宗"赵佶喜好花石。举凡江浙奇竹异花，湖湘文竹，四川佳果木石，无不毕至。为了适应这种特殊需要，钧窑烧制大量陈设用具，花盆就是其中的一种。盆式有莲瓣、葵瓣、海棠、长方、六方、仰钟式，以莲瓣、葵瓣式制品为多"（《中国陶瓷史》）。

以上盆式的出现，比起新石器时代的式样要多得多，艺术水平也大大提高，同时也证明了我国盆景艺术在当时的历史时期对盆体的要求已达到相当的水平。随着历史的延伸和发展，盆的造型逐一丰盛，到了明清时，达到了高潮。其影响力一直延伸到今天。

根据收集众多遗存明、清古盆实物分析，其式样和装饰艺术如下：

1. 盆器的造型

长方、正方、圆、腰圆、抽角长方、侧角长方（包括正方类）六角、八角、十角、海棠（深浅之分）、葵瓣圆、莲瓣圆、菱型、梯型、扇面型、斗型、树桩型、四方连体型、束口型、内翻腰圆型、僧帽型、水底、异型等。

在这些不同形式中，长、宽、高之间的比例系数变化无穷，有高，有浅，有宽，有窄，加之线条、盆脚的变化配套，各种品相的盆体便展现在我们的面前。

2. 盆器的垫脚

三脚、四脚、六脚、圈脚、连脚、云彩纹脚、直脚、如意纹脚、桥梁脚、炉鼎脚、圆形脚、孤线圆脚、条形脚、怪面形脚、狮头形脚、竹节形脚、回纹脚等。

3. 盆器的线条

线条是盆器装饰重要的手法之一，各不相同，如：腰线（宽窄之分，单双之分，凹凸面之分等）、子口线、漂口底复线（宽窄之分）；底线（单、双、宽窄之分）、抽角线、开框线（多种形式之分，如阴阳面开框）、盆口水线等。

4. 盆口的变化

外漂口、直口、束口、大漂口、骨牌口、锅号口、锅口、内翻直口、内翻漂口等。

5. 盆底洞的变化

长方洞、正方洞、腰圆洞、海棠洞、圆洞（分大、中、小之别）、月牙洞、铜钱洞、方圆组合洞、梅花洞、轮花洞、异型洞等。

6. 盆器的装饰

祖先在制盆工艺中，除了盆型、线条、盆脚、盆角的技巧外，还运用了雕刻、堆泥、泥绘等艺术及其他工艺手法来装饰盆器的美丽，将绘画、书法、美术有机地同陶瓷制作相结合，极大地提高了盆器的欣赏和收藏价值。它既有瓷器文化的内涵，也有紫砂陶特有的风格。

（1）泥绘　黑泥绘、黄泥绘、白泥绘、红泥绘、双色泥绘、多彩泥绘、本色泥绘等。

这种技法的特征是：手触立体感不强，画工细致，用笔工整，多见于丰满的山水画和花鸟图文。

（2）堆泥绘　黑泥、黄泥、白泥、红泥、多彩泥并用、本色堆泥等。

这种工艺的特征是：手触立体感强，画面简要粗犷，古朴感强，目测清楚可见，有浅堆、深堆之别。

（3）泥绘、堆泥并用　在许多图文上，经常看到泥绘、堆泥手法合用，如树干、石岩用堆泥法，树针叶和细枝及人物、花鸟用泥绘法。

（4）镂空雕　镂空雕的创作较为复杂，一般很少见。镂空雕刻可分一层、二层镂空，也有泥绘、镂空并而合用的，其艺术性别具一格。

（5）浮雕　在紫砂盆器中，浮雕的装饰经常见到，工艺可分浅雕、深雕、粗雕、细雕。图文有山水、树石、花鸟、吉祥之物，风格独特。

（6）绣花、印花、贴花、嵌花等手法的应用　除上述艺术技巧外，装饰手法中还多见于用细的尖锐之物刻画成的图文，用板模印制成的各种图案，将各种纹饰贴靠在盆器的表面上，或用成型的纹饰嵌入其表面之中，这些细节手段的采用，丰富了装饰的效果，增加了盆器的艺术性。

（7）刀刻法　又称刻花，分阴、阳刻。此手法多见于清中晚期后，以书法、人物、动物、花卉、山石为主或配以得体的颜色衬托，使艺术效果醒目。

（8）描金法　采用金水描绘各种图文以提高盆器的品位。

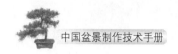

（三）古盆鉴赏要领和收藏宗旨

鉴赏古盆，主要体现以下几个方面：

① 年代；

② 品相（盆式）；

③ 砂质；

④ 装饰及做工；

⑤ 是否为名家所制；

⑥ 盆器的完整性。

有人认为是"古"就好，见古就收，这是片面的，主要看其盆器艺术是否高雅，工艺水准、砂质是否一流，盆器是否完整，烧制是否完好，如若再是名人所制，其盆器就为高档级，成为名贵之物。随着经济、文化的发展，收藏者的队伍逐日壮大，这是文化事业健康发展的标志之一。目前仿古盆在许多地方发展得很快，工艺水平也有较大的提高。中华人民共和国成立后出品的盆器，其砂质细腻，做工考究，品相工整，成为人们收藏的目标之一。现代宜兴中有许多上乘的作品，随着时代的发展和延伸将可以成为贵重的收藏之物。

十三 几架鉴赏

几架是盆景艺术的重要组成部分，河北望都东汉墓壁画中的盆栽，就是植物、盆盎与几架"三位一体"形象最早的范本。盆景配置几架是中国盆景传统的陈列形式，早在宋人所绘《十八学士图》、明代仇英之《金谷图》图中均有盆景配置几架的画面。在历届中国盆景（评比）展览会的评比标准中，几架都占有一定的分值，更是确定了几架在盆景艺术中的地位。俗话说："牡丹虽好，也要绿叶扶持。"在盆景艺术中，决不能忽视几架的作用。

其实，就几架的材质、款式、制作工艺而言，完全可以与"景"、盆的艺术相媲美，它们是"门当户对"。另外，几架与盆景本身一样，也受地区历史、文化、民间艺术的影响，一定程度上形成了地方特色；尤其是多次在全国盆景大赛中强调了"几架"的价值，引起了盆景界的普遍重视，时有新款几架问世，款式更趋丰富，造型更加多样，有力地推动、促进了各地盆景艺术的发展。

（一）材质与形式

用于制作盆景几架的材料和质地，主要以石质、陶瓷和木质材料为主，所用材质是由盆景放置的环境和作用决定的。由于盆景主要用于室外露天陈列，故其几架（座）以石质和陶瓷为主；但是盆景展览则以室内展示为主要形式，则以质地优良的木材为佳；而且，更注重几架的造型和制作工艺，同样给人以艺术美的感觉，以取得较好的艺术效果。

1. 石质

石质盆架（座）粗犷、结实，经济实惠，就质地而言，有花岗石、汉白玉、高资石、青石、大理石等。其款式基本为三种：

（1）条凳式　这是一种最简单、又经济的形式，多以花岗石为材质，或浇制钢筋水泥板，做成长条凳状。其长度可依情况而定，可长可短。一般情况下，采用1.5米至2米的条石为宜，宽度在30厘米左右，厚度4～6厘米，底座高30～50厘米，将条石搁在上面即成（图13-1-1）。

（2）搁几条　这种用两块竖立式石凳、上面搁一块石板，其形似同家具中的"琴桌"、"搁几"形式的石架。视摆放盆景的大小而定，高度可以是60～100厘米，长度随意性较大，通常以100～150厘米为多，而其宽可以是50～80厘米，其长与宽完全取决于实际需要。在苏、浙、沪一带较多运用花岗石、高资石制作。这类石质搁几款式较多，讲究线条的处理和装饰性图纹，颇有艺术性（图13-1-2）。

图13-1-1 条凳式盆景架(左彬森供稿)

图13-1-2 搁几条盆景架（左彬森供稿）

（3）础礅式 以石质础礅作为盆座，在苏、浙、沪一带用得较多，应该说大部分是旧物新用，尤其是用于园林厅堂或是大型建筑物前面摆设大型盆景植物，更为典雅、妥帖。更为得体的是其表面均刻有禽兽、花草、云纹等精美浮雕，可以说其本身就是一件艺术品，无疑是盆景作品整体艺术的组成部分。如苏州荣获首届中国盆景评比展览特等奖的圆柏盆景《秦汉遗韵》的盆座，为明代张士诚驸马府中的遗物，实为殿柱之柱础的九狮礅，其石材为青石；又如拙政园盆景园内有6只汉白玉，表面有浮雕图案的石案，怡园也有一对汉白玉石座，均为北京圆明园之旧物，实在是难得之佳座（图13-1-3）。

图13-1-3 础礅式盆座(左彬森供稿)

2. 陶瓷

用高岭土及其他成分组合的材料烧制成的陶瓷器皿，应用于种植盆景已有近二千年的历史，并也用作放置盆景的座架。只是用于烧制盆座、盆架的高岭土质量，较之烧盆的要差。这类陶器用作盆景的座或架时，往往采用在其外表涂以有色彩的各种釉，形成釉彩陶，这样不仅增强了耐压的能力，更是美化、提高了陶的质量和艺术品位，产生与环境、

盆景艺术相匹配的氛围。因此,用于盆景盆与架的陶瓷器皿,主要有两种产品可以利用:

(1) 釉彩陶 这是在陶器外表涂上一层以含有矿物质,能使其表面光亮、有色彩的物质,色彩较为丰富,有单、复色之别,能与环境取得协调的效果(图13-1-4)。

(2) 瓷座凳 作为盆景的底座或盆架的瓷器物品,比釉彩陶制品更为细致、坚硬,不管在造型、制作,还是图纹、色彩方面,都要胜出几分,其价格当然要高一点,由此运用的范围会有一定的约束。较为常见的形式主要有两种:一是专供摆放盆景的盆座(图13-1-5),一是原本只用于南方夏天作凉凳的瓷鼓凳,只是作为一种代用品,以显示盆景的身份和品位(图13-1-5)。

图13-1-4 釉彩陶盆座(左彬森供稿)

3. 木料

用各种木料制作的盆景几架,是构成盆景几架的主体。以石质、陶瓷材料制作的盆座和架,通常运用于室外盆景的正常养护管理,或供露天陈列、观赏。盆景的几架,实际上是专指用木料制作,或供放置盆景的各种器物的总称,而且是专供室内陈设、展览陈列所用,目的是增加盆景的艺术美,提高盆景的观赏价值。

由于盆景本身的质量和重量,决定了对制作几架木料的要求比较严格,木质要坚硬、耐重压,或是质地、木纹细腻,故而大多采用名贵木材制作。就目前现状来看,有紫檀、黄杨、杞梓、铁力、酸枝(俗称老红木)、银杏、楠木、花梨(香红木)、榉木等,其中尤以紫檀、黄杨名列前茅。几架形式丰富多彩,种类繁多。

按其分类,分"几"和"架"两大类。

(1) "几"类 "几",即小或矮的桌子,是家具的一个类别。用于盆景的"几",与家具中的"几"比较,主要是在尺度和规格上的大小而已。但是,盆景有大、中、小之分,所配置的"几"也应随之有大、中、小之变化。因此,一些大中型盆景在室内陈列时,常运用家具中的"几"和"桌"之类,如各种茶几、炕几、花几,琴桌、平头案(图13-1-6)等,尤其在古建筑的厅

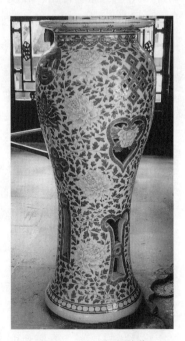

图13-1-5 瓷座凳盆座(左彬森供稿)

图13-1-6 几类盆架(左彬森供稿)

堂内使用，更觉得典雅端庄、古色古香，与环境氛围极为吻合。但是，在琴桌、平头案上陈列盆景，还是要为其配置与之合适的"几"。而如今作展览陈列时，则以统一的、标准型展台为多，如此陈列，只需制作、配置与盆景造型、规格类似的"几"就可以了。由此产生、出现了各式各样的盆景用"几"，常用的有方型、长方及圆型几等。

在制作技艺上，大多采用传统卯榫结构，工艺讲究，制作精细。如"几"面有平板、落堂面（即凹面）之分；面之下部有台阶式细腰、束腰起洼等形式；牙板有螳螂肚，或雕饰各种云纹图案，也有作挂落式镂雕的；"几"之腿有直腿、收腿、鼓腿之别；腿足有马蹄足、云纹、如意、兽头虎爪足，还有足底踩圆珠、腿足作托泥（即腿足不着地，下部呈框档的部件）等，形式繁多，其中尤以明式家具发源地的苏州以及扬州等地的几架造型古朴，线条简洁，工艺精细，风格素雅，且有一批传世佳作，较为难得。

（2）"架"类　词典上对"架"的解释是"放置或支撑物体的东西"。那么用于盆景的"架"，即凡是可以摆放或支撑、固定盆景的物品，都可称作盆景的"架"。由此可以认定，上面所述的各种"几"类，均可列入盆景"架"的范畴，也就是在这一个方面，"几"和"架"是一致的，是可以同样称呼的。但是，还有一些"架"是不能列入"几"的范畴的，如二搁几、四角几，以及放置微型盆景的组合架，从而体现了"几"和"架"的区别。而在制作和工艺技术方面，二搁几、四角几极其简单，却很适用；而组合架之造型，即有图案、线条的造型美，更有工艺繁琐、精美绝伦之妙，可谓"盆景架"中之精华。

（二）类型与款式

"几"与"架"虽然在词义上有所区别，但是在盆景的范围内，两字是通用的，而且把两字组合成盆景中的专用词——几架。各种几架由此成为盆景艺术殿堂内的"家具"，或称作"道具"，它们是盆景艺术和品位高低的一个重要组成部分。这里就以木料制作的几架（家具类除外）之类型和款式逐一作简要介绍：

1. 方型几

方型几架，是较为常见的一种。一些专供盆景用的方几，高度一般在20厘米以下，其直径和高度很少有超过50厘米者。虽然都是方型，但在腿的弯曲，装饰的线条、图纹等方面，都有不同的艺术处理（图13-2-1），以体现造型的变化。

2. 长方型几

长方型几架用途多于方型，这是因为盆景在栽培上盆时，较多选用长方盆的原因。尤其是树石盆景类，长方盆、椭圆型盆肯定是首选。因此，长方型几款式极为丰富。如仿竹节长方几，腿柱和桥梁档、脚档均采取仿竹节型为其特色；有的则在脚（腿）上、牙板上体现出造型的别致，如长方条案几的四脚向外翘，牙板为挂落式藤草纹，显得较为精细；也有较多采用束腰、直腿或鼓腿形处理，形体各异，各有所长（图13-2-2）。

图13-2-1 方型几盆架（左彬森供稿）

图13-2-2 长方型几盆架（郑可俊供稿）

3. 圆型几

圆型几架是专供用圆盆栽植的盆景几架，其造型和款式与方几、长方几一样，体现于几的高矮，是否作束腰，腿和足的弯曲、雕饰处理，以及横档牙板的装饰等几个方面。稍高的有仿竹节鼓腿圆几、禹门洞鼓式圆几、束腰彭牙五足圆几；而矮的圆几不足5厘米，几面作落堂（即内凹）处理，有的作束腰起注，牙板呈彭体弧状等处理，造型讲究，颇有美感（图13-2-3）。

图13-2-3　圆型几盆架

图13-2-4　多边型几盆架

4. 多边型几

由于盆景用盆的造型多样化，为了与盆式样保持一致性，或者是为盆景特意制作的几架的因素，也就出现了同类型的几架，如六角几（图13-2-4）、八角几等多边型的几架，就是如此应运而生的。

5. 其他型

上述几架图型平面均为几何型，比较规则。然而几架的多样性表明，其他型的款式也相当丰富，例如书卷几，是用一块大料木材制作的，简洁素雅，适合于用长方盆栽植的盆景；双层高低几，很明显也是用大料雕制而成，线条简练，形体优美，且用双层处理，极为灵巧。这类几架常用于置放高矮相呼应的两盆组合盆景，高几与矮几的落差是1.5厘米，高低错落，别有韵味（图13-2-5）。

（1）树根几　是用各种树根的自然形状雕饰而成的，有酸枝、杞梓等老红木的树根，

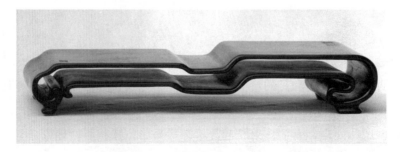

图13-2-5　双层高低几盆架（郑可俊供稿）

也有黄杨、榕树、银杏、枣等树根做的几架，乃至还有用毛竹根制作的竹根几，极为少见，别具一格。这类树（竹）根几，依其爪状根脉为主，适当雕凿，平面保持其自然图形，显得拙朴、古雅（图13-2-6）。

（2）二搁几　是一盆盆景用一对侧面如同长条、立面似"I"字架子为几架，似明式家具中的搁几一样，用来支撑盆景。由于二搁几负重吃力的部位就是上下两面，故均做成两块狭长方形的板、中间用三根立柱为支撑，其款式、变化无非是立柱形体的变化，制作简易、使用灵活、方便（图13-2-7）。

（3）四角几　顾名思义就是置于盆的四只角所用的座或架。这类几架四只为一组，所雕或饰的花纹、线条均为同一款式，且均为直角式处理。至于两边框的处理有两种形式：一是呈等边三角形，一是不等边的长三角形。前者适用于方型或长、宽差距不太大的长方型盆栽植的盆景；后者则多用于长方型盆栽植的各类盆景，尤其适合于山水、树石盆景的浅长方盆使用（图13-2-8）。

（4）圆角几　这是类似四角几的一种改良形式。因在实际使用中，一些圆盆、椭圆型盆，尤其是树石、山水盆景中，以浅式水盆为多，要选择合适的圆几、长方几有一定的难度，而功能与四角几一样的圆角几，就显得灵活、合体，且用材省、制作简单，相对成本也低，从而显示了它的优越性。圆角几的基本形式主要有两种：一种是用于圆型盆的，弧（曲）度较大，分别置于盆底的四个方向；一种是用于椭圆盆的，弧（曲）度要稍小，应该置于椭圆一侧两面约四分之一处为好，摆的位置与四角几明显不同，更显得美观、得体（图13-2-9）。

图13-2-6　树根几盆架（郑可俊供稿）

图13-2-7　二搁几盆架（左彬森供稿）

图13-2-8　四角几盆架（郑可俊供稿）

图13-2-9　圆角几盆架

四角几、圆角几的使用原理基本一致，它们的款式也因其雕镂或雕饰的花纹图案不一而显得丰富多样，但是表现形式可以概括为两种：一种是用木料板块，经镂雕后采用卯榫结构制作而成；一种实际上是用木块做成。说得通俗一点，前者是空心的，后者是实心的。它们的区别主要考虑到承重的因素，能否经得起盆景重量是决定形式的主要原因。论美观、艺术，肯定前者为佳；而对于重量特别大的山水、树石盆景而言，只有用较大木块制作的四角几、圆角几，才是唯一、可靠的选择。

除了上述各种类型的几架外，还不时有一些新款问世。例如2001年在苏州虎丘山风景区举办的第五届中国盆景评比展览中，树石盆景《江头春水绿湾湾》、《五老图·松下论古今》、树木盆景中的《追月》等作品的几座，是依据砚式盆、云盆不规则的边，用与之仿形的红木或其他木料板块制作的，与之盆型十分吻合、协调，并显得有新意。如用传统几架，不管是什么式样，其效果显然不如这种"木板"处理得好。还有如文人木《吟风弄月》，只是锯截了一片椭圆形树桩为底座，更觉自然得体，有文人孤芳自赏之妙。如此等等，都是盆景几架的继承和发展，别有韵味。

（三）运用与配置

盆景的美，及其整体的艺术效果，几架要起到一定的作用。然而，不是任何盆景只要配上几架肯定就会美，就能得到它应得的分值；只有运用合适、配置得体，才能真正显示出盆景艺术的美，反之，不管三七二十一，只要配上几架就完事的做法，是缺乏艺术的表现，反而一定程度上有损整体观赏效果，结果是弄巧成拙，得不偿失。

几架的运用和配置，同盆景艺术一样，也有它一定的艺术性，同时也有一个审美观和美学的问题，因此决不能马虎、忽视，必须认真对待。一盆上等的盆景，就要配置与之吻合、得体的几架，才能锦上添花。可以想象，如果一只圆盆配以书卷几，一只方盆用六角几摆放；又如斗方盆用了高脚几，海棠形盆用了方几，肯定会遭到盆景界同行的批评和指责，也就谈不上什么艺术、什么美了。那么，怎样才算配置合体、得当，有没有一个衡量的标准，回答肯定是没有。究其原因，一是不可能为每盆盆景都配置得体的几架，大多是根据选中的盆景，在现有的几架中选择合适的几架；二是几架的使用，本身就有一个灵活性、可塑性，只要不犯"原则性"错误即可；三是各人的审美观决定适用的几架，不能强加于人。但是，如何选择几架，有它一些常见的做法，也可以说是一定的规律，或者说是经验所得，可以作为参考和选择的依据。

1. 因盆形配几

按照盆景所用盆的形状选择合适的几架，这是为盆景配置几架的主要依据，也是最基本的方法。在一般情况下形成了较为普遍的选几做法有三种：一是盆的形状与几架的形状相一致，即方形盆配方几，长方形盆配长方几，圆盆配圆几，六角形盆配六角几，海棠形盆、梅花形盆因很少有与之相形的几架，故通常选择圆形几；二是长方形盆除了长方型几架外，还可以选择书卷几，以及二搁几、四角几，后者尤其适合用于山水、树石盆景常用的浅水盆，椭圆形盆可用圆角几，或者以书卷几代替；三是签筒盆宜选用高脚几。

2. 依造型而异

盆景的造型形式颇多，有直干、曲干、斜干、多干、枯干式，还有悬崖、临水、丛林、提根、垂枝、合栽、附石等式，它既是选盆的依托，也是几架配置的另一个重要依据。在通常情况下，悬崖、临水式多选用高脚方几、圆几；藤本植物的紫藤、枸杞，以及迎春、络石等，因枝条下垂，只有用较高的几架才能显示其形态美；斜干、丛林、合栽式盆景，大多用长方或椭圆形盆栽植，故适合选用长方几、书卷几或二搁几、四角几为妥；中型盆景中的枯（舍利）干或古拙苍老者，如有适当的树根几，则更能增添几分老态古意。

3. 精品宜特制

全国性的中国盆景展览会、中国花卉博览会、中国国际园林花卉博览会等大型专业和综合性展览，都设有盆景展评项目，这是各省、自治区、直辖市盆景专类园、私家盆景园所追求的最高荣誉。盆景工作者纷纷挑选精品佳作参展，并以最佳的"景、盆、架三位一体"的形象展现在专家、评委面前，这已不是新鲜事。如苏州虎丘山风景区荣获2001年第五届中国盆景评比展一等奖的刺柏盆景《奇柯弄势》，以及参加2004年第六届中国盆景展览会的黑松盆景《风壑松影》，都是"以身量制"的红木几架。另外，拙政园也为参展的刺柏盆景《叠翠凌云》，地柏树石盆景《清溪垂荫图》特制了几架，如此等等。为精品盆景特制几架的做法，在一定程度上是对传统盆景陈设的更趋完美。

4. 整体讲效果

几架配置是否合适得体，还要看最后"景、盆、架三位一体"的整体艺术效果，就以几架配置最为复杂的树木盆景为例，主要从树桩的造型（冠幅）、盆的款式、几架的形式三个方面的因素考虑，并以相互间的尺度、比例为依据来衡量，用现代时尚的讲法就是"美学"、"审美观"的问题。前面所述"因盆配几"、"依型而异"的种种情况，只是作为有待

图13-3-1　刺柏盆景《奇柯弄势》

商讨的做法。而在实际配置中，必须从整体效果这个基本的要求来衡量。如盆景本身比较矮小，却配了大的几架，如"小人穿大衣服"；反之，大的盆景配以小的几架，或者是冠幅较大、配的几架与盆底的尺度几乎相仿，似"大头小身体"，比例失调，整体效果就不会好，配置就不合适、不得体。以刺柏盆景《奇柯弄势》（图13-3-1）为例，树桩高、冠幅大，配置的长方几超过了长方瓢口盆沿，因是以身量制的几架，尺度、比例恰到好处，感觉端庄典雅，稳健得当，形体很美。设想如果树桩仅实际的三分之二高，就有下部重、上部轻之感；或者下部几架的规格仅略大于或等同盆底的尺寸，就有不合体、下端显得不稳重之嫌，也就影响了总体的观赏效果，使盆景艺术得不到充分显示。在历届展览获奖作品中，盆景与几架配置得比较妥当的如苏伦创作的雀梅盆景《流金泻玉》、胡荣庆创作的雀梅盆景《苍龙回首》、万瑞铭创作的黄杨盆景《腾云》、鲍世骐收藏的桧柏盆景《柏有本性》、唐金福创作的榆树盆景《更写华山风》等，给人以盆景艺术全方位的艺术效果享受。

（四）微型组合架

在盆景分类中，把树木（植物）高度、山水盆长15厘米以下的盆景称作微型盆景。这类微型盆景单独陈列、展出，既不起眼，又没有气势，更不会引起参观者的注意，应该说一点优势也没有。然而，换一种形式陈列，即采取用上等木材精心制作的微型组合架，辅以艺术性的整体布置，不仅使每盆盆景的姿态表现得淋漓尽致，更是在组合架的辅助下，其效果可以说是精美绝伦，"平步青云"。这种形式是随着微型盆景的发展应运而生的，并且已经成为盆景中一道独特的风景线，是盆景艺术的延伸和升华，已经发展成为盆景几架中的一枝奇葩。

1. 组合架历史

据目前掌握的资料情况看，组合架的历史资料极为有限，尚未发现早期的文字记载。因它是微型盆景的产物，所以与微型盆景的发展有着密切关系。论其历史，20世纪60年代初，苏州著名作家、园艺家周瘦鹃先生，喜爱玩弄掌上盆景，上海科教电影制片厂为其所摄《盆景》中出现用组合架陈列微型盆景的镜头；这以后广为传播、仿效，以上海、苏州为多。1979年，苏州盆景界在网师园举办盆景展览，就有数组微型组合盆景展出，引起了社会和盆景界关注。

1985年，在上海举办首届中国盆景评比展览，上海李金林、胡荣庆，南通吕坚等人参展的微型组合盆景，其博古架的造型、款式打破传统造型，富有创意，令人耳目一新。二十一世纪的第一年，在苏州举办的第五届中国盆景评比展览中，参展的微型盆景高达十余组，尤其是所用的博古架新颖别致，玲珑轻巧，无一雷同，开辟了组合架的新局面。

2. 组合架形式

所谓组合架，从它的名称上就与前面所述的几架有明显的区别，即几架是单件使用，而组合架是指陈列3盆盆景以上的几架的称呼。国内盆景界对陈列3~5盆（含5盆）微型盆景的组合架叫作小品，5盆（含5盆）至不超过15盆的称作博古架，又称什锦架。传统的博古架都是用作书房内陈列、摆设玉器、瓷器、各种古玩的架子，而移用摆放微型盆景亦极为合适，其效果则有过之而无不及。

（1）小品 这是一种较为简单的组合架，它的作用主要是满足不超过5盆微型盆景的摆放需要，因此在表现的形式上有一定的限制，不可能搞得图案繁琐，或在造型上花更多功夫。如较多见的是一种立面略呈横长方形，中间有一横板、形成上下两层的架子，还有一种是呈高低"门"字的不规则组合，且稍有变化的架子，这类架子制作较为简易，线条明快，落落大方（图13-4-1）。

（2）博古架 从传统的立面为竖式长方形边框、内部分为上中下三层，但分隔的大小、长短略有差异的博古架，经过五届中国盆景评比展览，博古架不断出新，早已跳出单一的传统形式，造型更趋多样化，如扇形、圆形、葫芦形、坡顶建筑形、铜鼎形、过桥形等。造型各具特色，制作巧夺天工，空间分隔有序，就其博古架本身就是一件精美的艺术品，颇具特色（图13-4-2）。目前以上海、苏州、济南款式较多，每届都有新品问世。

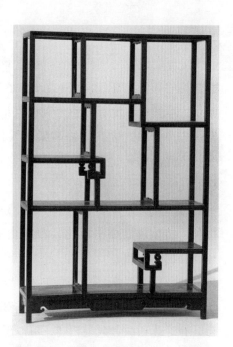

图13-4-1 传统型博古架之一（郑可俊供稿）

图13-4-2 老红木竹节过桥博古架（郑可俊供稿）

3. 组合架配置

组合架是专门用作摆置微型盆景的一种几架，它的完美的艺术形象应该是盆景艺术与组合架的有机结合，再加上陈设、配置的摆件的艺术，才是组合架整体艺术和效果的真实面貌。虽然在评比标准中，是以盆景艺术及造型为主。但是很大程度上，新颖别致的组合架能先声夺人，尤其是博古架形式最为精彩，而摆件的配置也能吸引专家和观赏者的视线。因此，如何配置组合架具有较高的艺术性，这里就以博古架为例，简述配置方面应注意的几个问题。

（1）盆景树种造型多样　配置5～15盆微型盆景的博古架，通常选择9盆左右为宜，其树种、造型一定要多样化，以防止单调乏味。如树种可以是黑松、刺柏、榆、雀梅、黄杨、朴树、石榴、六月雪、五针松、虎刺、凤尾竹等；造型应该有大树型、斜干、临水、悬崖、舍利干、提根等，还可以适当配置微型树石、山水盆景，以丰富形式和整体效果。

（2）摆件配置丰富得体　博古架配置的基本内容，一般都是盆景和各种微型摆件的结合，有时达到两者数量相同，可以想象它在博古架中的地位。可选择的摆件有人物、禽兽、玉器、文房四宝、供石、茶壶、瓷瓶、青铜器、菖蒲等，比较丰富。但是，通常其规格、尺度，均不应超过盆景，否则为喧宾夺主，主次不分，一定要讲究比例、得体，才能相得益彰。

（3）几架款式一应俱全　凡是博古架内摆设的盆景、摆件等，一概配置相应的微型几架，这已是不成文的规定。因此，几种主要形式的微型几架也应该同时亮相，如方几、长方几、圆几、书卷几、高脚几等，应有尽有，这是微型组合架艺术的重要组成部分，起到烘托主题的作用。

一件成功的微型组合，除了上述三个基本方面外，还应该在盆的款式，几架的形式，以及配件的选择方面，不能有重复，色泽不能单一，要有变化，并兼顾到各个方面。我们可以通过对一些获奖作品进行解剖，从中找出成功的经验和做法，不难看出作者的用心良苦。那些微乎其微的几架，难以觅得的瓷瓶、古玩，其功夫、心血并不亚于盆景创作。因此，微型组合盆景是盆景艺术中艺术性最强的一个类型，是盆景综合性艺术的集中体现。

后　记

  编写、出版《中国盆景制作技术手册》，旨在全面传授中国盆景基础知识和盆景制作技艺。在编著过程中，内容安排，既要全面满足广大读者学习、参考需求，又不能成为"大杂烩"，故编写中以突出重点为核心，特邀中国盆景艺术专家、中国盆景艺术大师、资深盆景工作者，撰写其特长部分，使本书更具学科性、资料性、权威性。

  编写中，首先要满足广大读者学习常规盆景的制作技艺，同时还特邀各大流派盆景的制作精英，讲解制作要领，以供广大读者海纳百川、博采众长，为今后创（制）作打造个性奠定基础。除重点突出盆景制作技艺，同时还讲解中国盆景特色、分类、树种、石种、风格与流派、养护管理、盆景鉴赏、古盆鉴赏、几架鉴赏等知识；特别是在盆景鉴赏章节，特意附录了2008年9月29日至10月6日在南京举办第七届中国盆景展览会组委会审定的"评比办法和标准"，让广大读者了解当今国家级中国盆景展览会评比办法和标准，为广大读者提供创（制）作参展盆景作品的奋斗目标。因在评比办法和标准中规定："参展展品必须体现景、盆、架三位一体盆景形象，如不配置几架，只展不评"，本书特安排古盆鉴赏、几架鉴赏章节，以求关注。

  《中国盆景制作技术手册》，系全面传授中国盆景基础知识，盆景制作技艺的工具书。中国盆景艺术专家、中国盆景艺术大师、资深盆景工作者高度重视，在编写过程中一丝不苟，精益求精，为培养壮大创（制）作中国盆景新生群体，发展中国盆景艺术事业再次做出新的贡献，在此一并表示衷心感谢。

  由于水平有限，不当之处，还望不吝赐教，以待修正。

2017年6月